長線
獲利之道

散戶投資正典

傑諾米·席格爾 (Jeremy J. Siegel) 著

吳書榆 譯

STOCKS
FOR THE
LONG RUN
5th ed

序

1997 年 7 月，我致電彼得‧伯恩斯坦 (Peter Bernstein)，提到我要去紐約，想和他共進午餐。其實我是別有用心。我非常喜歡他編撰的《投資革命——華爾街理論起源》(*Capital Ideas: The Improbable Origins of Modern Wall Street*)。我希望能有機會讓他點頭，為我的《散戶投資正典》第二版寫序。

他的祕書安排好本次約會，地點就在他鍾愛的餐廳：上東區的 Circus 餐廳。他和妻子芭芭拉 (Barbara) 一同前來，懷裡還揣了第一版的《散戶投資正典》。他走近我，詢問能否在書上簽名。我答「當然可以」，並說如果他願意為我的第二版寫序，那就太榮幸了。他笑著回應：「當然好啊！」接下來那個小時的機鋒對話著實讓人著迷，絕無冷場。我們談著金融領域的出版、學術與趨勢，甚至談到我們最愛的費城和紐約。

2009 年 6 月我聽到彼得以 90 歲高齡逝世，讓我想起那次午餐約會。我們初次見面之後的十二年間，彼得完成了三本書，其中包括他最受歡迎的著作《馴服風險》(*Against the Gods: The Remarkable Story of Risk*)。雖然他維持著快到不可思議的工作步調，但總是能找出時間，替我撰寫接下來兩個版本的序文。當我讀完他為第四版撰寫的推薦序之後，我發現，他在二十年前對長線投資人之挫折與報償的洞察，依然適用於今日。除了再次引述其睿智的觀點，我想不出更好的方法來表達對他的尊敬：

> 有些人認為推敲數據是非常無聊的事情。卻也有人將其視為一大挑戰。傑諾米‧席格爾則是將這件事轉化為一種藝術形式。席格爾教授提出證據以支持其長線投資的觀點，你將會佩服本書運用的清晰視角，及其帶給人們的閱讀喜悅。
>
> 不過，本書所述內容比書名所呈現的更為廣泛。你將學習到許多經濟理論，其中更穿插精彩的資本市場與美國經濟發展史。席格爾教授利用歷史來強化其論述，賦予數字生命和意義，使其能充分發揮效用。此外，他也

進一步挑戰各種與其觀點相左的歷史事件，並使其觀點勝出——這也包括瘋狂的 1990 年代。

　　本書已經是第四版，傑諾米‧席格爾仍然透過輕鬆寫意的精采論述，介紹投資股市的最佳策略。此次改版更加入行為財務學、全球化和指數股票型基金 (ETF) 等內容，藉由在重要議題上注入新觀點來豐富本書的內容。全書亦增補許多寶貴資料與新證據，讓長線投資策略更加堅不可摧。無論是投資領域的新手或老手，本書都能使其獲益良多。

　　在新版中，傑諾米‧席格爾知無不言，論證過程依舊大膽。全書最有趣的地方，就是其歸納之結論有好有壞。首先，今日的全球化拉高了股市平均本益比；然而，較高的本益比卻是利弊互見，因為它將拉低未來的股市平均報酬。

　　我不打算探討此預測正確與否。過去亦曾發生類似的情況，也是有好有壞。歷史給予我們最大的教訓之一，就是任何經濟環境都無法永世長存。我們完全不知道二十年後、或是更久遠的未來，將會面臨哪些問題或取得何種成就，也不明白它們會對適當的本益比數值造成什麼影響。

　　沒錯。席格爾教授預測未來的本益比會升高、報酬率會下滑，惟其最重要的觀察在於更深遠的層面。「報酬或許不如以往，」他寫道：「但是有太多理由讓我們相信，投資股票仍是長線獲利的最佳策略。」

　　「太多理由」的說法還嫌保守了。這套系統若是要維持下去，則長線的股票風險溢價報酬必須維持不變。在資本主義系統中，長線的債券報酬不會、也不應該超過股票。債券是具有法律效力的合約。股票則無法向持股人保證獲利——股票投資有其風險，其中包含對未來的高度信心。由此看來，股票並不比債券「好」，但是正因為股票風險較高，所以我們能要求更多的報酬。如果預期長線的債券報酬高於股票，那麼即便承擔風險也得不到報酬。此種情況並不會出現，股票必須一直是「長線穩定獲利的最佳投資」，否則我們的系統將驟然崩解，而非日漸凋零。

——彼得‧伯恩斯坦

STOCKS FOR THE
長線獲利之道 LONG RUN

前言

　　第四版《散戶投資正典》寫於 2007 年。在過去幾年間，有很多與我同齡的同仁都放慢了研究腳步，常常有人問我，為何我還這麼努力，替這本書撰寫新版？我總是嚴肅地回答：「我相信過去六年來發生了一些非常重要的事件。」

　　確實有大事！ 2008 年與 2009 年，出現了自 1930 年代大蕭條以來最深重的經濟衰退和市場崩壞。這些干擾很嚴重，讓我把寫作新版的計畫往後延，直到我能找到更犀利的觀點透視這場金融風暴的因果關係為止；到目前為止，我們仍未從這場風暴當中完全復原。

　　因此，《長線獲利之道：散戶投資正典》重新撰寫的部分，遠多於過去幾個版本。這並非因為前幾版的結論須要改變。確實，美國股市在 2013 年來到了歷史新高，只是強化了本書的中心要旨：對於學會撐過短期波動的投資者而言，股票真正是最佳的長線投資。確實，分散得宜的股票投資組合，其長期實質報酬仍維持在 6.7% 左右，和初版《散戶投資正典》中驗證的報酬一致。

面對金融風暴

　　由於金融風暴造成嚴重打擊，所以我認為本書必須直接且切中核心地處理過去幾年透露出來的訊息。因此，我加了兩章，說明本次金融體系崩潰的前因後果。第 1 章綜覽我研究股票與債券的主要結論，並追溯投資人、基金經理人與學界人士在過去一世紀如何看待股票。

　　第 2 章說明金融風暴，析論應為此事負起責任者，包括大型投資銀行的眾家執行長、規範機構以及國會。我推演出一套致命的失足過程，導致全球最大的評等機構（標準普爾）給予次級房貸 AAA 評等，還愚蠢地宣稱這類資產和美國國庫券一樣安全。

　　第 3 章分析金融危機對金融市場造成的巨大衝擊：衡量銀行資本成本的

「倫敦銀行同業拆款利率利差」大幅擴大,之前不斷攀升的股價出現前所未見的暴跌,市值蒸發了三分之二;還有,自 1930 年代的黑暗期以來,美國國庫券殖利率首次掉到零,甚至更低。

多數經濟學家相信,我們設有存款保險、保證金要求與金融規範等制度的系統,基本上不可能發生上述的問題。這幾股導向危機、後來匯聚在一起的力量,和 1929 年股市崩盤之後出現的狀況極為相似,只是房貸抵押證券取代了股票,成為罪魁禍首。

雖然聯準會完全沒有預測到這場危機,但主席班・貝南克 (Ben Bernanke) 卻採取了前所未見的措施,透過提供流動資金和為幾兆美元的貸款與短期存款提供擔保,讓資金湧入金融市場,維持金融市場的穩定。這些作為使聯準會的資產負債表膨脹至 4 兆美元左右,比危機前的水準高了 5 倍,也引發諸多問題,讓世人討論起聯準會是否應該終止這些刺激景氣方案。

這場危機也改變了資產類別之間的相關性。全球股票市場之間的相互連動性更高了,降低全球投資分散策略的效益,而美國政府公債與美元則成為「資金避風港」,刺激人們大量投資由聯邦政府擔保的債券,數量之大前所未見。所有大宗商品,包括黃金,在經濟衰退最糟糕的階段都倍受打擊,由於擔憂聯準會的擴張政策會引發高通膨,貴金屬的價格走勢則出現反彈。

第 4 章處理的,是衝擊經濟福祉的長線議題。經濟衰退導致美國預算赤字飆高到 1.3 兆美元,在國內生產毛額中的占比也是二次大戰以來最高的。生產力成長走緩,引發人們恐懼生活水準的發展速度也將大幅減緩,甚至停滯不動。這不禁讓人疑慮,美國人的生活水準是否會從此開始一代不如一代。

本章更新了前幾版的結論,並加以引伸,採用聯合國人口委員會的新數據,以及世界銀行和國際貨幣基金提供的生產力預測值。我計算全球主要國家與地區的產出貢獻度,時間範圍從今日直到二十一世紀末。此項分析明白指出,雖然已開發經濟體必須提高政府提供社會安全與醫療福利的年齡門檻,但是若新興市場的成長趨勢仍然強勁,就只須要適度提高即可。

《長線獲利之道：散戶投資正典》的其他資訊

雖然金融危機與其後續發展是本書的重點所在，但我也做了其他重大的變動。書中所有的圖表都更新到 2012 年，而且討論股票估值的章節也擴大範疇，分析重要的新預測模型，如「景氣循環因素調節後本益比」(CAPE ratio) 以及獲利率的重要性，作為判定未來股票報酬的決定因素。

第 19 章〈市場震盪〉分析 2010 年 5 月的閃電崩盤，並將本次金融危機引發的波動與 1930 年代的銀行危機做比較。第 20 章再度說明，根據簡單的技術性規則如 200 天移動平均線，如何協助投資人預先避開空頭市場中最嚴重的一段。

本版也討論著名的日曆異常現象，例如「元月效應」、「小型股效應」、「9月效應」。自本書第一版對日曆異常現象進行分析之後，這些效應維持了二十年。我也首度將「流動性投資」納入討論，並解釋其或許可以和「規模」與「價值」等決定因素相輔相成，研究人員亦發現後兩者對個股報酬而言非常重要。

結語

本書能大受好評，我感到既光榮又受寵若驚。自將近二十年前出版第一版以來，我曾到世界各地就市場與經濟情勢發表過幾百場演說。我也認真聆聽聽眾提出的問題，更認真思考讀者寄來的信件、打來的電話與發來的電子郵件。

可以肯定的是，近年來資本市場出現一些非比尋常的事件。即便是相信股票具備長線優越性的投資人，在金融危機期間都要接受嚴格的測試。1937 年約翰・梅納德・凱因斯 (John Maynard Keynes) 在《一般理論》(*The General Theory*) 中說過：「現在要純粹依據長期預期來投資是很困難的，因為那幾乎不可預測。」惟七十五年後也沒有變得比較簡單。

但是，堅持投資股票的人永遠都會得到獎勵。長線來說，沒有人可以和股

票或經濟的未來成長性對賭而賺到錢。當悲觀氣氛再度擄獲經濟學家與投資人之際，希望本書能讓搖擺不定的人更為堅定。歷史以令人信服的方式證明了股票一直都是、未來也會是尋求長線報酬者的最佳投資。

傑諾米・席格爾

2013 年 11 月

目次

STOCKS FOR THE
長線獲利之道 LONG RUN

STOCKS FOR THE
長線獲利之道 LONG RUN

第 12 章　**打敗大盤**

STOCKS FOR THE
長線獲利之道 LONG RUN

第一部

股票報酬

過去、現在與未來

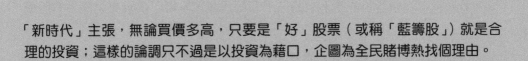

第 1 章

股票投資面面觀
歷史的事實與媒體的空話

「新時代」主張，無論買價多高，只要是「好」股票（或稱「藍籌股」）就是合理的投資；這樣的論調只不過是以投資為藉口，企圖為全民賭博熱找個理由。
　　——班哲明・葛拉罕 (Benjamin Graham) 與大衛・陶德 (David Dodd)，《證券分析》(Security Analysis)

投資股票已經變成全民運動，舉國沉迷其中。我們可以更新馬克思主義的說法：投資股票已成為大眾信仰。
　　——羅傑・羅溫斯坦 (Roger Lowenstein)，〈共同市場：公眾投資熱〉
("A Common Market : The Public's Zeal to Invest")

席格爾寫的《散戶投資正典》？是的，目前它的用處只能當門檔吧。
　　——2009 年 3 月投資人呼應到 CNBC

💲「人人均應致富」

1929 年夏天，記者山繆・郭羅瑟 (Samuel Crowther) 訪問通用汽車 (General Motors) 的資深財務主管約翰・芮思可 (John J. Raskob)，暢談一般人如何靠著投資股票累積財富。同年 8 月，郭羅瑟將芮思可的意見寫成文章，發表在《婦女家庭月刊》(*Ladies' Home Journal*)，標題聳動，題為「人人均應致富」("Everybody Ought to Be Rich")。

訪談中，芮思可宣稱美國即將進入工業高度擴張期，他主張，每個月只要拿出 15 美元投資普通股 (common stock)，投資人便可期待二十年之後，他們的財富將可穩定累積到 80,000 美元。這當中的投資報酬率是前所未見的，達到每年 24%；在 1920 年代的多頭市場氣氛之下，無須耗費太多心力便可累積大量的財富，似乎說得通。股票讓投資人興奮不已，他們把幾百萬美元的存款投入股市，渴望賺得快錢。

1929 年 9 月 3 日，距離芮思可提出前述投資計畫的幾天後，道瓊工業指數 (Dow Jones Industrial Average) 創下歷史新高，來到 381.17 點。但在七個星期之後，美國股市就崩盤了。接下來的三十四個月裡，出現了美國史上最大的股價跌幅。

1932 年 7 月 8 日，股市大崩盤終於結束，道瓊指數跌到 41.22 點。全球最大型企業的總市值，其蒸發幅度讓人難以想像，總共少了 89%。千百萬股民一輩子的積蓄化為烏有，幾千名借錢買股的投資人被迫宣告破產。美國就此陷入有史以來最深重的經濟大蕭條。

之後好幾年，大家嘲弄、譴責芮思可的建議。人們說，他是典型的代表人物，是相信股市永遠都會漲上去的瘋子，也是忽略股市藏有極高風險的傻子。印第安那州的參議員亞瑟・羅賓森 (Arthur Robinson) 公開要芮思可為股市崩盤負責，因為他在股市高點時還敦促人們進場買股。六十三年之後，到了 1992 年，《富比世》(*Forbes*) 雜誌刊登〈普遍的錯覺與群眾的瘋狂〉("Popular Delusions and the Madness of Crowds") 一文，警告投資人當時的股價已經被高估

了。在檢視市場周期的歷史時，《富比世》把矛頭對準了芮思可，文章中提到有一群人將股市視為印鈔機，芮思可是其中「最惡質的加害人」。

　　一般的看法認為，芮思可魯莽的建議象徵了不時會在華爾街擴散開來得狂熱。但這樣的批判公平嗎？答案絕非如此。長期投資股票一向是贏家的策略，無關乎投資人開始布署投資計畫時是否為市場高點。如果你認真去計算，假設有某位投資人在 1929 年時聽從芮思可的建議，耐住性子每個月投資 15 美元買股票，不出四年，與把同樣金額投入美國公債的投資人相比，此人所累積的財富將大幅超前。到了 1949 年，他握有的股票投資組合價值幾乎為 9,000 美元，年報酬率達 7.75%，比債券的年報酬率高了 2 倍以上。經過三十年之後，這個投資組合的價值會超過 60,000 美元，年報酬率增至 12.72%。雖然報酬率不如芮思可推測的那麼高，但三十年來，這個股票投資組合的總報酬率比債券高了 8 倍，比美國公債高了 9 倍。至於從不碰股票、把股市大崩盤當成其小心謹慎之理由的人，最後會發現自己的身家遠不及耐性買股的人。

　　約翰・芮思可惡名昭彰的預測，正好闡明了華爾街歷史中的一項重要主題：不管市場是空頭還是多頭，都會創造出很多賺大錢或蝕大本的轟動情節。但，能沉住氣、不受可怕標題影響的股票投資人，永遠能比轉向債券或其他資產類別的投資人創造出更亮麗的績效。即便是像 1929 年美國股市大崩盤或 2008 年那種堪稱重災大難的事件，都不足以否定股票作為長線投資工具的優越性。

📉 自 1802 年以來的資產報酬

　　圖 1-1 是本書最重要的一張圖表。本圖是一年一年追蹤某位假設性投資人的實質報酬（即扣除通膨之後）累積情形。這位投資人於過去兩個世紀以來，在以下資產各投入了 1 美元：(1) 美國股票；(2) 美國長期政府公債；(3) 美國國庫券；(4) 黃金；(5) 美元。這些報酬稱為*實質總報酬* (*total real returns*)。包含從投資標的中所得之收益分配（若有的話），再加上資本損益，全部都以固定購買力 (constant purchasing power) 來衡量。

圖 1-1　美國股票、政府公債、國庫券、黃金與美元的實質報酬，1802 年到 2012 年

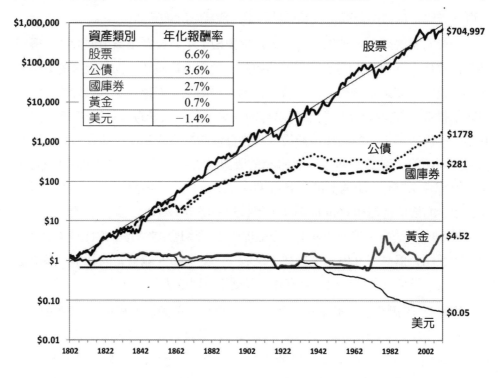

　　圖示中的報酬為比率 (ratio)，或者說是對數 (logarithemic) 值。經濟學家取對數來描繪長期資料，這是因為不管在圖上任何位置，只要垂直距離相等，即代表變動百分比相同。取對數之後，趨勢線的斜率代表的是一個固定的報酬率。

　　這些資產類別的複利實質年報酬率 (compound annual real return)，也列在本圖中。我檢視這 210 年來的股票報酬率，看到廣泛分散的股票投資組合年平均報酬率是 6.6%。這表示，分散得宜的股票投資組合，例如指數基金 (index fund)，在過去兩個世紀以來，以購買力來說，幾乎每十年就翻倍。而固定收益的實質報酬率則遠遠不及：長期政府公債的平均實質報酬率為每年 3.6%，短期公債則每年僅有 2.7%。

　　黃金的平均實質報酬率每年僅有 0.7%。長期來說，金價報酬會維持在比通膨更高的水準，但僅是稍高。至於美元，自 1802 年以來，平均每年的購買力調

整報酬率為 −1.4%，這是因為美元自二次大戰以來貶值的速度大幅加快。我們在第 5 章會詳細檢視這些投資標的的報酬，進一步解析報酬的組成要素。

在圖 1-1 中，我針對股票實質報酬找出最適當的統計趨勢線。股票實質報酬的穩定性讓人訝異；股票實質報酬在十九世紀和二十世紀時並未有明顯差異。請注意，股票報酬率會在趨勢線上下起伏，但終究會回歸趨勢。經濟學家把這樣的動態稱為均值回歸 (*mean reversion*)，這種特性是指報酬高於平均水準一段時間之後，接下來就會有一段時間的報酬低於平均水準，反之亦然。其他的資產類別，像債券、商品或美元等等，都不像股票會出現這種長期實質報酬穩定的特質。

不過以短期來說，股票報酬的波動性很大，影響因素包括盈餘、利率、風險及不確定性的變動，還有心理因素，如樂觀與悲觀、恐懼與貪婪。但這些讓投資人及財經媒體懸念的短期市場波動，相較於從長線來看的股票報酬率上升走勢，根本微不足道。

在本章的其他部分，我會檢視經濟學家與投資人如何看待股票的長期投資價值，以及多頭與空頭對媒體和投資專家的意見會造成多大的衝擊。

從歷史來看股票投資

在整個十九世紀，股票都被視為投機分子和內線交易人士的地盤，絕對和保守的投資人無關。一直到二十世紀初，研究人員才開始理解，在某些經濟條件下，股票投資或許很適合被拒於傳統投資管道之外的投資人。

在二十世紀的前半葉，集偉大美國經濟學家、耶魯大學教授與成就非凡投資人等身份於一身的厄文 · 費雪 (Irving Fisher)，相信股票在通膨期間的表現會優於債券，但普通股在通縮期間的表現很可能遜於債券。當時這種看法是普遍的認知。

1920 年代的金融分析師兼投資經理人艾德嘉 · 羅倫斯 · 史密斯 (Edgar Lawrence Smith) 研究歷史股價，打破了這種傳統認知。史密斯首先證明，分散得宜的普通股投資組合之累積績效表現，不僅在商品價格上揚時優於債券，

當商品價格下跌時亦然。史密斯在 1925 年時將研究集結成《長期投資普通股》(*Common Stocks as Long Term Investments*) 一書。他在引言中寫道：

> 這些研究正好記錄了一套理論的失敗：事實並不支持這套過去一般人接受的理論……（理論說）高評級的債券在（商品價格下跌的）期間內會是比較好的投資。

史密斯主張，股票應成為投資人投資組合中不可或缺的一部分。藉由檢視可上溯到美國南北戰爭時期的股票績效，史密斯發現，投資人得經過長期等待才能在獲利的前提下出售股票之機率（他所謂的長期是 6 年以上，最長 15 年）乃是微乎其微。史密斯總結：

> 我們發現，有一股力量在運作，通常會使普通股持股的本金增值。……除非運氣非常不好，在顯著上漲至極高點時進場投資，不然的話，持股的平均市值在相當短期內就會高於之前的買進價。即便是前述的極端情況，風險顯然也只是時間問題而已。

史密斯的結論不僅從過去來看是對的，就日後來看亦成立。1929 年高點時的投資大概只要 15 年就能回收；當時的高點過後，出現了更慘烈的崩盤，重創幅度遠遠超過史密斯檢視過的歷史資料。而自二次大戰以來，股市的恢復期越來越短。2000 年的網際網路泡沫危機是 1930 年代以來相當嚴重的空頭熊市，即使把這次危機計入，投資人要把投入股票市場的成本拿回來，從 2000 年 8 月到 2006 年 4 月，也只需要 5 年 8 個月。

史密斯的研究造成之影響

史密斯的著作完成於 1920 年代，適逢美國史上其中一次大多頭市場的開端。該書的結論在學術圈與投資圈都醞釀出的一種氛圍。著名的週刊《經濟學人》(*The Economist*) 宣稱：「每一位有智慧的投資人和股票經紀商，都應研讀史密斯先生這本最有意思的小書，親自檢驗每一項測試及其讓人意外的結果。」

　　史密斯的想法很快地跨越大西洋，變成許多英國人討論的主題。偉大的英國經濟學家、最早提出讓後世經濟學家奉為圭臬之景氣循環理論 (business cycle theory) 的約翰‧梅納德‧凱因斯 (John Maynard Keynes)，抱著非常興奮的心情評論史密斯的著作：

> 結論非常引人注目。史密斯先生發現，幾乎每一個案例都適用，不僅在股價走揚時如此，在股價下跌時亦然，到頭來，普通股的表現長期來說確實極為出色……美國在過去五十年來的實際經驗可以作為初步證據，證明投資人與投資機構的偏見（亦即，他們偏好「安全」的債券、打壓普通股，即便是最優質的普通股，也被視為具有「投機」色彩），會導致債券相對上被高估、普通股被低估。

📉 普通股投資理論

　　當史密斯的論述被刊登在聲譽卓著的期刊，如《經濟統計評論》(Review of Economic Statistics) 與《美國統計學會期刊》(Journal of the American Statistical Association) 時，就贏得了學術公信力。而在齊格菲‧史坦恩 (Siegfried Stern) 深入研究自第一次世界大戰開始到 1928 年間，歐洲 13 國的普通股報酬，並發表相關結果之後，史密斯更獲得國際的關注。史坦恩的研究證明，投資普通股優於債券與其他金融投資的這項結論，在美國金融市場之外也適用。證明股票投資報酬優越性的理論，後來總成為一套普通股投資理論 (common stock theory of investment)。

📉 市場高點

　　史密斯的理論也讓耶魯大學知名的經濟學家厄文‧費雪改變心意，他認為史密斯的研究確認了他長期以來的信念：在通膨不確定的世界裡，債券被高估為安全的投資。費雪對投資者行為的觀察充滿了先見之明，1925 年時，他便用以下的結論來總結史密斯的發現：

看來，市場高估了「安全」債券的安全性，投資金額偏高，而且也高估了風險證券的風險，投資金額偏低。其次，市場在追求立即報酬時投資太多，追求長遠報酬時投資太少。最後，市場錯把來自債券的現金收益穩定性當成其根本不具備的實質收益穩定性。以實質收益的穩定性或是購買力來說，有很多分散得宜的普通股表現優於債券。

費雪所謂的「永恆高台」

費雪教授是許多人口中美國最偉大的經濟學家兼資本理論之父，他並不單單優游於學術圈。他積極分析及預測金融市場的狀況，為幾十份通訊刊物撰寫文章，涵蓋健康到投資等主題。他還憑藉著自己的專利發明，創辦一家極為成功的卡片索引公司。雖然出身平凡，但截至 1929 年夏天時，他的個人財富已累積超過千萬美元，以今天的幣值來算超過 1 億美元。

厄文・費雪和 1920 年代的其他經濟學家一樣，相信 1913 年建立聯邦準備系統 (Federal Reserve System) 對於減緩經濟震盪的幅度來說至為重要。確實，1920 年代是一段成長非常穩定的時期，工業生產與生產者物價等經濟變數的不穩定性大幅降低，這是有助於如股票等風險性資產價格上揚的利多因素。我們在下一章中會看到，1920 年代的穩定和 2008 年金融風暴前十年之間，有極大的相似之處。在這兩段期間內不僅景氣循環穩健溫和，聯準會也很有信心（但之後就瓦解了）就算無法消除景氣循環，也可以緩解其波動。

1920 年代的多頭市場吸引千百萬美國人投入股市，費雪個人的財務成就與身為市場先知者的聲譽，讓一大群投資人和分析師緊跟著他的腳步。1929 年 10 月初的市場動盪，讓世人更想聽聽他的看法。

1929 年 10 月 14 日傍晚，厄文・費雪抵達紐約市的建築商交流俱樂部 (Builders' Exchange Club)，準備在採購經紀人協會 (Purchasing Agents Association) 月會上發表演說。一大群人，包括新聞記者，搶著擠進會議廳，市場裡的眾家跟隨者對此情此景絲毫不感訝異。投資人自 9 月初以來焦慮漸增，

因為當時商業人士兼市場先知羅傑 • 巴布森 (Roger Babson) 預言股價將會「巨幅」崩跌。費雪駁斥巴布森的悲觀，點出巴布森的看法有時候過於偏向空頭。此時大眾仍想從這位一向擁護股票的偉大經濟學家身上尋求保證。

聽眾沒有失望。在簡短的引言之後，費雪說了一句讓他懊惱萬分的話，後來經常在股市歷史中被引用：「股價，」他聲明，「看來已經達到永恆高台 (permanently high plateau) 的水準了。」

在 10 月 29 日，也正是費雪發表完演說的兩星期後，股市暴跌。他的「高台」變成無底黑洞。接下來三年，人們看到的是有史以來最嚴重的股市崩盤。雖然厄文 • 費雪成就非凡，但他的聲響（以及股票是穩健累積財富的好方法這套理論）全數盡毀。

投資氣氛的驟變

1930 年代的經濟與股市崩潰，在投資人心裡留下不可磨滅的傷痕。普通股投資理論飽受各界攻擊，很多人草草下了定論，駁斥「股票基本上是穩健投資」這個概念。勞倫斯 • 張伯倫 (Lawrence Chamberlain) 是一位作家兼知名投資銀行家，他宣稱：「普通股這種東西，以長期投資來說並不見得優於債券，主要是因為它們根本就不是投資。這些東西叫投機。」

1934 年時，基金投資經理人班哲明 • 葛拉罕和哥倫比亞大學財務學系教授大衛 • 陶德合著《證券分析》一書，後來成為價值導向股票與債券分析法的聖經。透過陸續更新的版本，這本書對於學子和市場專業人士造成了持續性的影響。

葛拉罕與陶德明確譴責史密斯的著作，認為此書提出了似是而非，實際上又錯誤百出的買股理由，因而導致了 1920 年代的股市多頭熱。

他們寫道：

然而，廣大投資客的自欺，必然有其合理化的成分……以新世紀的多頭市

場來看，其「理性」的基礎憑據，是歷史紀錄證明長期持有分散得宜的股票部位能提高報酬率。這些歷史紀錄裡有少部分而且不完全的論述，可以說是新世紀理論的濫觴，那就是艾德嘉・羅倫斯・史密斯於 1924 年出版的《長期投資普通股》。

🌐 從崩盤之後來看股票的報酬

股市大崩盤後，股市以及將股票當成投資的擁護者，被媒體與分析師棄之如敝屣。然而，針對股市報酬指數所做的研究卻在 1930 年代大放異彩。當時考爾斯經濟研究基金會 (Cowles Commission for Economic Research) 的創辦人阿爾弗雷德・考爾斯三世 (Alfred Cowles Ⅲ) 建構市值加權 (capitalization-weighted) 股價指數，溯及 1871 年在紐約證交所 (New York Stock Exchange) 交易的所有股票。他的總報酬指數納入再投資的股利，和現代用來計算股票報酬的方法基本上一模一樣。考爾斯確認了史密斯在股市崩盤之前得出的結論，並總結多數時候股票的價值均被低估，因此投資人若投資股票，將可以得到豐厚的報償。

在二次大戰之後，兩位密西根大學的教授威佛德・艾特曼 (Wilford J. Eiteman) 和法蘭克・史密斯 (Frank P. Smith) 發表一份研究，內容是關於交易活絡的工業類股之投資報酬率。他們發現，經常購買這 92 檔股票而不要去管股市周期循環〔這種投資策略稱為平均成本法 (*dollar cost averaging*)，亦即定期定額〕，股票投資人每年可賺得 12.2% 的報酬率，遠遠超過固定收益投資。十二年後，他們重做相同的研究，揀選在之前研究中分析過的個股。這一次，儘管他們並未針對任何在這段期間內出現的新公司或新工業做任何調整，報酬率甚至還比以前更高。他們寫道：

> 使用如本研究這類笨方法選出的普通股投資組合，可創造出的複合年報酬率高達 14.2%。因此，對於市況所知有限的投資散戶可以把存款配置在一群分散得宜的普通股上；假以時日，保證他的持股將可以安穩保本，而且還能創造出不錯的年收益率。

許多人駁斥艾特曼和史密斯的結論，因為他們的研究期間並不包括 1929 年到 1932 年的股市大崩盤。但在 1964 年時，芝加哥大學兩位教授勞倫斯・費雪 (Lawrence Fisher) 與詹姆士・洛里 (James H. Lorie) 檢驗了 1929 年股市崩盤、大蕭條 (Great Depression) 到二次大戰這段期間內的股票報酬。費雪和洛里總結，在這整整三十五年期間，也就是從 1926 到 1960 年之間，股票的報酬率（他們得出的報酬值為每年 9.0%）大幅高於任何其他投資媒介。他們在計算報酬率時甚至還納入了稅金和交易成本，結論如下：

> 很多人或許會感到訝異，股票的報酬居然一直都這麼高……很多人選擇投資平均報酬率大幅低於普通股的投資工具。此一事實點出了投資人的天性基本上非常保守，而且他們對於普通股的固有損失風險心有疑慮。

十年之後，在 1974 年，羅傑・依伯森 (Roger Ibbotson) 和瑞克斯・辛可菲 (Rex Sinquefield) 發表了另一篇更深入的研究，在〈股票、債券、國庫券和通貨膨脹：歷年歷史報酬 (1926-1974)〉〔 "Stocks, Bonds, Bills and Inflation: Year-by-Year Historical Returns (1926-1974)" 〕一文中審視股票報酬。他們感謝能受惠於洛里與費雪的研究，並確認股票作為長期投資時確實有其優越性。他們每年都會在各類年報上發布摘要數據，這些統計資料經常受人引用，並成為證券業的投資報酬基準指標。

🌐 1982 年到 2000 年的大多頭市場

無論對股市或經濟環境來說，1970 年代都不算好時光。高漲的通膨與飆漲的油價，使得從 1966 年底到 1982 年夏天這十五年間的股票實質報酬為負值。但隨著聯準會以緊縮貨幣政策壓下通膨，利率快速下滑，股市進入了有史以來最好的榮景，最後還可以看見升值超過 10 倍的股票。道瓊工業指數從 1982 年 8 月低檔的 790 點，到 1982 年底時上漲至超過 1,000 點的歷史新高，終於跨越 1973 年時（將近十年前）的歷史高點。

雖然很多分析師懷疑此番漲勢能否持續,但有些人卻非常非常看好。赫頓證券公司 (E.F Hutton) 的總裁兼董事長羅伯特・佛曼 (Robert Foman),在 1983 年 10 月時聲稱我們「正處在股票新紀元的黎明時刻」,並大膽預測道瓊指數在 1980 年代末期將會衝到 2,000 點或更高。

但連佛曼的看法都嫌太悲觀了些,因為道瓊工業指數在 1987 年 1 月時就突破 2,000 點,在 1990 年 8 月薩達姆・海珊 (Saddam Hessein) 入侵科威特之前更漲破 3,000 點大關。波斯灣戰爭與房地產衰退促使市場走向空頭,但這一次跟 1987 年 10 月分的股市崩盤一樣,時間都很短

伊拉克在波斯灣戰爭中戰敗,使美國股市進入歷史上極為輝煌的一段時期,長達數十年。全世界共同見證共產主義倒台,造成全球衝突的各種威脅也逐漸消失。資源從軍事支出轉移到一般消費性支出,使得美國能在提振經濟成長的同時,又能保有低通膨。

隨著股市上揚,很少有人會認為多頭市場能持續下去。1992 年,《富比世》在封面報導〈人們用來合理解釋股價的瘋狂說法〉("The Crazy Things People Says to Rationalize Stock Prices") 中,警告投資人股市處在「投機性瘋狂買盤之中」,並引用芮思可在 1929 年股市高點時提出的愚蠢投資建議。

但這般警告卻不明智。在 1994 年成功對抗通膨之後,聯準會放寬利率,道瓊指數隨後在 1995 年初漲到 4,000 點以上。過沒多久,《商業週刊》(Businessweek) 在 1995 年 5 月 15 日刊出〈道瓊上五千點?別覺得可笑〉("Dow 5000? Don't Laugh") 來捍衛多頭市場的持久性。道瓊指數在 11 月前快速跨越障礙,經過 11 個月之後來到 6,000 點。

到了 1995 年底,股價的持續上漲引得更多分析師敲警鐘。凱萬投資公司 (Oppenheimer & Co.) 的麥可・梅茲 (Michael Metz)、美林證券 (Merrill Lynch) 的查爾斯・克勞 (Charles Clough) 和摩根士丹利 (Morgan Stanley) 的拜倫・韋恩 (Byron Wien) 都對漲勢的支撐力道何在表達強烈的懷疑。1995 年 9 月,所羅門兄弟投資銀行 (Salomon Brothers) 的首席股票策略分析師大衛・舒爾曼 (David Shulman) 撰文,發表了一篇〈恐懼與貪婪〉("Fear and Greed") 的文章,

拿當前的市場氣氛類比 1926 年及 1961 年時的市場高點。舒爾曼宣稱，理性的支撐是維繫多頭市場的重要因素，列出了 1920 年代艾德嘉・史密斯與厄文・費雪的研究、1960 年代（羅倫斯）費雪與洛里的研究，以及我於 1994 年出版的著作《散戶投資正典》。但這些看空的聲音幾乎是毫無影響力，美股仍繼續上漲。

📈 估值過高的警示

到了 1996 年，標準普爾 500 指數 (S&P 500 Index) 的本益比 (price/earning ratio, P/E) 達 20 倍，比二戰後的平均值高出甚多。更多警示信號出現了，知名作家兼財經專家羅傑・羅溫斯坦就在《華爾街日報》(*The Wall Street Journal*) 上力主：

> 投資股票已經變成全民運動，舉國沉迷其中。人們或許會詆毀政府、學校以及被寵壞的體育明星，但對於市場的信心幾乎是一致的。我們可以更新馬克思主義的說法：投資股票已成為大眾信仰。

《紐約時報》(*New York Times*) 的首席財經作家佛羅伊德・諾瑞斯 (Floyd Norris) 應和羅溫斯坦的說法，1997 年 1 月時寫了一篇〈在我們信任的市場裡〉("In the Market We Trust")。而所羅門兄弟投資銀行的大師亨利・考夫曼 (Henry Kaufman)，在 1980 年代對固定收益市場發表看法時，每每引發債市波動。他宣稱：「金融市場被過度看好的態勢越來越明顯」，並談到樂觀主義者的看法，一如厄文・費雪所說的「（股價）已經達到永恆高台的水準了」。

警告多頭市場即將結束的說法，不僅出自於媒體和華爾街。學術圈也有越來越多人研究這次前所未見的股價上漲。耶魯大學的羅伯特・許勒 (Robert Shiller) 和哈佛大學的約翰・坎貝爾 (John Campbell) 合寫一篇學術性論文，顯示市場顯然被高估，並在 1996 年 12 月初將研究呈送給聯邦準備理事會 (Board of Governors of the Federal Reserve System)。

隨著道瓊指數升破 6,400 點，1996 年 12 月 5 日時，聯準會主席艾倫・

葛林斯班 (Alan Greenspan) 前往華府參加美國企業研究院 (American Enterprise Institute) 年度晚宴，他在晚宴前的演講中提出警告。他問道：「我們怎麼知道非理性的繁榮 (*irrational exuberance*) 何時不當推升了資產價值，導致資產價值必須開始承受意外且長期的下跌，就像日本在過去十年的情況？而我們要如何將相關的評估納入貨幣政策當中？」

他的話起了振聾發聵之效，非理性的繁榮一詞成為葛林斯班在聯準會主席任內最有名的一句話。就在他的話閃過許多人的電腦螢幕之際，亞洲和歐洲的市場大幅下挫，隔天華爾街的早盤開在極低點。但投資人很快重拾樂觀態度，紐約收盤時僅小幅下挫。

繁榮多頭市場的尾聲，1997 年到 2000 年

美國股市又從這裡節節高漲，1997 年 2 月時道瓊指數漲破 7,000 點，7 月時又來到 8,000 點。就連《新聞週刊》(*Newsweek*) 也登出警示意味濃厚的封面報導〈與股市締結連理〉("Married to the Market")，形容華爾街使美國和多頭市場緊緊綁在一起，但絲毫未能澆熄投資人的樂觀心態。

股市成為美國中上階級念茲在茲的重點。商管書籍雜誌不斷激增，全財經商業有線新聞頻道吸引了廣大的觀眾，尤其是 CNBC。全美各處的午餐室、酒吧甚至是各大商學院交誼廳，不斷放送著電子報價與全財經商業新聞頻道。在海拔 35,000 英尺高的旅客也看得見道瓊指數和納斯達克指數 (Nasdaq Composite) 的即時變化，因為這些數字都會從旅客面前的椅背電話螢幕中閃過。

為早已一飛沖天的股市推波助瀾的，是一日千里的傳播科技。網際網路讓投資人隨時隨地都和股市以及自己的投資組合密切連動。無論是網路聊天室、財經網站或是電子通訊刊物，投資人彈指之間便能接觸到大量的資訊。CNBC 極為風行，因此大型投資券商都會要求經紀人要透過電視或電腦螢幕觀看這個頻道，才能早客戶一步知悉所有最新財經消息。

看多市場的心理顯然對金融與經濟面出現的衝擊無動於衷。亞洲首波危機

在 1997 年 10 月 27 日讓美國股市掉到 554 點的歷史新低，美股還暫時停止交易。但這無損投資人對股市的熱情。

　　隔年，俄羅斯政府公債違約，被視為全球一流的避險基金長期資本管理公司 (Long-Term Capital Management)，發現自己陷在數以兆美元計、根本無能交易的投機部位當中。這些事件讓道瓊工業指數下跌將近 2,000 點，跌幅約為 20%，但聯準會三次快速降息之後，又讓股市重回漲勢。1999 年 3 月 29 日，道瓊收在萬點以上，之後繼續衝高，在 2000 年 1 月 14 日時收在歷史新高的 11,722.98 點。

股市頂點

　　歷史總是一再重演，在多頭市場頂峰時沒人相信真有空頭這回事，因為空頭熊會暫時隱蔽，而多頭牛的信心則會因為攀高的股價走勢不斷增強，變得越來越大膽。1999 年，兩位經濟學家詹姆士 · 葛雷斯曼 (James Glassman) 和凱文 · 哈塞特 (Kevin Hassett) 出版了《道瓊 36,000 點》(Dow 36,000) 一書。他們宣稱，雖然道瓊工業指數迅速飆漲，但大致上仍被低估，其真正的價值應該為目前的 3 倍高，也就是 36,000 點。大出我意料之外的是，他們主張自己的分析理論基礎是出自我的《散戶投資正典》！他們聲稱，因為我證明長期來說債券和股票風險一樣高，那麼，股價就應該推漲 3 倍，才能相當於債券的報酬。不過他們完全忽略真正的比較基礎應該是美國財政部的抗通膨公債 (Treasury inflation protected bond, TIPS)，在當時，這種債券的殖利率較高。

　　即便道瓊工業指數步步高升，但股市裡真正大漲的，是在納斯達克掛牌的科技類股，例如思科 (Cisco)、昇陽電腦 (Sun Microsystems)、甲骨文 (Oracle)、傑迪斯單階光纖 (JDS Uniphase) 等公司，以及其他正在崛起的網路類股。從 1997 年 11 月到 2000 年 3 月，道瓊工業指數上漲 40%，但納斯達克指數漲了 185%，由 24 檔網路公司組成的網路股指數則從 142 點漲到 1,350 點，將近 10 倍。

📈 科技泡沫破滅

2000 年 3 月 10 日這一天，不僅標示著納斯達克的高點，也是許多網路股與科技股指數的頂峰。即便我是長期看多的人，也忍不住撰文論述，點出科技股以荒謬的價格成交正預示著崩盤。

當科技支出毫無預警地減緩時，泡沫破滅了，兇猛的空頭熊市再度發威。股票市值暴跌 9 兆美元創下紀錄，標準普爾 500 指數下滑 49.15%，比 1972 年到 1974 年的空頭市場跌幅 48.2% 還深，是大蕭條以來最糟糕的一次。納斯達克下滑 78%，網路股指數下挫幅度更大，跌了 95%。

就像多頭市場會孕育出不理性的樂觀主義者一般，崩跌的股價也會讓看空的心理湧現。2002 年 9 月，道瓊指數盤旋在 7,500 點，幾個星期前才剛剛經歷了空頭市場的低點 7,286，全球規模最大的共同基金太平洋投資管理公司 (PIMCO)，其傳奇主管葛洛斯 (Bill Gross) 發表一篇〈道瓊 5,000 點〉("Dow 5,000") 的文章，他在文中指出市場即便嚴重下跌，但根據經濟基本面來看，股價根本還沒跌到應有的低點。短短兩年之內，有一位備受認可的預測家宣稱道瓊的真正價值應高達 36,000 點，而另一位則說應跌至 5,000 點，真是讓人倍感詫異！

空頭市場粉碎了大眾對股市的幻想。公眾場合的電視畫面不再停留於 CNBC，而是轉到運動頻道或娛樂八卦。就像一位酒吧業主生動的描述：「人們都在舔舐傷口，他們不想再談股票了。現在回歸運動、女人，以及哪一隊贏得了比賽。」

股市走跌讓很多專業人士對股票深感懷疑，但債券也沒成為富有吸引力的替代品，因為債券的殖利率也跌到了 4% 以下。投資人在想，除了股票和債券之外，還有沒有什麼吸引人的投資工具。

大衛‧史雲生 (David Swenson) 自 1985 年以來就擔任耶魯大學的投資主管，似乎能給個答案。在多頭市場正熱時，他寫了一本書《創新投資組合管理：非傳統機構投資》("*Pioneering Portfolio Management: An Unconventional*

Approach to Institutional Investment"），大力為「非傳統」資產（而且通常也非流動性資產）的品質背書，例如私募股權、創投、房地產、林業基金與避險基金。這本書促使可由基金經理人任意配置投資資金的避險基金蓬勃發展。避險基金的資產從 1990 年的 1,000 億美元，到 2007 年之前已經成長至 1.5 兆美元以上。

將資產投入避險基金帶動了許多非傳統資產的價格，使其漲至前所未見的水準。傑諾米・葛蘭森 (Jeremy Grantham) 是 GMO 投資公司裡成功的基金經理人，也曾是非傳統投資的大力支持者，他在 2007 年 4 月時表示：「在經歷這些走勢之後，多數可作為分散投資與特異少見的資產，價格都被嚴重高估了。」

金融危機的隆隆雷聲

從 2000 年到 2002 年科技泡沫的餘燼當中，股票市場浴火重生，自 2002 年 10 月 9 日的低點 7,286 點翻倍，到了整整五年後、也就是 2007 年 10 月 9 日已經攻上歷史高點 14,165 點。在科技熱潮的高點時，標準普爾 500 指數交易的本益比為 30 倍；相較之下，2007 年已經沒有一般性高估的問題，個股大多以較為適度的 16 倍本益比成交。

但有很多跡象指出情況並不好。金融類股，在多頭市場裡成為標準普爾 500 指數中最大型的類股，於 2007 年 5 月達到高點，但許多大型銀行的股價卻一整年都在下跌，如花旗 (Citi) 和美國銀行 (Bank of America)。

更不妙的發展來自房市。在過去十年翻漲將近 3 倍之後，美國房價在 2006 年夏天來到高點，之後一路下跌。忽然之間，次級房貸出現大量的拖欠。2007 年 4 月，引領市場的次級房貸放款機構新世紀金融公司 (New Century Financial) 提出破產申請，6 月，貝爾斯登公司 (Bear Stearns) 通知投資人暫停贖回其高等級結構性信貸策略加強槓桿基金 (High-Grade Structured Credit Strategies Enhanced Leverage Fund)；這檔基金的名稱極為複雜，一如其持有的證券。

一開始市場忽視這些發展，但在 2007 年 8 月 9 日，當時身為法國最大銀行的巴黎銀行 (BNP Paribas) 停止贖回其房貸基金，全球的股市迅速出現賣壓。當聯準會在 8 月分的緊急會議上將聯邦基金利率 (federal funds rate) 調降 50 個基點，在 9 月例會中又再調降 50 個基點之後，股市復甦了。

但次貸問題到了 2008 年也不見緩解。必須把金額越見龐大的次級房貸納入自家公司資產負債表的貝爾斯登，開始出現資金短缺問題，公司的股價也一落千丈。2008 年 3 月 17 日，聯準會努力為防範貝爾斯登迫在眉睫的破產，安排以每股 2 美元（後來漲到 10 美元）的價格，緊急把貝爾斯登的資產全部賣給摩根大通 (JPMorgan)。這個價格幾乎比前一年 1 月時該公司在高點時的股價 172.61 美元低了 99%。

📉 雷曼兄弟的末日起點

但貝爾斯登不是空頭熊市吞掉的唯一獵物，主菜沒多久就上桌了。成立於 1850 年代的雷曼兄弟 (Lehman Brothers)，其歷史充滿故事性，包括他們輔助了很多出色的企業，幫助席爾斯百貨 (Sears)、伍爾洛斯超市 (Woolworth's)、梅西百貨 (Macy's) 與斯圖貝克公司 (Studebaker) 公開發行。雷曼兄弟的獲利能力在 1994 年公開發行之後一飛沖天，2007 年時，公司連續四年創下獲利紀錄，淨營收達 192 億美元，並擁有將近 30,000 名員工。

但雷曼兄弟就像貝爾斯登一樣，涉入了次貸市場以及其他槓桿式的房地產投資。當貝爾斯登於 3 月併入摩根大通時，雷曼兄弟的股價也從每股超過 40 美元跌到 20 美元。雷曼兄弟向以為大型房地產交易提供融資而聞名，當投資人以更高價出售商用不動產並進行再融資時，他們可以賺得高額的手續費。7 月時，另一家大型投資公司百仕通 (Blackstone) 在 2007 年 7 月上市，用 229 億美元買下美國地產大亨山姆‧澤爾 (Sam Zell) 旗下的券商物業 (Equity Office Property)，在房市崩盤之前幾乎把所有的物業都出售或出租出去，收取高額費用。

　　儘管混亂籠罩著次貸市場，雷曼兄弟還是信心滿滿。許多分析師相信，商用不動產不會像住宅那樣，有供過於求的問題。事實上，在一般市場高峰過後，商用不動產的價格仍持續上漲。由所有公開上市的動產投資信託組成的道瓊不動產投資信託指數 (Dow Jones REIT Index) 在 2008 年 2 月攀上高點，那是一般市場達到高點的四個月後、是大型商業銀行股價高點的一年多之後，回應了當時的低利環境。

　　5 月分時，就在商業不動產價格衝上高峰之後，雷曼兄弟在雅區史東─史密斯信託 (Archstone-Smith Trust) 投注 222 億美元的股權，希望能快速把物業推到買方眼前，就像前幾個月百仕通集團的作法一樣。但這就像是小孩玩大風吹遊戲，2008 年夏天，音樂停了，百仕通集團在房地產市場好景終結前搶到了最後一張椅子，雷曼兄弟只有站著的份。2008 年 9 月 15 日，雷曼兄弟的執行長理查‧傅爾德 (Richard Fuld) 拼了命要在最後一分鐘找到買家，這家已經繁榮發展超過一個半世紀的投資公司，終於提出了破產申請。這是美國史上規模最大的破產案，雷曼兄弟列出的負債金額創下紀錄，達 6,130 億美元。就像 1929 年的股市大崩盤引發 1930 年代的大蕭條一樣，2008 年雷曼兄弟的垮台也引發近一個世紀以來全球最大的金融危機，與最嚴重的經濟衰退。

第 2 章

2008 年的金融大危機
其起源、衝擊與教訓

關於大蕭條，您說對了，是我們一手搞出來的。我們很抱歉。而，感謝您，我們不會再犯同樣的錯誤了。

——聯準會主席班・貝南克 (Ben Bernanke)，2002 年 11 月 8 日在經濟學家米爾頓・傅利曼 (Milton Friedman) 九十大壽慶生會上的談話

撼動全球市場的那個星期

9月17日，那天才星期三，但我為了在金融市場的騷動中理出頭緒，早已經疲憊不堪。即便星期天的晚間新聞傳出雷曼兄弟破產，那是美國有史以來規模最大的破產申請案，但星期一早上股市還是開高，大出投資人的意外。在政府將不會提供援助的前提下，這家曾經撐過大蕭條、歷史長達一個半世紀的投資公司雷曼兄弟，這一次是沒有機會了。

星期一的開盤盤勢讓人充滿希望，但很快就被流言打回原形了，有消息傳出主要投資公司不肯結清雷曼兄弟客戶的交易，讓市場陷入一片焦慮。隨著星期一開盤後的走跌，恐懼開始籠罩著金融市場。投資人不禁要問：還有哪些資產是安全的？接下來還有哪家公司會倒？這場危機可以控制住嗎？隨著放款機構撤離除了美國政府公債之外的所有信貸市場，風險溢價 (risk premium) 不斷上漲。當天還沒過完，道瓊工業指數就跌了 500 多點。

隔天，投機客攻擊全球規模最大、獲利能力最佳的保險公司 AIG。一年前 AIG 的股價漲到每股將近 60 美元，如今跌到了 3 美元以下；前一個星期五的收盤價已經夠低了，只能站穩 10 美元。AIG 的崩盤讓股市快速下跌，但某些交易員推測（後來證明他們想對了），聯準會不會冒險讓另一家大型金融機構倒台，市場在當天稍晚也穩定下來了。確實，在股市收盤之後，聯準會發布將要貸款 850 億美元給 AIG，以免發生另一次撼動市場的破產事件。聯準會決定為 AIG 紓困，情勢翻轉充滿戲劇性，因為一個星期前聯準會主席班・貝南克才拒絕了這家大型保險公司的 400 億美元貸款要求。

但危機還沒完。市場星期二收盤之後，高達 360 億美元的首選準備貨幣市場基金 (Reserve Primary Money Market Fund) 發表預示著災難的聲明。由於該貨幣基金持有的雷曼兄弟證券價值已經歸零，負責管理基金的準備公司「每股淨值跌破 1 美元」(break the buck)，投資人每投資 1 美元僅能拿回 97 美分。

雖然其他貨幣基金向投資人保證他們並未持有雷曼兄弟的債權，而且絕對

會用完整的價格贖回，但顯然這些說法不太能平息投資人的焦慮。六個月前，在聯準會強力把即將倒閉的公司併入摩根大通之前，貝爾斯登也曾再三向投資人保證一切都會沒事。同樣的，在公司提出破產申請前的一個星期，雷曼兄弟的執行長理查・傅爾德也曾對投資人說一切都沒問題，並譴責做空的賣方拉低了他們公司的股價。

大蕭條會再現嗎？

那個星期三，我吃過中飯後回到辦公室，盯著彭博社 (Bloomberg) 的螢幕瞧。是的，股市又跌了，而我一點也不驚訝。但引起我注意的，是美國國庫券的殖利率。美國財政部在當天下午拍賣 3 月期的國庫券，超額申購的幅度極大，買盤使殖利率下降 0.06 個百分點。

我監看市場將近半世紀，經歷過 1970 年代的存放款危機、1987 年的股市崩盤、亞洲金融風暴、長期資本管理公司危機、俄羅斯違約、九一一恐怖攻擊以及其他多次危機，但我從沒看過投資人像這樣買進國庫券。上一次國庫券殖利率掉到接近零的水準是大蕭條時期，已經過了七十五個年頭。

我的眼光回到面前的螢幕上，一陣寒意往下穿透了我的脊椎。經濟學家認為已經過去、消失的時期，即將重演了嗎？這有沒有可能是第二次「大蕭條」的序幕？決策者能否防止金融與經濟大災難捲土重來？

接下來幾個月，這些問題的答案開始浮現。聯準會確實採行積極方案以防範第二次大蕭條。但在雷曼兄弟破產之後的信貸市場崩潰，引發全世界出現自大蕭條以來最沉重的經濟緊縮與最深的股價跌幅。而隨著經濟衰退成為人盡皆知的定局之後，這次「大衰退」(Great Recession) 是美國史上復原腳步極為緩慢的其中一次，使得許多人開始質疑美國經濟的未來是否能亮麗如昔，就像 2007 年 10 月分道瓊工業指數衝破 14,000 點時那樣意氣風發？

引發金融危機的原因

大緩和

發生 2008 年金融危機的經濟背景是「大緩和」(Great Moderation)，經濟學家用這個詞彙來描述大衰退前極漫長且甚為穩定的經濟發展時期。與二次大戰後的平均水準相較之下，從 1983 年到 2005 年這段期間，主要經濟變數如實質與名目國內生產毛額的季變化率波動幅度大概減少一半。雖然一部分的穩定可以歸因於服務業的規模擴大，再加上存貨控制技巧進步有助於調節「存貨周期」；但很多人仍把經濟波動性幅度減緩的原因，歸諸於貨幣政策的成效越來越好，主要是指艾倫 • 葛林斯班自 1986 年到 2006 年擔任聯準會主席期間推出的相關政策。

你可能會預期，許多金融工具的風險溢價在大緩和期間大幅下降，因為投資人相信央行迅速敏捷的行動將會抵銷經濟體所遭受的任何嚴重衝擊。確實，2001 年經濟衰退的後續發展，強化了市場認為經濟已經更穩定的想法。即便 2000 年科技泡沫被吹破，而人民也在九一一恐怖攻擊之後樽節消費，但那次的衰退以歷史標準來看是非常溫和的。

大衰退前罕見的經濟穩定，和 1920 年代非常類似；1929 年股市崩盤與其後的大蕭條之前，也有一段平靜的時光。1920 年到 1929 年工業生產值變化的標準差，不到前二十年的一半，這和大緩和時期的現象非常雷同。在 1920 年代，包括極富影響力的耶魯大學教授厄文 • 費雪在內，很多經濟學家把高度的穩定性歸因於聯邦準備系統，在近期金融危機之前，經濟學家也有同樣的想法。而在 1920 年代，投資人也相信，一旦出現危機，十年前成立的聯邦準備系統將會成為經濟體的「後擋」，緩解可能出現的衰退。

可惜的是，在經濟穩定的前提下，人們對風險性資產的胃口越來越大，很可能因此埋下禍因，引發後續更嚴重的危機。商業活動走緩，在正常的狀況下或許還受得了，但對於沒有太多緩衝機制可以避開市場期限的高槓桿操作借款人來說，就很可能難以負荷。

有些經濟學家相信，風險溢價下跌與槓桿操作增加，是引發經濟波動的主要原因。華盛頓大學聖路易分校的經濟學教授海曼‧明斯基 (Hyman Minsky)，提出一套「金融不穩定性假說」(financial instability hypothesis)。他相信長期的經濟穩定與資產價格上漲，不僅會吸引投機客和「動能型」(momentum) 投資人，也會招致騙子從事類似老鼠會的龐氏騙局 (Ponzi scheme)，讓想要搭市場漲勢順風車的一般投資人落入陷阱。明斯基的理論並未獲得主流經濟學家太多青睞，因為他並未以嚴謹的形式提出理論。但明斯基對許多人造成極大影響，包括已故的查爾斯‧金德伯格 (Charles Kindleberger)，他是麻省理工學院的經濟學教授，其著作《瘋狂、恐怖與崩盤：金融危機史》(*Manias, Panics and Crashes: A History of Financial Crises*) 已經出到第五版，吸引了大批信徒。

次級房貸

1929 年時，對應股市高漲的熱絡借貸，是導致金融危機的原因；兩相對照，2008 年金融風暴的主要起因，則是次級房貸快速成長，以及規模極大、槓桿操作倍數極高的金融機構將各種不同的房地產相關證券納入資產負債表中。當房市反轉，這些證券的價格暴跌，之前借錢的公司陷入危機，有些企業因此破產，有些被迫和體質更穩健的企業合併，有些則向政府尋求金援以確保生存。

很多投資人喜歡高收益率的房貸相關證券，相信大緩和再加上聯準會的「安全網」，能大幅減少證券違約的風險。而當主要信評機構如標準普爾和穆迪 (Moody) 給予次貸最高級評價時，這類證券更加速激增。如此一來，數以幾十億美元計的房貸相關證券在全世界交易，售予退休金基金、市政府以及其他只接受最優質固定收益投資的機構。這類投資也吸引很多尋求購買高收益產品的華爾街金融機構，眾人紛紛被其 AAA 的評等所吸引。

雖然有人推論是投資銀行施壓，要求信評機構評等這些證券為投資等級，好讓銀行可以擴大潛在買方範圍；但事實上，用來評定這類證券的統計技術，和評估其他證券的技術極為相似。遺憾的是，這些技術並不適用於房地產價格已漲至超乎基本面的房市，難以分析出違約機率有多高。

⬚ 嚴重的評等錯誤

圖 2-1 是二次大戰結束以來的房屋價格年度走勢圖，分別以扣除通膨率之前與之後的數值表示。自 1997 年到 2006 年這段期間，房地產升值的速度加快，無論實質價格與名目價格皆是如此。這幾年中，若用由美國 20 個都會社區組成的凱斯—許勒指數 (Case-Shiller Index) 來看名目房價，可發現其漲了將近 3 倍，實質房價漲幅則超過 130%。這不僅大大超越 1970 年代的增幅，也超過二次大戰後立即出現的房價破紀錄飆漲。

在房價攀高之前，傳統房貸是以市價的八成為基礎，放款機構也很看重借款人的信用價值。這是因為個別房價、甚至特定地區的平均房價，很可能下滑超過兩成，若是如此將會損害放款機構持有抵押品的價值。

但如果可以把不同地區的房貸綁在一起，組成一種可以大幅降低當地房地產價格波動的證券，那又如何？由標的資產作為擔保的證券價格，看起來就會很像圖 2-1 的名目房價指數走勢，本圖顯示價格（直到 2006 年之前）很少有向下波動的時候。事實上，在 1997 年之前，全美名目房價指數只有三年曾經下滑：其中兩次的下滑幅度不到 1.0%，第三次發生在 1990 年第 2 季到 1991 年第

圖 2-1 美國名目與實質房價，1950 年到 2012 年

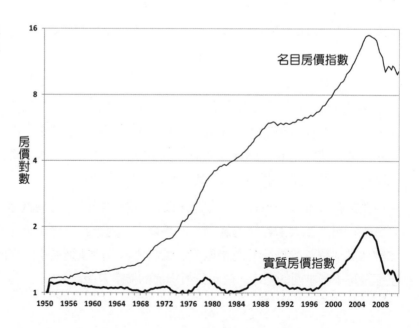

2 季，跌幅為 2.8%。因此，根據戰後歷史資料來看，不管在任何時候，都不曾出現全美房地產指數下滑接近 20%、須要折損標準房貸抵押品的時候。

標準普爾、穆迪以及其他信評機構，分析歷史房價數據序列，並以標準的統計方法檢驗衡量這些證券的風險與報酬。憑著這些研究，它們提報分散於全美房貸組合背後之抵押品，其價值不足的機率幾乎為零。許多投資銀行的風險管理部門也認同此一結論。

該分析得出的另一項結論也同樣重要，即房貸背後的房地產標的價值只要遠比房貸值錢，放款機構就無須注重借款人的信用價值。如果借款人違約，放款機構可以接下物業，用高於貸款的價格出售。因此，信評機構為這些證券蓋上了「AAA」級的評等，完全不在乎房屋買主的信用價值。這項假設是一大動力，推動了幾十億美元的次級房貸以及其他「非傳統」房貸之銷售；只要貸款由一大堆來自分散地區的房貸作為抵押，就只需要極少甚至不用任何信用文件作為擔保。

有些信評機構明白，這些房貸的高信用評等仰賴房價持續增值，而其走跌的風險則微乎其微。以下這段 2007 年 6 月的談話可以說明上述論點。這段話的當事人之一，是一位任職於加州投資顧問公司第一太平洋顧問 (First Pacific Advisory) 的員工，另一方則是信評機構惠譽 (Fitch)，內容為第一太平洋顧問公司的執行長羅伯 • 羅德里奎茲 (Robert Rodriguez) 所述：

> 我的同事問（惠譽）：「運作評等模型的主要依據為何？」
> 他們（指惠譽）回答，信用積分 (FICO) 還有房價以 2% 到 3%，或 4% 到 6% 成長，就像過去五十年來的情況。
> 我的同事再問：「如果房價長時間持平的話，那會如何？」
> 他們回答說，他們的模型就會開始出現問題。
> 同事接著問：「如果房價長時間下跌 1% 到 2%，那又會怎樣？」
> 他們回答說，他們的模型將完全失效。
> 他繼續問：「如果下跌 2%，最高會影響到哪一級的評等？」
> 他們回答，很可能影響到 AA 級或 AAA 級的評等。

要注意的是，在這段對話的同時，房價已經比前一年下跌了 4%，比戰後以來任何一段期間的跌幅都深，因此房價下跌的情境非常可能出現。然而，在評價這些證券的評等時並未納入這些可能性。

就像惠譽在上段對話中所預期的，當房價下跌，這些原本屬於頂級的房貸相關證券迅速被調降評等。2006 年 4 月，就在美國房價衝到頂峰前的幾個月，高盛 (Goldman Sachs) 把 12 種房貸相關的債券賣給投資人，其中有 10 種原始的評等列為投資等級，當中的 3 種更列為最優質的 AAA 級。到了 2007 年 9 月，原本被評為投資等級的 10 種債券裡，有 7 種被調降評等至垃圾債券，另有 4 種債券則完全被排除，不予評等。

房市泡沫

原本應能發揮警示作用，讓信評機構知道房價不可能永無止盡上漲的蛛絲馬跡，可以在圖 2-2 中找到。從 1978 年到 2002 年，房價與家庭收入中位數之比一直維持在 2.5 到 3.1 的狹幅區間，但之後快速攀高，到 2006 年終於突破 4.0，比之前的水準高了將近 50%。

然而，即便資產的價格已經高出經濟基本面，並不代表一定會出現「泡沫」。投資人應該要瞭解，此時很可能出現了結構性的改變，能為價格的攀升提供合理的支撐。確實，歷史上有多次資產價格偏離基本面，但根據經濟環境的變化來看卻完全合情合理。我會在第 11 章中提到其中一個範例，那就是股票的股利殖利率和美國長期公債利率之間的關係。在 1871 年至 1956 年時，股利殖利率總是高於債券殖利率，一般認為這是必要的，因為在世人眼中，股票的風險總是高於債券。殖利率利差緊縮時賣股票、利差擴大時買股票，運用這策略可獲利好幾十年。

但當美國脫離金本位之後，在看利率時就要開始考量慢性通膨。1957 年利率攀升到超越股票的殖利率水準，並維持了五十年之久。當根據基本面的指標，在 1957 年看見「賣股」燈號就照章行事賣股買券的投資人，賺得的報酬極為慘澹。因為數據已經證實股票在面對通膨時是更好的避險工具，而且能賺得

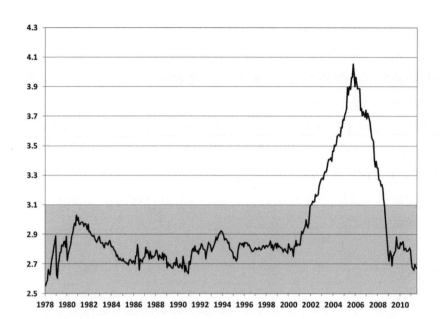

圖 2-2　美國房價與家庭收入中位數之比，1978年到 2012 年

的報酬率遠高於固定收益投資。

　　依循類似脈絡，有很多似是而非之理由支持 2000 年代初期的房地產價格攀升，並超越了房價與家庭收入中位數的歷史比率水準。第一，名目與實質利率大幅下跌，使得房貸成本極低。其次，新式的房貸相關工具激增，比方說次貸以及「全貸型」房貸，後者的貸款額度最高可達房屋買價的全額（有些情況甚至可以更高）。這類全貸型房貸的熱潮，可由全美房地產經紀商協會 (National Association of Realtors, NAR) 的調查得知。2006 年 1 月，該協會宣布有 43% 的首購者用無頭期款貸款來購屋，而以中位數的房價 15 萬美元來說，買屋者付出的頭期款中位數僅為房價的 2%。

　　有許多知名且備受敬重的經濟學家，如聯邦準備銀行紐約分行的資深經濟學家查爾斯・亨伯格 (Charles Himmelberg)、哥倫比亞大學商學院房地產中心 (Center for Real Estate) 主任克里斯・梅爾 (Chris Mayer) 和華頓商學院房地產副教授陶德・西奈 (Todd Sinai)，都主張低利率是導致高房價的合理理由。有些人則將此現象歸因於人們大量購置第二棟房子，而隨著嬰兒潮世代邁入退休年紀，這種現象可能會持續很多年。

但不少人也質疑房價飆漲能維持多久。耶魯大學的教授羅伯特・許勒與同事卡爾・凱斯 (Karl Case) 發展出來的凱斯—許勒住宅指數，成為這個專業領域的基準指標。他們首先提出房市泡沫的警示，在 2003 年的《布魯金斯經濟活動論文》(Brookings Papers on Economic Activity) 期刊刊載〈出現房市泡沫了嗎？〉("Is There a Housing Bubble ?") 一文。華盛頓的經濟政策研究中心 (Center for Economic and Policy Research) 聯合主任狄恩・貝克 (Dean Baker)，在 2005 年與 2006 年初也大量撰文並四處演說，談論房市泡沫的危機。專家們對於「房市泡沫是否確實存在」意見紛歧，這種現象本應能讓信評機構有所警惕，在評價這類證券時不要假設其基本上不可能違約。

📈 規範失效

即便有這些警訊，大部分的規範監管機構都不相信房價上漲會危害經濟體，而且毫不質疑次貸證券獲得的高評等，其中又以聯準會的態度最為明顯。此外，他們也沒有監督重要金融機構，不去看這些大型企業資產負債表上堆積了太多充滿風險的房貸相關證券。美國貨幣主管當局就因上述種種失職，而在管理紀錄上留下了一個汙點。

尤其糟糕的是，美國經濟事務上最有影響力的政府官員、聯準會主席艾倫・葛林斯班，並未警告大眾房價的漲勢已是前所未有，且風險越來越大。葛林斯班應該早就知道次貸債券的蓬勃發展以及這會對經濟體造成哪些潛在威脅。因為聯準會其中一位理事艾德華・葛拉利區 (Edward Gramlich) 大量撰文討論這些次貸工具，並在 2007 年 6 月出版了《次級房貸：美國最近的興與衰》(Subprime Mortgages: America's Latest Boom and Bust)。

有人主張聯準會無法監督非銀行的金融機構，而且高房價的衝擊效應也非聯準會的權責範圍。那麼，為何葛林斯班十年前會如此關心股價的飆漲，並於 1996 年 12 月在華府經濟商會晚宴前的演講中道出「非理性的繁榮」？所有會影響金融業穩定的問題，都是聯準會的責任，不論源頭是不是出於銀行。葛林斯班不在乎金融機構的資產負債表上累積大量風險性資產，在他於 2008 年 10

月前往國會委員會作證前就看得出來了。他宣稱自己處於「備感震驚的懷疑」，不敢相信一流的放款機構居然沒有採行措施，在房市崩盤時保障股東權益，也沒有利用衍生性金融商品或信用違約交換 (credit default swap) 來抵銷他們的曝險。

雖然葛林斯班未能預見金融危機，但我的態度和別人不同，我不認為他要為引發房市泡沫負責。這是因為，聯準會緩慢調漲利率的政策並非帶動房地產價格上漲的主要力道。比起葛林斯班與聯邦公開市場委員會 (Federal Open Market Committee) 決定的聯邦基金利率，基於經濟成長速度減緩而帶動的長期利率下跌、企業退休金基金從股票轉換成債券、亞洲各國尤其是中國大量累積的儲備，以及次貸和全貸型房貸的激增等等因素更能刺激房價。此外，這些推升房價向上翻揚的力道是全球性的，在某些央行不管貨幣政策的國家也出現了同樣的現象。舉例來說，西班牙和希臘的貨幣政策由歐洲央行制定，但兩國的房價仍飆漲。

☒ 金融機構的風險資產槓桿操作倍數過高

若主要金融機構的資產負債表上沒有累積這麼多該類證券，光是房地產價格的起落與相關的房貸抵押證券本身，不太可能引發金融危機或嚴重衰退。次級房貸、次優房貸（alt-A，品質稍高於次級房貸）、垃圾房貸的總價值，在2007 年第 2 季達到 28 兆美元。就算所有證券的價值都歸零，蒸發的價值也不會高於七年前網路崩盤時科技股減損的價值。股市的崩盤，即便是由災難式的九一一恐怖攻擊後之經濟阻力所導致，都僅引發輕微衰退而已。

這兩件事的差異，在於當科技熱達頂峰時，券商和投資銀行並未持有大量價格可能直線滑落的投機性股票。這是因為，投資銀行在網路泡沫破滅之前早已經把手上有風險的科技類持股拋售一空。

此與房市在高點時的情況形成明顯對比，那時華爾街可是全心投入房市相關的債券。就像之前提過的，在利率不斷下跌的環境裡，投資人渴望追求收益率，這些房貸抵押證券的利率大幅高於評等相當的公司債或政府公債。例如貝

爾斯登等投資銀行受到了誘惑，便保證這些債券安全性相當且收益率更高，藉此銷售給投資人。很多投資銀行自家也持有這些債券，但其次貸債券部位之所以大幅增加，是因為投資人申訴說他們完全不知道自身要擔負哪些風險，這些銀行只好被迫收回已經銷售給投資人、搖搖欲墜的次貸相關基金。

當全球最大的保險公司 AIG 透過信用違約交換工具為幾千億美元的房貸相關證券提供保險，金融系統承受的風險乃更為深重。當這些房貸證券的價格下跌時，AIG 必須拿出它根本沒有的幾十億準備金。在此同時，借大錢來投資這些房貸相關證券的投資銀行發現，當債權人要收回以這些資產抵押的貸款時，銀行就會耗盡資金。這類房地產相關證券的價值減損，導致了金融危機。如果 2000 年底股市崩盤時，投資銀行也僅以保證金持有科技類股，就很有可能出現類似的流動性危機。但那時它們並沒有這麼做。

聯準會在緩和危機上扮演的角色

放款是血脈，是潤滑所有大型經濟體的潤滑油。在金融危機當中，過去一般人眼中認定安全、值得信賴的金融機構，忽然之間受到了質疑。雷曼兄弟倒台後，恐懼蔓延開來，很多人害怕許多其他金融機構也陷入泥淖。這促使債權人召回貸款並縮減信用額度，而投資人也出售風險性資產，試著增加投資組合中「安全」資產的水準。

在危機之際，只有一個機構可以提高流動性，那就是中央銀行，十九世紀的英國記者瓦爾特·白芝霍特 (Walter Bagehot) 將這類機構戲稱為「最終放款機構」(the Lender of Last Resort)。銀行可以向中央銀行借款或出售證券給央行，讓央行藉此將準備金放給銀行。如有需要，銀行也可以把這些準備金轉換成央行票券，或是最終的流動性資產「貨幣」。透過這種方式，各國央行可以因應「銀行擠兌」，或者說滿足存款人想要以貨幣形式提領存款的意願。央行可以把銀行資產所能擔保的準備金貸放給銀行，不論這些資產的品質或價格是否已經下跌。

〰 最終放款機構開始行動

雷曼兄弟破產之後，聯準會確實提供了市場想要的流動資金。9月19日，也就是首選準備貨幣市場基金宣布不再保本的三天後，美國財政部宣布，將會擔保所有市場基金投資人的全額餘額。財政部指出其將會動用外匯交易穩定基金 (Exchange Stabilization Fund) 來支撐其保險計畫；這筆錢通常是用在外匯交易上。但因為財政部這筆基金僅有 500 億美元，還不到這些貨幣市場基金資產的 2%，因此財政部必須仰賴聯準會的無限額信用貸款，才能履行承諾。聯準會本身也提供信用融資機制，延展銀行的無追索權貸款 (nonrecourse loan)，讓銀行向共同基金買回商業票據。一個月之後又推出貨幣市場投資人融資機制 (Money Market Investor Funding Facility)。

2008 年 9 月 28 日，聯邦存款保險公司 (Federal Deposit Insurance Corporation, FDIC) 宣布，會將花旗集團 3,120 億美元的貸款加入損失分攤計畫，由花旗集團先吸收 420 億的損失，聯邦存款保險公司接收剩下的部分。聯準會為方案中剩下的 2,700 億美元提供了無追索權貸款。接著在隔年 1 月分，又與債務規模約為花旗三分之一的美國銀行，達成類似的債務協議。花旗集團發給聯邦存款保險公司 120 億美元的優先股與權證，以為報答。在 9 月 18 日，聯準會和全球各大央行達成一項 1,800 億美元的交換安排，以促進全球金融市場的流動性。

除了在雷曼兄弟破產後立即宣布擔保貨幣市場共同基金之外，聯邦存款保險公司更在 10 月 7 日宣布將存款保險的額度拉高到每位存款人 25 萬美元。本項措施是由四天前國會通過的 2008 年〈緊急經濟穩定法〉(Emergency Economic Stabilization Act) 為法源基礎。10 月 14 日，聯邦存款保險公司又提出新的暫時流動性擔保方案 (Temporary Liquidity Guarantee Program)，擔保所有聯邦存款保險公司承保機構及其控股公司的優先順位債 (senior debt)，以及無息存款帳戶裡的存款。實際的效果是，政府擔保優先順位債，同時亦有效擔保了所有存款，因為存款在破產法中有優先索賠權。

聯邦存款保險公司之所以能保證透過政策措施拿到這些資金，唯一的辦法就是得到聯準會的全力奧援。聯邦存款保險公司確實有自己的信託基金，但和

其擔保的存款相比僅是九牛一毛。聯邦存款保險公司的承諾是否可信,一如「擔保」貨幣市場基金的外匯交易穩定基金,必須視該機構能否向聯準會取得無限信用貸款。

聯準會和主席貝南克為何要採取這些大膽行動,以確保民間有足夠的流動資金?因為他和其他經濟學家從各國中央銀行在大蕭條期間沒做的事當中得到教訓。

每一位總體經濟學家都研讀過 1963 年的著作《美國貨幣史》(*The Monetary History of the United States*),作者是諾貝爾經濟學獎得主、芝加哥大學的米爾頓‧傅利曼。其研究剖析了大蕭條期間聯準會未為銀行體系提供準備金所造成的後果,藉此建構出一個絕佳的案例分析。在麻省理工學院鑽研貨幣理論與政策而拿到經濟學博士學位的班‧貝南克,絕對非常清楚傅利曼的研究,並決心避免聯準會重蹈覆轍。金融危機發生前六年、也就是 2002 年時,貝南克在傅利曼九十大壽慶祝會上發表演說。他對傅利曼教授說:「關於大蕭條,您說對了,是我們一手搞出來的。我們很抱歉。而,感謝您,我們不會再犯同樣的錯誤了。」

～ 是否應該拯救雷曼兄弟?

聯準會在雷曼兄弟倒台之後迅速展開行動,而經濟學家和政策分析師卻爭辯多年,討論中央銀行是否一開始就要為疲弱不振的投資銀行紓困。儘管聯準會拒絕出手,自稱沒有完整的法律權限拯救雷曼兄弟,但事實卻正好相反。1932 年美國國會修正了原始的〈1913 年聯邦準備法〉(Federal Reserve Act of 1913),加入了第 13 節第 3 條〔Section 13 (3)〕,內容如下:

> 如符合罕見且緊急的條件,聯邦準備系統的理事會在取得不少於五位成員的支持票之下,理事會得決定授權任何聯邦準備銀行……當任何個人、合夥或企業以票據、兌票與匯票作為擔保時得為其貼現,但須滿足聯邦準備銀行的要求:**前提為**,在貼現之前……聯邦準備銀行應取得證據,證明此等個人、合夥或企業無法從其他銀行機構獲得適當的信用額度。

　　無疑的，在雷曼兄弟宣布破產的前一個週末，已經符合聯準會貸放的資格，因為雷曼兄弟顯然「無法從其他銀行機構獲得適當的信用額度」。

　　聯準會並未出手拯救雷曼兄弟的政治考量乃高於經濟考量。稍早之前政府為貝爾斯登、房利美 (Fannie Mae)、房地美 (Freddie Mac) 提供金援，招致公眾嚴詞批評，共和黨人的砲火尤烈。在 3 月為貝爾斯登紓困之後，布希政府放話：「從此不再紓困。」財政部長亨利・鮑爾森 (Henry Paulson) 在貝爾斯登紓困案不久後告知雷曼兄弟要自立自強，別期望聯準會幫忙。就在雷曼兄弟提出破產申請前幾天，聯準會才駁回了該公司 400 億美元的貸款要求。財政部長鮑爾森和聯準會期望，在提過這麼多事先警告之後，金融市場能消化雷曼兄弟倒閉一事，而不至於失序。

　　事實的真相是，3 月財政部警告雷曼兄弟要清理資產負債表上的項目，但為時已晚。雷曼兄弟不僅大量舉債以購買次級房貸證券，近期更和美國銀行合作，放款 170 億美元給鐵獅門公司 (Tishman Speyer)，再以 222 億美元和鐵師門公司一起買下雅區史東—史密斯信託。雷曼兄弟希望能把負債以高價賣給新買主，就像百仕通集團在市場高點時賣掉山姆・澤爾的物業一樣。但雷曼兄弟卻買到賣不掉的房地產，計 50 億美元，這被稱為雷曼兄弟有史以來最糟糕的一椿交易。雖然其執行長傅爾德一直堅稱雷曼兄弟有能力償債，但交易員都知道，由於房地產市場衰退，雷曼兄弟很難撐過去。在雷曼兄弟投入房貸相關證券之後，再加上物業市場過熱，破產一途勢不可免。

　　聯準會決定為 AIG 紓困，是因為雷曼兄弟破產之後突如其來的金融混亂，使其不得不然。投資人忽然之間緊追著現金，而且國際貨幣市場的風險溢價飆漲，讓聯準會和美國財政部大為震驚。他們相信，如果發生另一次破產事件，導致幾千億美元的債券和信用違約交換出問題，很可能擊垮全球金融體系。雖然身為保險公司的 AIG 想當然爾比雷曼兄弟更不屬於聯準會的責任範圍，但聯準會還是拯救了這家保險鉅子。我毫不懷疑，倘若 AIG 倒台在先，後續的金融恐慌會迫使聯準會隔天馬上出手拉雷曼兄弟一把。

　　下一章會詳細說明的不良資產紓困計畫 (Troubled Asset Relief Program,

TARP)，絕非擊退金融危機不可或缺的要項。這是因為，根據不良資產紓困計畫授權的資金，甚至其他資金，本來就是聯準會可以根據現行法律提供，無須經國會核准。貝南克和鮑爾森聯手推動不良資產紓困計畫，是為了獲得政治力量的支持。他們知道紓困非常不受歡迎，他們希望國會能支持。

聯準會史學家、也是卡內基梅隆大學 (Carnegie-Mellon University) 的經濟學教授艾倫・梅特瑟爾 (Allan Meltzer)，宣稱聯準會期望能為貝爾斯登等大機構紓困，以免它們倒閉威脅到整個金融體系，但之後卻又任憑雷曼兄弟破產，無疑是犯了大錯。費城聯邦準備銀行總裁查爾斯・普洛瑟 (Charles Plosser) 也呼應這一點，他相信如果貝爾斯登 3 月時倒閉，市場有能力吸收，這也將會刺激其他金融機構開始提高自己的流動現金，阻斷更多的傷害。

但我認為，如果任憑貝爾斯登倒閉，比較可能出現的情況是大幅加快雷曼兄弟擠兌，導致 3 月就出現金融危機，而不是拖到 9 月。要說金融機構把聯準會援助貝爾斯登，當作默許銀行「提高」高風險性資產之槓桿操作的信號，認為聯準會將援助任何陷於困境的機構，是難以理解的。我們應該要看到的是，即便貝爾斯登獲得「援助」，也代表了這家公司被拆解，股東只拿回一小部分的帳面價值。AIG 的股東仍在訴訟，因為當聯準會要拯救 AIG 這家保險業巨擘以免其走入破產的局面時，幾乎是全面接收。2008 年，監管機構想要遏止金融風暴，但為時已晚。在幾年前，當信評機構給予次級房貸相關債券 AAA 級的評等，且尋求更高收益的各家銀行開始提高槓桿操作、買進這些證券時，監管機構就應該有所行動了。

📉 金融危機的反省

金融危機之前出現的過度槓桿操作，其形成的因素包括金融長期穩定使風險下降、信評機構對於房貸相關債券的錯誤評等、政界認同大幅提高住宅自有率，以及重要監管機構未善盡監督之責，尤其是聯準會。但許多金融機構的管理階層也應負起最大責任。他們並未去瞭解一旦房市榮景結束後，自家企業會遭遇哪些威脅，也不擔負評估風險的責任，只是把工作丟給執行不完美統計程

式的技術分析人員。

金融風暴也戳破了葛林斯班擔任聯準會主席任內出現的迷思：聯準會可以微調經濟體，消除景氣循環。然而，即便聯準會並未看到危機正在醞釀成形，仍快速採取行動以保證流動資金不虞匱乏，防止情況更加惡化，而不致於出現更為嚴重的後果。

我們可以用以下的比喻來解釋 2008 年的金融風暴。無疑的，機械工程的進步大大強化了小客車的安全性，遠勝過五十年前的標準。但這並不表示開到多快都可保安全無虞。道路上出現一個小凸塊，會讓時速 120 英里（約 193 公里）的當代先進汽車翻車，一如舊車型開到 80 英里（約 128 公里）時會出現的狀況。在大緩和期間，風險確實降低了，金融機構理性地從事槓桿操作，擴大資產負債表的規模以作為因應。但是它們的舉債幅度太大了，要把經濟體推向危機，只須要次級房貸相關證券違約率意外提高就成了，這也就是路上的一個小凸塊。

第 **3** 章

危機過後的市場、經濟環境與政府政策

你絕對不想白白浪費一次嚴重的危機。這是個好機會，讓你去做只有危機出現才做得成的大事。

——拉姆・伊曼紐爾 (Rahm Emanuel)，歐巴馬政府白宮幕僚長，2008 年 11 月

信貸衝擊、房價暴跌以及股市崩盤，導致已開發經濟體陷入二次大戰以來最深重的衰退。在美國，從 2007 年的第 4 季到 2009 年的第 2 季，實質國內生產毛額下滑 4.3%，超越了 1973 年到 1975 年衰退時下跌 3.1% 的歷史紀錄，而且差距甚大。衰退從 2007 年 12 月持續到 2009 年 6 月，共十八個月，是繼 1930 年代初持續四十三個月的大蕭條之後最長的紀錄。2009 年 10 月失業率達 10.0%，雖然比 1982 年 11 月時的最高紀錄 10.8% 還低 0.8%，但 8% 以上的高失業率持續了三年，持續時間是 1981 年到 1982 年衰退期間的 2 倍。

　　如圖 3-1 所示，雖然危機的始作俑者是美國，但美國的國內生產毛額下跌幅度低於多數已開發國家：日本下跌 9.14%，歐元區下跌 5.50%，身為歐洲最大經濟體的德國則衰退 6.80%。至於加拿大，由於該國銀行並不像美國銀行這般過度舉債來操作房地產相關資產，因此衰退幅度最小。

圖 3-1　各國自金融危機至大衰退期間之國內生產毛額比較（2007 年第 4 季＝ 100）

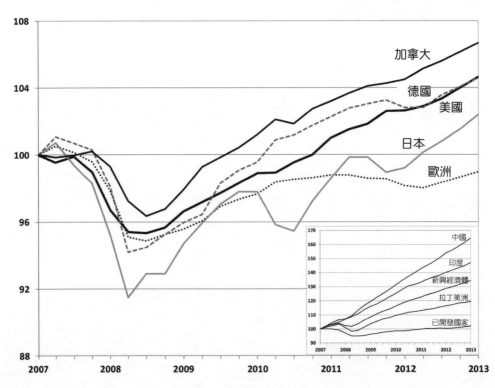

　　圖3-1也顯示新興經濟體比已開發世界更禁得起經濟衝擊；快速成長國家如中國、印度，實質國內生產毛額成長走緩，但並未衰退。以新興市場整體來看，國內生產毛額僅下跌3%；而到了2009年第2季，他們的經濟產出已經超越之前的高點。兩相對照之下，美國一直到2011年底才回補產出損失，日本到了2013年底才達到產出高點，此時歐洲仍在慢步爬升。

避免通縮

　　雖然大衰退的情勢相當嚴峻，但與1930年代大蕭條時期之經濟活動的衰退程度相比，根本是小巫見大巫。從1929年到1933年，美國實質國內生產毛額下跌26.3%，是大衰退期間的5倍以上，當時失業率更飆漲到25%至30%之間。1929年到1933年的大蕭條與2007年到2009年的大衰退之所以出現差異，原因之一在於價格水準的變化。消費者物價指數在1929年9月到1933年3月間下跌27%，大衰退期間消費者物價指數最大跌幅則為3.5%。在2010年3月之前，消費者物價指數已經越過之前的高點，但在大蕭條之後，消費者物價指數過了十四年才回到1929年的水準。

　　通縮會讓景氣循環惡化，因為薪資與物價滑落會加重債務負擔；當物價下跌時，就提高了負債的實質價值。金融風暴之前，2007年美國消費者的負債已來到歷史上的高水位。萬一薪資與物價下跌如大蕭條時期，以實質價格計算，消費者的負債和房貸將會提高超過三分之一，大幅增加倒債機率。正因如此，穩定物價才是聯準會的第一要務，這也是2007年到2009年衰退期間消費與企業支出衰退幅度不若1930年代慘況的主因。

　　聯準會能透過穩定貨幣供給來避免通縮。在大蕭條時期，以活期存款和定期存款（即M2）來衡量的貨幣供給額，在1929年8月到1933年3月之間減少了29%。反之，2008年金融危機期間，貨幣供給還增加了，這是因為聯準會提高整體儲備超過1兆美元。這項行動提供了足量的準備金，讓銀行不會像1930年代時被迫收回貸款。雖然我們或可質疑之後注入準備金〔稱為量化寬鬆

（*quantitative easing*）〕是否對美國經濟有幫助，但早期提供流動資金對於穩定金融市場及防範衰退情況大幅惡化來說極為重要，這一點並無太多疑問。

🌐 金融市場對金融危機的回應

〰 股市

雖然聯準會採取許多行動以減緩經濟緊縮，但雷曼兄弟破產後引發的信用崩壞，對股市造成毀滅性的打擊，使得股市出現七十五年來最大的跌幅。9 月 15 日之後九個星期內，標準普爾 500 指數跌掉了 40%，11 月 21 日出現盤中交易低點 740 點。最後這個大盤指標在 2009 年 3 月 9 日跌到了十二年來的低點 676 點，相較於一年半前收盤時的高點，差了將近 57%。雖然此一基準指數的跌幅超過 1973 年 1 月到 1974 年 10 月間的歷史紀錄 48%，但並不像大蕭條時期那樣重摔，當時股市下跌超過 87%。從 2007 年 10 月的市場高點起算，一直到 2009 年 3 月這段期間內，美國股市的市值縮水 11 兆美元，總數超過美國國內生產毛額的 70%。

而股價的波動也大幅提高，就像所有空頭熊市時會出現的情況一般。衡量股市買賣選擇權溢價（實際上等於衡量為股票投資組合「投保」的成本）的波動指數 (volatility index, VIX)，在 2007 年時仍低於 10，雷曼兄弟破產之後隨即跳升到近 90。除了 1987 年 10 月 19 日股市崩盤之後隨即出現的反應之外，這個水準已經高於二次大戰後任何期間。

另一項衡量波動性的指標，是股票漲跌幅度超過 5% 或以上的天數，同樣大幅增加，快速衝到 1930 年代初期以來前所未見的高點。從 9 月 15 日雷曼兄弟破產到 12 月 1 日，道瓊工業指數有九天跌幅至少 5%，有六天漲幅至少 5%。自 1890 年以來，除了 1930 年代，美股漲跌幅度超過 5% 的天數最高有七十八天，上述這十五天（漲跌幅超過 5%）的紀錄，已經超過任十年內股市出現單日大幅波動的總日數。

海外市場也和美國股市一起暴跌。全球股市市值大約蒸發了 33 兆美元，約為全球全年國內生產毛額的一半。以當地貨幣計算，衡量非美國已開發市場股市表現的摩根士丹利歐澳遠東指數 (Morgan Stanley EAFE Index)，跌幅約與美國同步，但因為美元在這段期間升值，因此以美元計價的跌幅為 62%。新興市場股市以美元計價的跌幅為 64%，主要是因為這些國家的貨幣兌美元都在貶值（中國的人民幣除外），但這些股市以當地貨幣計價的跌幅都比較小。

新興股市的跌幅基本上和 1997 年到 1998 年亞洲金融風暴時大致相當，但新興市場指數在 2009 年時的低點，仍遠高於 2002 年空頭熊市的谷底。這和美國及多數已開發市場相反，其股市都跌破了 2002 年的低點。

有些類股在市場開始下跌時還穩穩撐住，等到信貸市場凍結才大幅滑落。不動產投資信託 (Real Estate Investment Trusts, REITs)，就是一開始利率下跌時的抗跌類股，事實上，在雷曼兄弟倒台後一個星期，REITs 還反彈了。但當投資人開始擔心放款機構抽掉信用額度之後，REITs 在接下來十個星期內損失慘重，價值損失平均達到驚人的三分之二。到 2009 年 3 月空頭市場結束之前，總共下跌 75%。以短期貸款融資為基礎，以及在房市榮景期為了提高投資人收益率而以高槓桿操作的不動產投資信託，承受了特別沉重的打擊。

標準普爾 500 當中的金融類股，從 2007 年 3 月的高點算起，到 2009 年 3 月的谷底，跌了 84%，蒸發了大約 2.5 兆美元的股票價值。此跌幅超越 2000 年到 2002 年間標準普爾 500 科技類股的跌幅，由於科技類股在高點時的價值比金融類股高了 3 倍有餘，其崩盤時蒸發掉的市值更多，高了 4 兆美元。科技崩盤使股市將五年獲利全部回吐，而金融危機則讓過去十七年的獲利悉數繳回，股價跌至 1992 年時的水準。

金融業整體平均跌幅為 84%，許多金融機構跌得更深。從高峰到谷底，美國銀行的股票市值蒸發 94.5%，花旗銀行蒸發 98.3%，AIG 縮減的幅度更嚇人，足足少了 99.5%。雷曼兄弟、華盛頓互惠公司 (Washington Mutual) 以及多家小型金融機構持股人的手上什麼都不剩。至於房地美與房利美這兩家由政府支持、並於 1980 年代初期公開上市的大企業，其股東則緊抓著一線希望，以

期能拿回部分資本。許多國際性銀行的遭遇，也和美國同行一般悽慘。從高峰到谷底，英國的巴克萊 (Barclays) 跌了 93%，法國巴黎銀行跌了 79%，匯豐銀行 (HSBC) 下跌 75%，瑞銀 (UBS) 則跌了 88%。蘇格蘭皇家銀行 (Royal Bank of Scotland) 甚至需要英國央行的金援才過得了這一關，下跌 99%。

標準普爾 500 指數的跌幅，超過成分公司的營運盈餘 (operating earning) 跌幅。以標準普爾 500 公司的所有企業來說，截至 1997 年 6 月 30 日止的十二個月期間，每股營運盈餘為高點 91.47 美元，而截至 2009 年 9 月 30 日止的十二個月期間則為 39.61 美元，跌幅達 57%。但公告盈餘 (reported earning) 衰退幅度更大：標準普爾 500 成分公司 2008 年第 4 季提報的每股盈餘數字破了紀錄，為虧損 23.25 美元；標準普爾 500 的十二個月公告每股盈餘，從 1997 年的 84.92 美元，到了截至 2009 年 3 月 31 日同期間僅剩 6.86 美元。這高達 92% 的跌幅，超過從 1929 年到 1932 年大蕭條期間的 83%。

金融機構大幅減記 (write down) 資產，是 2008 年到 2009 年標準普爾 500 成分股公司盈餘嚴重衰退的主因。在計算指數的每股盈餘時，標準普爾的政策是「1 元換 1 元」，在每家公司的權重相等基礎下加總所有成分公司的損益，並將總和損益拿來和成分股總價值相比，以得出指數的本益比。AIG 在指數中所占權重不到 0.2%，但 2008 年第 4 季損失 610 億美元，比標準普爾 500 成分股中前 30 家獲利能力最佳公司的總獲利數字還高，這 30 家公司幾乎占標準普爾 500 一半的市值。在衰退期間，當一些大型公司提報重大損失，標準普爾以相等權重加總所有公司盈餘的作法，會低估盈餘並大幅高估指數的本益比。事實上，從 2007 年 6 月 30 日截止的十二個月期間、到 2009 年 3 月 31 日截止的十二個月期間，國民所得與產出帳 (national income and product accounts, NIPA) 中的稅後企業總利潤僅衰退 24%。

📈 房地產

我之前指出，金融機構以高倍數槓桿操作，資產組合裡大量累積房地產與房地產相關資產，是金融風暴的主因。聯準會在每季的〈資金流向報告〉("Flow of Funds Report") 中提到，從 2007 年第 3 季一直到 2009 年第 1 季，自用

住宅的價值從 24.2 兆美元跌至 17.6 兆美元，減少 27%。由 20 個都會區組成的凱斯—許勒指數下滑 26%，而商用不動產的價格從 2007 年 10 月到 2009 年 11 月下滑 41%。

房地產價格波動對經濟造成莫大影響。據估計，在 2002 年到 2006 年房市大好期間，消費者會把房屋權益貸款（home equity borrowing；譯註：是指以住宅為抵押的貸款，貸得的款項可以用來買車、醫療和休假等消費用途）的 25% 到 30% 拿來花用。這類借款平均占國內生產毛額的 2.8%，在此前提下，這段期間因房屋權益上漲帶動的消費支出擴張，為國內生產毛額成長率貢獻了 0.75%，或者說是美國經濟年成長率的四分之一。在 2008 年之後，房地產價格下滑也拉低了消費，大幅影響經濟，拖慢整體環境從大衰退中復甦的步伐。

📈 公債市場

在雷曼兄弟倒台之後，人們追逐著資金避風港，使國庫券的殖利率降到零甚至更低。在 2008 年 12 月 4 日，90 天期的美國國庫券殖利率降到歷史低點，來到 −1.6 個基點。投資人對國庫券的大量需求蔓延到長期公債，到 2008 年底時，10 年期美國政府公債殖利率跌到將近 2%。美國長期公債的殖利率續跌四年，10 年期公債殖利率在 2012 年 7 月時達到低點 1.39%。

在危機期間，聯準會不僅為市場提供流動資金，也大幅調降聯邦基金利率。聯準會在 2008 年 10 月 23 日的緊急會議中把基金目標利率從 2% 調降至 1.5%，在 11 月的例會中又進一步砍至 1%。在 12 月 16 日，隨著情況惡化，聯邦公開市場委員會把聯邦基金利率降到歷史低點，介於零到 0.25% 之間；到了 2013 年底，基金利率仍維持在這個水準，是二次大戰之後利率固定不動時間最長的一次。

聯準會擔保銀行存款與貨幣市場基金，遏止了流動性恐慌，卻無法阻擋透過信用市場反彈而來的震波。雖然長期國庫券的殖利率大幅下降，但非公債的債券殖利率反而起漲。最低投資等級公司債與 10 年期美國公債的利差，在 2008 年 11 月時達到 6.1%，這是大蕭條之後最大的差距；1932 年 5 月（當時已經接近大蕭條的谷底）時，利差的歷史紀錄為 8.91%。低評級 30 年工業債券與

公債的利差，在政府拯救貝爾斯登後從 4% 擴大至將近 8%，在 2009 年 1 月分的第一個星期來到 15.1% 的歷史紀錄。

📈 倫敦銀行同業拆款利率市場

貨幣市場中最多人觀察的利差之一，是聯準會在聯邦基金市場（這個市場的目的是促進美國各銀行間的準備金借貸）與美國以外的銀行同業拆款利率、即倫敦銀行同業拆款利率 (London Interbank Offered Rate, LIBOR) 之間的利差。

全世界以倫敦銀行同業拆款利率為準的放款金額與金融工具，基本上有好幾百兆美元，包括將近一半的機動利率房貸。倫敦銀行同業拆款利率的歷史可以回溯至 1960 年代，當時美國政府設限阻擋美元外流、試著扭轉經常帳餘額赤字並穩住黃金外流卻徒勞無功，之後美國以外的美元借貸市場就大幅成長。倫敦銀行同業拆款利率共分成 15 個期間，從一天到一年不等，並有 10 種不同的貨幣。到目前為止，美元的倫敦銀行同業拆款利率是其中最重要的一種。

接著來看圖 3-2。在金融風暴之前，倫敦銀行同業拆款利率非常接近聯邦基金利率（通常都在 10 個基點之內）。2007 年 8 月銀行業第一次遇到麻煩，當時倫敦銀行同業拆款利率與聯邦基金利率的利差跳漲 50 個基點，因為巴黎銀行宣布停止提供贖回基金，且英國北岩銀行 (Northern Rock) 也出了狀況。在接下來十二個月，隨著次級房貸風暴越演越烈，兩者利差幾乎都維持在 50 到 100 個基點之間。但在雷曼兄弟破產之後，利差進一步擴大，在 10 月 10 日時，兩者利差已經達到前所未聞的 364 個基點。

讓決策者極為氣餒的是，當聯準會積極調降聯邦基金利率的同時，被視為許多貸款之基準的倫敦銀行同業拆款利率卻在上漲。在聯準會把大量準備金倒入金融市場之後，利差終於縮小了，但在美股從 2009 年 3 月的空頭低點恢復之前，並未真正降到 100 個基點以下；直到 2009 年 6 月，美國國家經濟研究院 (National Bureau of Economic Research) 才宣布衰退結束。

就決定貸款利率的角度來說，倫敦銀行同業拆款利率並不代表實際的貸款利率，而是銀行預期己方在未提供擔保品的情況下進行借貸所要負擔的成本，

圖 3-2　金融危機期間標準普爾 500 指數以及倫敦銀行同業拆款利率與聯邦基金利率的利差，2007 年 1 月至 2013 年 6 月

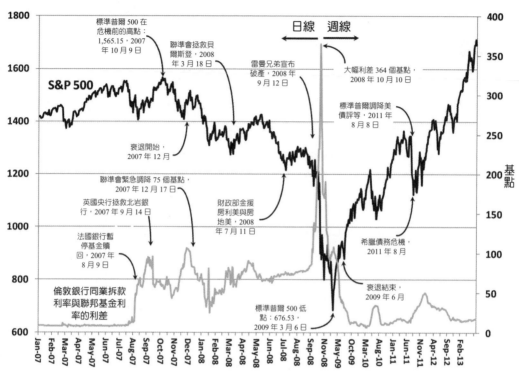

不管它們是否真的借了錢。在雷曼兄弟危機之後，大家對於銀行償債能力的恐懼一夕飆高，銀行同業借貸市場幾乎凍結了。即使銀行沒有太多實際數據可供呈報，它們還是有義務要向英國銀行協會 (British Bankers Association) 提報倫敦銀行同業拆款利率。英國央行總裁莫文‧金恩 (Mervyn King) 在 2008 年 11 月對英國國會說：「從多方面來說，（倫敦銀行同業拆款利率）代表的是銀行不想借錢給同業的利率。」

英美兩國有許多監理機構強烈懷疑，有幾家銀行低報借貸成本，解此消除市場疑慮、以免債權人開始擔心其償債能力。但是直到 2012 年 7 月，英國政府才針對巴克萊銀行假報拆款利率一事開罰 4.53 億美元，以期收殺雞儆猴之效。

這次醜聞引來抗議，導致社會要求改革這個數以兆美元計算的市場，其方式可能是重新建構本項基準利率的計算方法，或另尋其他的替代工具。

商品市場

在次貸風暴的早期階段，隨著新興經濟體持續強力成長，商品價格也快速攀高。石油（西德州中級原油）從 2007 年 1 月的每桶 40 美元起漲，到 2008 年 7 月時已經來到每桶 147.27 美元的歷史天價，由 18 種交易熱絡商品構成的商品研究局指數 (Commodity Research Bureau Index, CRB) 之漲幅也超過 60%。但在雷曼兄弟危機之後，經濟活動減少導致商品價格大幅下跌。12 月時原油跌至每桶 32 美元，CRB 指數也跌落到 58%，這是 2002 年以來的最低點。

值得注意的是，以 CRB 指數衡量的商品價格衰退幅度，和全球股市跌幅相同。相信商品可以成為避險工具以對抗股市重挫的投資人，可說是大錯特錯。我們在本章稍後會討論到，除了美國長期公債之外，基本上沒有任何商品可有效對抗金融危機期間資產價格忽然且大幅度下滑。即便是黃金，在 2008 年 7 月來到每盎司接近 1,000 美元的高價，在雷曼兄弟破產之後也跌至 700 美元以下。

外匯市場

美元在 2001 年夏天攀上十五年來的新高點之後，兌主要已開發國家貨幣的匯價穩定下滑，在金融危機的早期階段繼續維持相同走勢。在貝爾斯登被併入摩根大通後，美元馬上在 2008 年 3 月 17 日觸及歷史低點，比起 2005 年 11 月危機前的高點跌了整整 23%，比起 2001 年、歷經二十五年才站上的高點跌了 41%。不過隨著金融危機惡化，美元又奪回「資金避風港」的地位，海外投資人紛紛重回美元計價證券的懷抱。此導致美元對已開發國家貨幣升值超過 26%，在 2009 年 3 月 4 日時達到高點，一個星期之後，美國股市也觸及了空頭市場的谷底。金融風暴期間僅有日圓兌美元仍走強，這是因為市場動盪，使得投資人從事「利差交易」(carry trade)；這裡指的，是用全世界最低的利率在日

本借入日幣，然後去別處投資風險更高、收益率也更高的貨幣。隨著危機緩和下來、股市開始復甦，美元也失去部分身為資金避風港的溢價，匯價隨之下跌。

金融危機對於資產報酬與相關性的衝擊

金融理論主要的結論之一，是為了在特定風險下創造出最佳報酬，投資人應該分散資產配置，不能只守住同一類資產，要橫跨各個類別。有鑑於此，對於和大盤負相關的資產，投資人會多付一點當成溢價，對於和大盤正相關的資產，則會少付一點當成折價。

圖 3-3 顯示以 5 年為期，從 1970 年到 2012 年間，各種資產類別和標準普爾 500 之間的相關性。你可以看到，金融危機嚴重影響各資產類別的相關性，多數時候讓危機前已出現的趨勢更快速地發展。已開發經濟體股市（歐澳遠東）

圖 3-3　標準普爾 500 與各種不同資產類別之間的月相關係數，1970 年到 2012 年

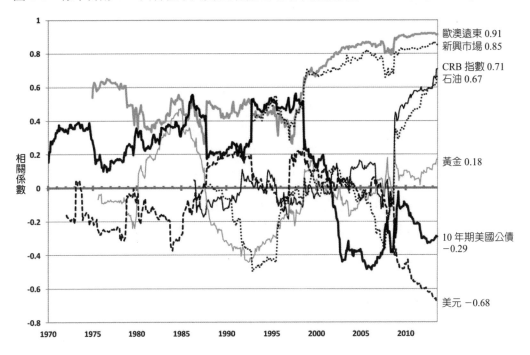

與新興經濟體股市，兩者和美國股市的相關性都是越來越高，歐澳遠東市場的相關係數達到 0.91，新興市場則是 0.85。

近年來各國股市之間的相關性越來越高，其背後有很好的經濟理由。隨著世界貿易在全球產出中的占比越來越高，經濟體之間互相依賴的程度也越來越深。其次，交易員和投資人在許多不同的市場同時運作，因此整體的氣氛會不同於各個市場互相隔絕的時候。第三，自 2008 年以來，多數衝擊金融市場與商品市場的力道都是全球性的，強大程度超過單一國家或市場的區域性特有衝擊。

不僅各股市間的相關性越來越高，圖 3-3 也顯示，股市和商品市場（以 CRB 指數或油價為代表）的相關性自金融風暴後也大幅提高。商品價格既會受需求因素影響，如世界經濟的成長率，也會受供給因素的影響，如天候（影響穀物價格）與政治發展（影響油價）。需求的變化會導致股價和商品價格出現正相關，供給的變化則會造成負相關。如果主要干擾商品價格的力道來自於供給波動，那麼持有商品就是對抗股市波動的良好避險工具。然而，當全球性的需求衝擊主導商品市場時，商品價格將會和股價同向變動，此時要利用商品當作避險工具對抗股市波動，就是很糟糕的分散投資。

有很多好理由支持商品價格和股市的相關性可能持續處於高點。能源市場最近的發展，反映石油輸出國組織 (OPEC) 不太可能像過去一樣，在石油供給上大權在握。來自非石油輸出國組織會員國的能源越來越重要，例如頁岩開採、裂壓以及其他技術開採的石油與天然氣。這些發展代表需求面的變化在決定能源價格時將會占上風，導致股價和商品價格成正相關。而這也表示，商品很可能不再是緩和股市波動的良好避險工具。

有些人主張，全球各股市間的相關性越來越高，會讓投資人降低甚至消除分散投資的動機。支持這種論據的人說，如果各國股市都朝同一個方向變動，那麼，投資海外股市很難抵銷本國股市的變動。但是，當我們在計算相關性時，通常是針對相對短期的時間來算，比方說一個星期或一個月。各種資產報酬之間的長期相關性，大幅低於短期相關性。這意味著即便分散投資無法大幅降低投資組合報酬的短期波動，投資人還是應該持續進行多元投資。

📉 相關性的降低

自金融風暴以來，商品報酬率和股市報酬率的相關性越來越大；反之，有兩種值得注意的資產類別報酬和股市的相關性大幅降低：美國公債和美元。

外匯市場的美元價格，會因為美國經濟體的強、弱勢以及國際投資人對美元的資金避風港地位之評估而定。第一個因素使美國股市和匯率之間形成正相關：不論好壞，所有和美國經濟有關的消息都會對股價和匯價造成同方向的影響。

不過，美元的資金避風港地位會導致負相關性：經濟面的壞消息，尤其是出於美國海外，會讓人投奔美元，導致美元價格上漲；與此同時，這些消息則會把全球與美國的股市往下拉。自金融風暴之始，尤其是歐洲貨幣危機時，美元的資金避風港地位跟著水漲船高。歐洲的壞消息對全球各股市造成負面衝擊，把歐元往下拉，推升了美元在外匯市場上的價格。歐洲危機使得美元和美國股市之間的負相關性達到歷史高點，如圖 3-3 所示。

美國公債自金融危機以來更穩居資金避風港的地位。壞消息，不管是來自美國內部或外部，都會刺激投資人購買美國公債，導致美國公債和美股之間形成強烈的負相關。負相關性使債券對於想為股票投資組合進行避險的投資人而言更具吸引力；這無疑支撐著金融危機爆發後出現的高價格公債及相應的低殖利率。

美國長期公債規避股市風險的能力，對於非以美元為基礎貨幣的投資人來說更是強大。就非美元的投資人而言，壞消息會提振對於美元計價資產的需求，尤其是美國公債。這會導致美國公債與非美元計價股市之間出現更高的負相關性。美國長期公債成為事實上全球最終的「避險」資產，這可以解釋為何即便這類資產之殖利率和期望報酬都很低，但仍有這麼多主權財富基金都持有高比例的美國公債。

僅有一項資產的報酬和股市相關性並未受金融危機影響，那就是黃金。金價在金融風暴之後上漲，是因為人們極為恐懼超級通膨與金融崩盤，但黃金和股市的相關性在過去五十年來仍維持在接近零的水準。到了 2013 年初，金價

自 2008 年來的漲幅已經相當可觀，惟在計入通膨之後，也從未達到 1980 年代泡沫時的頂峰每盎司 850 美元，如以 2013 年的物價計算，則為每盎司 2,545 美元。

股市和商品及石油的正相關性，以及和美國公債與美元之間的負相關性，發展出冒險 / 避險 (*risk on/risk off*) 市場這種說法。所謂冒險市場，出現在經濟體傳出好消息、誘導投資人購買股票、並做多商品、做空美元與美國公債時。在此市況下，股票和商品價格走升，美國公債的價格和美元都走跌。避險市場則正好相反，壞消息誘導投資人購買美國公債與美元，同時賣出商品與股票。金價在這些時候可能漲也可能跌。

但如圖 3-3 所示，各資產類別之間的相關性並不穩定。尤其是股價和公債在 1970 與 1980 年代都是正相關，而非如今的負相關。這是因為在那些年頭，對經濟體最大的威脅來自通膨，而低通膨對股價和債券價格來說都是好事。只有當通膨不再是威脅，民間部門的金融穩定性成為問題之後，美國公債才拿下資金避風港的地位，和股價呈負相關。

誠然，在目前的貨幣政策下，通膨非常可能再度成為決策者的考量重點。在這種時候，美國公債便不再是避險資產，債券價格也會大幅滑落。因為債券不再能分散投資組合中股票持有部位的風險，對於此類資產，投資人會要求更高的收益率。債券出現前所未見的多頭市場，其背後的支持力量是投資人相信金融崩盤時美國公債可以變成「保單」，而債券多頭市場也曾於世紀之交科技股走牛市時斷然崩解。當經濟起飛，美國公債持有者會因利率上漲與失去資金避風港地位而遭受雙重打擊。

長期分析可以得出一個重要的心得，即沒有資產類別可以長期脫離基本面。當科技泡沫破滅、金融體系崩壞時，股民勢將蒙受損失。隨著全球各中央銀行創造出大量流動資金，繼而轉換成更強勁的經濟成長與更高水準的通膨，債券持有人很可能也會遭逢類似的命運。

📉 金融危機引發的立法餘波

大蕭條引起一連串的立法行動，如制定美國證交會 (Securities and Exchange Commission, SEC) 的法源〈證券交易法〉(Securities and Exchange Act)、區分商業銀行與投資銀行的〈葛拉斯—史帝格爾法〉(Glass-Steagall Act)，並且成立了聯邦存款保險公司。同樣的，2008 年的金融危機刺激了立法諸公著手設計法規，以避免金融崩壞的局面重演。最後的成果體現在一份長達 849 頁的立法文件中，這份由康乃迪克州民主黨參議員克里斯多福・杜德 (Christopher Dodd) 與麻薩諸塞州民主黨眾議員巴尼・法蘭克 (Barney Frank) 起草的草案，稱為〈杜德—法蘭克華爾街改革暨消費者保護法〉(Dodd-Frank Wall Street Reform and Consumer Protection Act)，在 2010 年 7 月由歐巴馬 (Barack Obama) 總統簽署生效。本項法案的權力範圍，從訂定信用卡的費率，到制定避險基金的法規、限制「掠奪性借貸」、規範執行長與其他員工的薪酬，以及訂定措施以穩定經濟和金融體系。本法案下有 16 篇，要求監理機構制定 243 項條例，執行 67 種研究，並發布 22 種定期報告。

這套法律主要有三大部分影響著美國的整體經濟：(1)「符爾克條例」(Volcker rule) 限制商業銀行的自營交易；(2) 第 2 篇，為不屬於聯邦存款保險公司管轄範圍內的大型金融機構處理清算事宜；以及 (3) 第 11 篇，增加聯準會的責任，但同時也加諸新的限制。

符爾克條例是以保羅・符爾克 (Paul Volcker) 命名，他是聯準會前主席，也是歐巴馬總統的總統經濟復甦顧問委員會 (President's Economic Recovery Advisory Board) 主席。他主張，金融的穩定有賴於國會斷然限制銀行自營帳戶的交易。這一條並不在最初送給參議院的法案裡，是後來才加的。最初符爾克提議明訂限制銀行或擁有銀行的機構，從事非由客戶指示的自營交易，也不可以擁有或投資避險基金、私募股權基金。然而，本提案之後被修正為可容許銀行將至高 3% 的資本投入自營交易，但避險業務和交易美國政府公債不在此限。符爾克條例之目的在恢復過去將投資銀行與商業銀行分開的作法，1933 年〈葛拉斯—史帝格爾法〉首先有這樣的規定，之後在 1999 年由國會以〈格雷

姆—里奇—比利雷法〉(Gramm-Leach-Bliley Act) 正式予以廢除。

倘若符爾克修正案在 2007 年就成為法律的話，有沒有可能防止 2008 年的金融危機呢？金融危機的起因，是貝爾斯登與雷曼兄弟兩家銀行過度舉債操作房地產相關證券，這兩家銀行都是投資銀行，也不會納入符爾克修正案的管轄範圍內。這套條例也不適用於保險業鉅子 AIG；在看到雷曼兄弟破產之後引發的混亂，聯準會選擇援助這家保險公司。此外，那些從聯準會取得貸款的銀行，具體來說就是花旗銀行和美國銀行，它們會陷入困境是因為房地產相關的貸款，而非自營交易。有鑑於前述的歷史背景，就算符爾克修正案在 2007 年就已經實施，能不能就此改變金融危機的進程，還是令人懷疑。

杜德—法蘭克法案的第 2 篇，允許政府迅速解散對金融體系穩定度造成威脅的金融機構，以盡量降低引發金融危機的風險。雖然聯邦存款保險公司已經訂下清算商業銀行的規則，美國證券投資者保護公司 (Securities Investor Protection Corporation) 也有權力清算券商的資產，但政府並未指引該如何解散投資銀行（比方說貝爾斯登和雷曼兄弟），以及保險公司（比方說 AIG）。根據一般通用的破產法，破產判定可能要花上好幾個月或好幾年，想要讓危機的漩渦轉趨平靜，實在是緩不濟急。

第 2 篇具體規定當金融公司向政府提出破產申請時，如果該公司無法履行其財務責任，就應該清算該公司的資產，並禁止政府從正在分崩離析的公司當中取得股權。法律也規定了具體的措施，以免讓納稅人毫無道理地承擔本來可由公司其他債權人吸收的損失。此法案也禁止聯準會再像從前一樣，從 AIG、花旗或任何金融機構取得股權。

第 11 篇基本上是廢除了〈聯邦準備法〉(Federal Reserve Act) 的第 13 節第 3 條修正案，藉此限制聯準會的行動；這一條賦予聯準會可在危機中借貸給金融機構的至高權力。在新法規之下，聯準會不可以借貸給個別的金融公司，但可以運用權力提供更大範圍的流動資金給整個金融體系，惟前提是要得到財政部長的核可。此外，本法案要求聯準會在批准緊急貸款之後，七天內要揭露哪些金融機構接受援助。

　　下一次的金融危機會不會證明這些限制反而是有害的，還有待觀察。會加入這些限制，多數都是為了要收買共和黨人，好讓法案通過。因為多數共和黨人反對聯準會與國會為金融機構紓困的作法。很多人特別不樂見於 2008 年 10 月 3 日簽署生效的不良資產紓困計畫 (TARP)。這項計畫提供多達 7,000 億美元的紓困資金，用來協助金融機構，並為通用汽車解危。

　　高達 7,000 億美元的不良資產紓困計畫利用的是非常傳統的立法程序，一開始由財政部長鮑爾森與聯準會主席貝南克聯手提出，時間就在雷曼兄弟破產幾天後。雖然有布希 (George W. Bush) 總統的支持，但眾議院的共和黨人在 2008 年 9 月 29 日反對這項立法，使得道瓊工業指數跌了 777 點 (9.98%)。在小幅修正之後（無疑的，有些激動的投資人致電共和黨議員），許多共和黨的眾議員撤回了反對意見，四天後通過立法。

　　就像在前一章提過的，貝南克要擴充授信以解救承受信貸壓力的金融或非金融機構，並不須要國會通過不良資產紓困計畫，因為〈聯邦準備法〉的第 13 條第 3 節就已經賦予他權力了。由於聯準會之前的干預行動惹來一身腥，使貝南克和鮑爾森認為應得到國會許可後才行動。如果杜德—法蘭克法案在 2008 年就已經施行，聯準會便不能借貸給個別公司，比方說 AIG，然而這麼做確實為危機止血。

　　然而，未來聯準會仍可能擁有足夠的行動靈活度來穩定市場。根據杜德—法蘭克法案，在財政部許可的前提下，聯準會可以針對各類機構成立流動性融資額度 (liquidity facility)，比方說投資銀行，甚至是保險公司。財政部長鮑爾森在金融危機的各個階段確實和貝南克主席密切合作，而這兩人也培養出良好的工作關係。貝南克不難獲得鮑爾森的核可，讓聯準會設立一般性的借貸融資額度，為市場提供流動基金。

　　但是，財政部長和聯準會主席之間的關係不一定都能如此水乳交融。很多時候政府行政部門對聯準會很不滿，雖然總統隨時可以撤換財政部長，但聯準會主席一任 4 年，只有參議院提出彈劾才會被撤職。

　　時間會證明杜德—法蘭克法案到最後究竟會發揮多少效力，或者造成多大

傷害。多數的法令規章，都是委員會以及一群「專家」所寫成，他們是政府選來草擬規章與程序的人。常有人說魔鬼藏在細節裡，而這些細節卻未能被掌握。

總結評論

金融危機及其後續的衰退，發展出自 1930 年代大蕭條以來跌勢最深的股市空頭市場，以及最為興盛的美國公債多頭市場。經濟活動快速減緩，導致政府的和平時期預算赤字大幅攀升到歷史高點。這段期間是美國史上經濟復甦甚為緩慢的時期之一，使得越來越多人對美國的未來憂心忡忡。

然而，大衰退不一定要留下負債、赤字和走緩的經濟成長。在下一章，我們要窺探未來，以找出將決定日後經濟情勢如何發展的趨勢，並說明應對美國與全球經濟抱持樂觀態度的主要理由為何。

第 3 章　危機過後的市場、經濟環境與政府政策

第 4 章

福利危機
老化浪潮會讓股市滅頂嗎？

人口結構乃是宿命。

——奧古斯特 · 孔德 (Auguste Comte)

大衰退導致美國、歐洲和日本等政府的和平時期預算赤字飆到歷史新高，也凸顯了多年前實施慷慨大方但成本極高的福利方案難以為繼。此外，房市和股市崩盤，讓一般人民的財富蒸發了好幾兆美元，使得很多人擁有的資產不足以實現原本規劃好的安樂退休生活。

在財富減少的背景條件下，民調專家察覺到一般人民對於美國的未來失去了信心。在 2010 年，當被問到「你是否認為你的孩子會比你現在過得更好？」回答「是」的美國人不到一半。相信生活水準會越來越高的信念，一直是美國家庭的核心理念，也是指引整部美國史中千千萬萬移民的明燈，如今已然失色。

本章要檢視這樣的悲觀主義是否有道理。美國真的會出現史上首次下一代的生活條件不如上一代嗎？還是說這些力量反而能復興美國夢，再次恢復經濟成長？

🌐 我們面對的現實

兩股互相衝突的力量，在未來幾十年將會衝擊全球經濟體。第一股力量會導致政府預算赤字擴大並緊縮民間與政府的退休金方案，那就是「老化浪潮」；或者說，已開發國家要步入退休階段的人數將以前所未見的速度成長。老化浪潮帶來兩個基本的問題：誰來生產退休人士所消費的商品與服務，以及誰會購買他們規劃出售的資產（他們用這些資產來換取頤養天年的資本）？我們可以看到，倘若已開發世界只能仰賴自家的人民生產這些商品，那麼，人們能退休的年紀必然大為延後。

第二股拉鋸力量，是新興經濟體的強健成長，尤其是印度、中國以及其他亞洲國家，其生產量很快就會在全世界的產出中占絕大比重。新興經濟體產能夠不夠大，有沒有辦法提供所有消費產品，並藉由生產活動存下足夠的資本，買下已開發世界退休人士的資產？本章要回答這些問題，並揭開美國與世界經濟所要面對的未來。

🌐 老化浪潮

孔德的名言「人口結構乃是宿命」，提醒我們老化浪潮對於世界的未來有多麼重要。二次大戰之後，人口快速成長，這是因為在大蕭條與戰爭期間延遲生兒育女的人看到了光明的未來，讓他們願意擔起為人父母的責任。在 1946 年到 1964 年之間，生育率大幅超越之前二十年的平均值，孕育出一群被稱為「嬰兒潮世代」的人。

但緊接著嬰兒潮的，就是嬰兒荒。1960 年代中期，生育率（即每一位婦女生育的子女數）大幅下滑；在多數已開發世界，這個數值到現在一直維持在讓人口數穩定的 2.1 以下。歐洲的生育率從 1960 年的超過 2.5 降至 2010 年的 1.8，在某些國家，例如西班牙、葡萄牙、義大利和希臘，生育率已降至低於 1.5。許多亞洲經濟體的生育率下滑幅度更大，日本和南韓現在是 1.3，台灣是 1.1，上海不到 1。2011 年時，美國的生育率跌落 2.0，出生率（即每千名 15 到 44 歲女性的生育數字）降至歷史新低 63.2，比 1957 年低了將近一半。

🌐 預期壽命延長

二次大戰之後的時代，乃是預期壽命延長的時代。當美國在 1935 年通過〈社會安全法〉(Social Security Act) 時，是從 65 歲開始提供收入津貼；在勞動人口裡占大多數的男性，當時的預期壽命僅有 60 歲。到了 1950 年代，男性的預期壽命延長到 66.6 歲；在 2010 年時，男性的預期壽命來到 76.2 歲，女性則長達 81.1 歲。

劍橋大學的詹姆士·瓦沛爾 (James Vaupel) 和詹姆士·歐朋 (James Oeppen) 判定，自 1840 年以來，已開發國家人民的預期壽命以每十年增加 2.5 年的速度非常穩定地延長，這股趨勢只有稍微減弱而已。在二十世紀中葉前，預期壽命的延長主要是因為嬰幼兒的死亡率下降所致。在 1901 年與 1961 年之間，男性出生時的預期壽命增加 20 年以上，但 60 歲以上男性的預期壽命只延

長不到 2 年。

　　然而，在二十世紀的後半段，由於醫藥進步，老人的預期壽命大幅延長。在整部人類史中，疾病、戰爭與自然的力量會消耗人口，而且多數時候都是年輕人多過於老年人。但是，嬰兒潮世代的死亡率下降，再加上生育率下滑，大幅改變了全球已開發國家的人口年齡分布情況。到了本世紀中，日本與許多南歐國家如希臘、西班牙和葡萄牙的人口年齡分布將會「反轉」。意即這些國家不再遵循人類史上多數時候壯年人多於老年人的模式，其人口數最龐大的年齡層，將會是耄耋之齡的老人家，而且 80 歲以上的人口數將會超過 15 歲以下的人口。

退休年齡不斷提前

　　雖然預期壽命延長，但是已開發世界的退休年齡卻不斷提前。1935 年。美國社會安全法規定給予 65 歲以上的長者收入津貼，當時平均的退休年齡是 67 歲。退休年齡在 1961 年快速下降，因為當時美國國會准許人民從 62 歲起收取打了折扣的社會安全福利。

　　歐洲退休年齡提前的態勢甚至比美國更為明顯。在 1970 年代初期，許多歐洲政府將最早的可退休年齡從 65 歲提前到 60 歲，很多時候甚至降到 55 歲。在美國，如果你繼續工作，社會安全福利款項就會增加，但歐洲和美國不同，在歐洲少有任何誘因讓人們考慮延後退休。在法國，從 1970 年到 1988 年，60 到 64 歲男性人口中勞動人口所占的比率從約 70% 降至不到 20%；在西德，則從超過 70% 以上降至 30%；至於美國一直維持在 50% 以上的水準。

　　預期壽命延長和退休年齡提前這兩股力量，使得一般員工退休後的時間大幅增加，我把這段期間稱為退休期 (retirement period)。在美國，從 1950 年到 2010 年，預期壽命從 69 歲延長到 78 歲，平均的退休年齡卻從 67 歲掉到 62 歲。因此，退休期延長了 8 倍以上，從本來的 1.6 年增為 15.8 年，而歐洲的增幅更大。

　　退休期迅速延長，大大改變了一般勞工的生活方式。在二次大戰之前，少有員工能享受漫長的退休時光，退休後身體還健健康康的人更少。如今，美國、歐洲和日本有幾百萬人享受退休時光，他們身體健康，還擁有由政府或企業退休金計畫提供的收入津貼。

退休年齡必須提高

　　但是，這股預期壽命延長、退休年齡下降的美好趨勢無法持續。如圖 4-1A 所示，在 1950 年，美國的退休人士與勞工比是 14 比 100，到了 2013 年變成 28 比 100，預計在 2060 年之前就會升高到 56 比 100。在日本，退休人員對每 100 位勞工的人數會從今天的 49 成長到 2060 年的 113，歐洲則會提高到 75。這些比率很可能低估了退休人士的數字，因為這裡假設的退休年限為 65 歲，高於美國和日本的退休年齡，更大大高於當今歐洲的水準。

　　雖說日本和歐洲的人口演變情勢比美國更嚴峻，但無論這些退休人士住在哪一國，全部都會因為各國的消費支出而受影響。商品和服務的交易已經全球化，歐洲與日本退休人士未來的需求，會帶動全球物價上漲，也會對美國人造成負面影響。

　　但老化浪潮的影響力不單是拉高全球市場的商品服務價格而已，也打擊勞工辛苦攢下來以支應退休後消費的資產價格。這是因為，股票與債券和任何商品一樣，其價格都是由供需決定。資產的買方是存款人（存款人指的是消費少於所得的勞工），他們利用存下來的錢購入資產，以期到退休時能有資產可賣。資產的賣方，是須要創造現金流的退休人士，他們須要動用這些資產，在無法從工作上賺得收入時拿來支應消費。

　　退休人士增加，代表會有過多的資產要賣給買方，很可能大幅抑制資產價格。而資產價格壓低，表示市場正說明整個經濟體無法滿足退休人士要提早退休並享有健康與收入津貼的期待。當他們的資產價值下滑，嬰兒潮世代就需要延長工作時間，也要把原本規劃的退休時間延後。

圖 4-1　已開發與新興經濟體退休人士與勞工人數之比率，1950 年到 2060 年

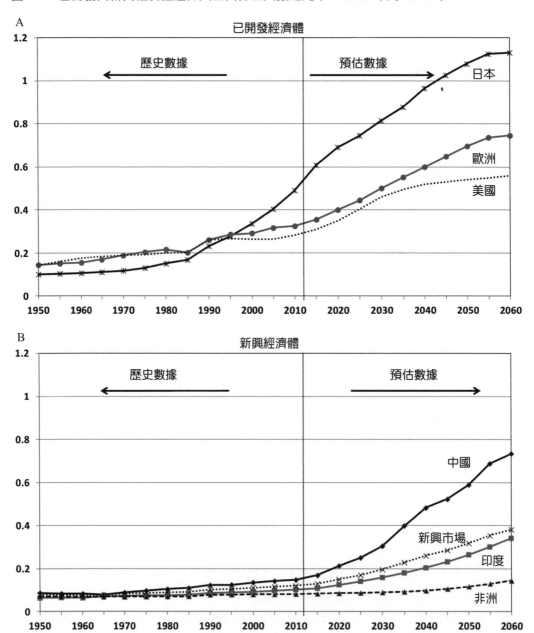

STOCKS FOR THE
長線獲利之道 LONG RUN

圖 4-2　在不同成長情境下的預期壽命和退休年齡，從 1950 年到 2060 年

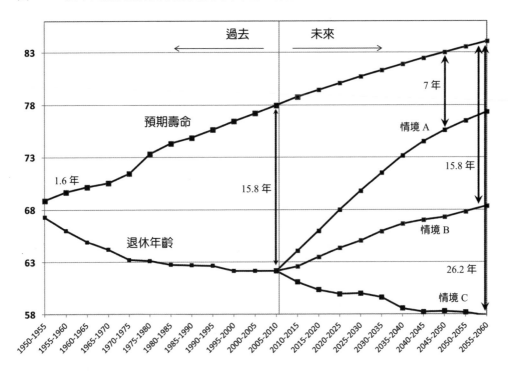

但要延到多久之後呢？在美國，嬰兒潮世代對退休年紀的影響，可以從圖 4-2 來瞭解。情境 A 假設已開發世界必須依靠自家勞工生產所有產出，無法仰賴增加海外進口以支應退休人士的需求。

這對退休年紀的衝擊極大。在本世紀中之前，退休年紀必須從現在的 62 歲延後到 77 歲，多工作 15 年，就能輕易彌補預期壽命的延長。在此情境下，退休期會從目前的 15.8 年降至 7 年，縮短幅度超過 50%，也將會徹底影響戰後期間退休人士所能賺得的大部分利得。

🌐 世界人口結構與老化浪潮

評估人口老化問題的人認為，上述分析會使資產報酬預測值過度悲觀。有些研究人員利用每一個國家特定的人口統計特性，根據供需來預測各國的資產

報酬率。

不過，透過各國人口統計結構來看未來是錯誤的觀點。我們必須把世界當成一個整合的經濟體，而不是分別試著以自家生產來滿足自家需求的諸多個別國家。在這個全球貿易不斷擴張的世界裡，開發中國家的年輕人可以為已開發國家的退休人士生產商品，並買下他們的資產。

這一點之所以重要，是因為已開發國家雖然現在出現明顯的「老化浪潮」，但在其他地方並非如此。在日本、歐洲以及美國以外，新興經濟體都擁有很年輕的人口群。

圖 4-1B 畫出開發中國家退休人士與勞工人數比。可確定的是，退休人數對勞工的比率，幾乎所有國家都在上升。不過除了中國以外，新興經濟體退休人數的增加速度，都比開發中國家來得緩慢。從 2013 年到 2033 年，當已開發國家大部分的嬰兒潮世代都退休時，新興國家的退休人士對每 100 位勞工僅會從 11 升至 18，遠低於美國；在美國，這個比率會從 27 增至 45。至於非洲，退休人士對 100 位勞工的比率基本上不變，維持在極低的 7.5。即便是中國，由於其一胎化政策，中國是老化速度最快的新興經濟體，但退休人士對 100 位勞工在未來二十年也僅從 14 增至 30；在 2060 年之前，其退休人士比也不會趕過美國。

🌐 基本問題

所謂基本問題是，新興市場的勞工是否能生產夠多的商品，以支應已開發世界的需求？這些勞工又能否存到足夠的資本，買下已開發世界退休人士為了替退休生活取得資金而出售的資產？雖然全球 80% 的人住在發展中國家，但這些經濟體的產出僅占全球產出約一半。

只是這個比例正在快速改變中。1980 年，鄧小平改變了中國經濟發展的方向，帶領中國迎接市場力量，並把這個國家推向快速且持續成長的階段。如果讓美元和人民幣的購買力相等，以衡量中國的人均所得 (per capita income)，則其在 1980 年時僅有美國的 2.1%，到了 2010 年會成長到 16.1%。由於中國的人

口將近美國的 4 倍,當中國的人均所得達到美國的 25% 時,中國將成為全世界最大的經濟體,預計 2016 年左右就會看到這種情況了。如果中美兩國的人均所得持續以目前的速度成長,到了 2025 年,中國經濟體的規模將會比美國大上 2 倍。

在中國展開快速成長的十年之後,印度也出現類似的轉型。印度總理納拉辛哈 · 拉奧 (Narasimha Rao) 連同他的財政部長曼莫漢 · 辛格 (Manmohan Singh),在 1991 年啟動了印度的經濟自由化。此改革消除了許多官僚面的沉痾規定,降低關稅和利率,也終結許多公共壟斷。自此之後,印度開始快速成長,雖然目前的速度不敵中國,但印度的整體國內生產毛額很可能在 2030 年代超過美國,最後也會超過中國的產出。

圖 4-3 根據國際貨幣基金 (IMF) 與經濟合作暨發展組織 (OECD) 對生產力成長的預估,以及聯合國 (UN) 對於各國人口成長的預測,說明全世界國內生產毛

圖 4-3　根據國際貨幣基金、經濟合作暨發展組織以及聯合國的估計值計算出來的全球國內生產毛額分配,從 1980 年到 2100 年

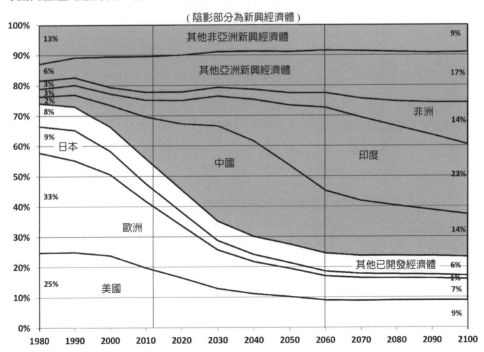

額的分配將如何變化。1980 年，已開發世界產出占全球四分之三，其中美國就占了四分之一。目前，已開發國家約生產全球一半的國內生產毛額。在二十年間，這個比例將會縮小到三分一，在本世紀末之前，則會掉到剩四分之一。反之，新興經濟體的產出在世紀末之前將會增加到占全球國內生產毛額的四分之三。

中國和印度的經濟成長特別值得注意。中國從 1980 年代在全球產出中僅占 2%，如今已占了 16%，預估 2032 年會達到最大值 32%，之後直到本世紀末前會跌回到 14%。之所以下滑，是因為中國的一胎化政策，再加上隨著中國的人均國內生產毛額接近已開發世界的水準，其成長將會減緩。印度的國內生產毛額從 1980 年占全球的 3% 開始成長，時至今日已達 6%，預估到 2032 年前會達 11%。預估印度的經濟規模在 2060 年之前將大於中國，因為印度的人口成長較快。根據預測，印度從 2040 年開始到本世紀結束將會生產全球四分之一的產出。

非洲在 2070 年之前仍只是全球經濟體中的一小部分，2070 年才會開始快速擴張，到了本世紀結束前，其全球占比將達 14%，和中國經濟體的規模相仿。用來推估非洲成長的假設非常保守，很可能低估非洲在本世紀後半葉的重要性。要判定一個低度開發經濟體何時以及是否會起飛，就像 1980 年代的中國與十年後的印度，是非常困難的事。目前 IMF 是假設次撒哈拉非洲 (sub-Saharan Africa) 會有 5% 的成長，這個數值高於已開發世界，但大幅低於亞洲。由於預測非洲在世紀末之前將孕育出全球接近三分之一的人口（假設非洲的生育率在這段期間會大幅下跌），如果這片大陸能夠大幅成長，很可能取代亞洲的地位，成為全世界最大的生產者。

其他研究人員確認了新興國家在全球經濟中的重要性。經濟合作暨組織發展中心的宏米・卡瑞斯 (Homi Kharas) 估計，在 2009 年到 2030 年之間，新興經濟體的「中產階級」（定義為年收入為 3,650 美元到 36,500 美元之間的人）將會增加超過 30 億人，換算為成長率則是 170%。而他們的支出將會成長 150%，成長金額超過 34 兆美元，比美國目前的經濟規模大 2 倍以上。預估當中超過八

成以上的成長都會發生在亞洲。反之，西歐與美國的總支出，在這段期間內幾乎沒有成長。

新興經濟體的成長，對於已開發世界有深遠的意義。其一，已開發世界退休人士需要的許多消費品，將交由新興世界的勞工生產。新興國家勞工銷售商品賺得之收入，不但會用來增進消費，也有助於提高他們的存款水位。亞洲人天生愛存錢；就算是日本這種富有、老化的國家，全國的存款率仍將近 25%，高於多數西方經濟體，更是美國的 2 倍有餘。

新興經濟體投資人的存款增加，暗示嬰兒潮世代的年長者出售其資產或許不會壓垮已開發世界的金融市場。如果新興市場的生產力在本世紀後半葉能以每年 4.5% 的比率成長（這是自 1990 年以來的平均值），那麼，美國人未來的退休年紀勢將照著圖 4-2 的情境 B 發展。

確定的是，在情境 B 下不容許退休年齡繼續提前，也不會讓退休年齡穩穩守在現在的 62 歲。但情境 B 會讓一般勞工可以享有的退休年限穩定下來：預期壽命延長的同時，也延後退休年齡。

圖 4-4 顯示已開發及開發中國家從 1980 年到 2035 年的生產力成長歷史紀錄與未來推估值。新興國家過去二十年來的生產力成長平均值接近 5%；大衰退也包括在這段期間內。

已開發世界的退休年齡有沒有可能繼續往前移？情境 C 是極樂觀的前景，如果所有新興經濟體都能和中國以往二十年來的成長一樣快速，每年達到 9%，就會出現這種情境。如果是這樣，已開發世界嬰兒潮世代對大量商品的需求，將會完全被開發中世界的商品服務生產所滿足。美國的退休年齡會持續往下降，導致 2060 年時的退休期將超過 26 年。

圖 4-4　已開發及開發中國家生產力成長歷史紀錄與未來推估值，1980 年到 2035 年

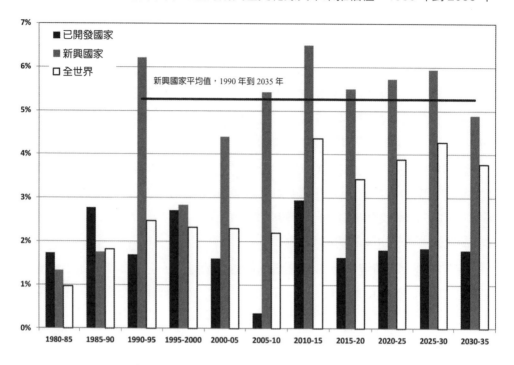

🌐 新興經濟體可以補足差距

在進入本章時，我提出了兩個問題：誰來生產退休人士所消費的商品與服務，以及誰會購買他們為了支應消費而規劃出售的資產？

現在我們知道答案了，那就是開發中國家的勞工和投資人。當他們把產品和服務賣給已開發世界時，他們會拿到價款，這些款項來自嬰兒潮世代持有之股票、債券出售後的利得。新興世界的勞工和投資人能將老化浪潮的衝擊減緩到何種程度，和其經濟成長的速度直接相關。如果這些國家持續快速成長，美國、歐洲與日本公司發行的多數股票與債券，很可能將由開發中世界的投資人持有。到了本世紀中葉之前，中國、印度以及來自其他這些年輕經濟體的投資人，將會掌握全球大型企業的多數所有權。

　　有人可能會質疑，當這些新興國家如此快速成長時，他們的投資人為何要買下西方資產？答案是，在全球性的環境下，企業前景不再緊緊依附於母國。新興市場的成長給了西方企業大好機會，向這些國家的新中產階級大力行銷。新興經濟體在成長的同時也急需基礎建設。在未來二十年，新興經濟體的基礎建設支出預估將達全球國內生產毛額的 2% 到 3%。換算下來的金額為每年超過 2 兆美元，美國企業是這類支出最大的受惠者。

　　全球知名品牌對快速擴張之經濟體下的消費者極具吸引力，這一點少有人質疑，其中，西方名牌又特別吸引人。宏盟集團 (Omnicom Group) 旗下的顧問公司跨品牌 (Interbrand) 所做的 2013 年全球最佳品牌報告 (Best Global Brands report) 中，可印證前述觀點。該報告依序排出該公司認為全球最有價值的百大品牌，評定的標準包括財務績效、品牌在影響消費者選擇上扮演的角色，以及品牌是否能對母公司的利潤有所貢獻。總部設在美國的公司占了前七名〔蘋果 (Apple)、Google、可口可樂、IBM、微軟 (Microsoft)、奇異電子 (General Electric) 和麥當勞 (McDonald's)〕，在前二十名中也拿下了 17 席。

　　如果西方企業在全球市場裡無法有效競爭，那又將如何？若是如此，可以確定的是，必有其他國家的企業將會崛起，以填補空缺。但海外投資人還是比較可能青睞品牌已獲得認同的西方企業，因為這類企業能提供必要的專業，教導新買主如何在海外市場從事銷售。

🌐 生產力的成長步調能維持下去嗎？

　　生產力的成長帶動了生活水準。新興經濟體的生產力快速成長，其基礎在於借重並善用多數先進經濟體已經發展出來的技術。

　　但已開發國家的生產力成長必須仰賴創新和發明，因為這些經濟體如今已經將技術知識發揮到極致了。從歷史上來看，已開發世界的生產力以每年 2% 到 2.5% 極穩定地成長，這表示，每經過 35 年，生活水準就會提高 1 倍。

　　但某些經濟學家，如西北大學的羅伯特・葛登教授 (Robert Gordon) 相

信，美國的生產力成長已經到了盡頭，將開始大幅下滑。他引用人口老化、收入差異擴大以及教育系統的成果堪慮等等，作為生產力成長將趨緩的理由。葛登預估，除了收入分配曲線上的前 1% 之外，多數美國人民的生產力每年都僅有 0.5% 的成長率，還不到長期平均值的四分之一。

也有人呼應葛登教授的悲觀看法，並大發牢騷指出現代的發明、發現無法像百年前那樣從根本上改變人類的生活。喬治梅森大學的經濟學家、同時也是《大停滯》(The Great Stagnation) 的作者泰勒・柯文 (Tyler Cowen)，就說他相信已開發國家已經身處技術的高原，所有唾手可得的成果都已經被人找出來了。

確實，表 4-1 顯示多數改變人類的重要發明都出現在過去一百年。從改變一般人生活的角度來說，出現在上個世紀前半段的發明，其重要性遠遠超過後半段才出現的發明。

矽谷科技界有人相信，美國正在走下坡。PayPal 的創辦人彼得・席爾 (Peter Thiel) 宣稱，美國的創新「已走到介於困境和死亡之間」。這種讓人氣餒的觀點，在投資圈裡蔓延開來。大型投資公司太平洋投資管理的主管葛洛斯和穆罕默德・埃里安 (Mohammed El-Erian) 在 2009 年發明了一個詞「新常態」(new normal)，用來描述美國經濟成長將會落在 1% 到 2% 的情況，遠低於戰後

表 4-1　過去百年來改變人類的重大發明

1910 年到 1960 年	1960 年到 2010 年
電力	生育控制方法
室內下水管道	手機
洗衣機	網際網路
冰箱	個人電腦
汽車	
電話	
電視／電影	
大型電腦	
飛行交通	
抗生素／疫苗	
原子能	

3% 以上的平均值。其他投資經理人也接受這樣的概念。

即便美國成長走緩，也不意味著全球的成長率會下降。雖然表 4-1 第一欄中改變人類的創新在已開發世界存在已久，但開發中世界才剛要體驗先進經濟體的便利。2006 年，〈聯合國人類發展報告〉("United Nations Human Development Report") 估計，還有 26 億人的住所無室內下水道，換算下來是全球人口的 40%。電氣化、冰箱以及基本醫療保健，仍將好幾十億人拒之於門外。確實，過去幾十年全球收入與財富的成長中，大多與開發中世界開始採行已開發世界的生活方式有關。

就算是已開發世界，我也不認為生產力一定會走下坡。資訊的數位化以及即時性將有助於刺激生產力更快速地成長。

研究歷史時，我們會發現在促進溝通的發明問世之後，比方說一世紀時蔡倫造紙、十五世紀時約翰內斯・古騰堡 (Johannes Guttenberg) 發明活字印刷術，都會加速發明與創新的步伐。在十九與二十世紀，電報及其後的電話讓遙遠的雙方能進行即時的溝通，也就此刺激了經濟。

而近代沒有哪一項發明能像網際網路這樣，具備促進創新的龐大潛力。很快的，過去所寫、所記錄的一切，包括書籍、影片、刊物以及數位格式，都可以從網路上即時存取。人類歷史上第一次，真正可能讓每一位研究人員，針對任何一個主題，以幾乎免費且不受限地連上全世界的知識體系。

史丹佛大學的查爾斯・瓊斯教授 (Charles Jones) 大量研究有關生產力成長的主題，宣稱在美國於 1950 年到 1993 年期間的成長中，有五成可以歸因於全球（而非特定國家）大力從事研究。他的論文〈全球發想環境下的美國經濟成長來源〉("Sources of U.S. Economic Growth in a World of Ideas") 主張，決定生產力成長的重大因素，是「實現全世界發現的構想……回過頭來，這又和創新國的總人口數成正比。」

確實，「創新型國家」若能大量增加，將可為人類的未來帶來光明前景。在上一個世紀，科學領域的諾貝爾獎得主超過九成以上都在歐美，雖然這群人在世界總人口中只不過是小之又小的一群。不過全球人才的分布版圖即將出現變

化。單單中國與印度的開放，就多了 2 倍以上能接觸到全世界的研究人口。而隨著科技上能做到即時翻譯，語言的隔閡也正在消失當中。這意味著生產力的成長在未來幾十年將不會走下坡，事實上，反而會蒸蒸日上。

🌐 結論

在收入最高的國家，包括美國，如果只靠自家勞工生產商品和服務以供應國內高齡人口所需，一定會使得退休年齡大幅延後、退休年齡提高，並抵銷預期壽命延長的效果。但，隨著全世界開發中經濟體的生產力成長，這個世界很可能會有足夠的勞工來生產商品和服務，也有足夠的存款者能買下退休潮世代出售的資產，使得退休年齡僅稍稍提高。這樣的成長，能使股票未來的報酬率接近歷史水準。

顯然，這種讓人樂見的情境有可能不會應驗。貿易戰爭、對資本流動的限制、亞洲和其他地方不再實施有助於經濟成長的政策，都會對經濟以及股票報酬造成負面打擊。但是有很多站得住腳的理由支持生產力為何可能會快速提高，不僅在開發中國家如此，在已開發世界亦然。通訊革命讓研究人員可以用幾年前無法想像的規模從事協作，協作可以帶動發現、創新和發明。就像聯準會主席貝南克 2013 年在巴德學院西蒙岩石分校的畢業典禮上所說：「今日人類的創新能力與創新動機之強烈，超過人類歷史上任何時候。」

第二部

歷史的判決

第 **5** 章

1802 年以來的股票
與債券報酬率

對於未來，我只知要借助過去來判斷，除此之外別無他法。

——培瞿克・亨利 (Patrick Henry)，1775 年 3 月 23 日於維吉尼亞州代表會
(Virginia Convention) 上的演講內容

🌐 1802 年迄今的金融市場數據

本章分析股票、債券和其他資產類別過去兩個世紀以來的報酬率；我在本書中將美國歷史分為三大時期。第一時期從 1802 年到 1870 年，此時美國從農業經濟轉型到工業經濟，宛如目前拉丁美洲與亞洲許多「新興市場」所出現的轉變。第二時期從 1871 年到 1925 年，此時美國已經成為全球最大的政治與經濟強權。第三時期自 1926 年迄今，涵蓋大蕭條、戰後擴張、科技泡沫及 2008 年的金融危機。

會選擇這些時期，不光是因為這些時點有重大的歷史意義，更因為以股票報酬歷史數據的品質和全面性而言，這些時機點都足以作為分水嶺。最難收集的股票報酬歷史數據，是 1802 年到 1871 年之間，因為這段期間內少有股利數據。在前幾版的《散戶投資正典》裡，我根據威廉・舒瓦特 (William Schwert) 教授的研究，編製出一個股價指數。但由於他的研究並未納入股利，因此我使用第二時期的股利數據及總體經濟資訊來估計股利殖利率 (dividend yield)。我得出的第一時期股利殖利率估計值，和其他已發表的早期股利殖利率歷史數據一致。

2006 年，兩位出色的美股報酬研究人員，耶魯大學的比爾・格茲曼 (Bill Goetzmann) 和羅傑・依伯森 (Roger Ibbotson) 出版一份研究，詳細記載 1871 年以前的股票報酬。他們耗費了十年以上才完成這份研究，爬梳超過 600 檔個股的月股價與股利數據。針對 1802 年到 1871 年股票的年報酬率，本書使用的數據為 6.9%，便是根據格茲曼和依柏森的研究。這與我之前估計十九世紀初的股票報酬率相比，只低了 0.2%。

從 1871 年到 1925 年，在計算股票報酬率時，是使用所有紐約證交所上市股的市值加權指數（包括再投資的股利），數據來自考爾斯經濟研究基金會所編纂及許勒 (Robert Shiller) 提報之備受認可的指數。第三時期、即 1926 年迄今，相關數據的研究最為完整，取自證券價格研究中心 (Center for Research in Security Prices, CRSP)。這些報酬是所有紐約證交所上市股的市值加權指數，從 1962 年開始，也納入所有美國與納斯達克成分股。羅傑・依柏森也研究自

1925 年以來的股票和債券報酬模式,其出版之年報,自 1972 年以來成為美國資產報酬的標竿。本著中提到的所有股票與債券報酬(包括十九世紀初期),都不受「存續偏差」(survivorship bias) 效應所影響;若僅使用存續企業的報酬數據、忽略消失倒閉企業的低報酬率,才會出現這種偏差。

資產總報酬

各種資產的發展歷程,如圖 5-1 所示。這張圖說明自 1802 年到 2012 年股票、長期與短期政府公債、黃金和商品的名目總報酬(未經通膨調整)指數 (total nominal return index)。總報酬包括投入資本的價值變化,再加上利息或股利,並假設這些現金流長期都會自動再投資到資產當中。

從圖上很明顯就可看出,過去兩個世紀以來,股票的總報酬凌駕於其他所

圖 5-1　名目總報酬與通膨,從 1802 年到 2012 年

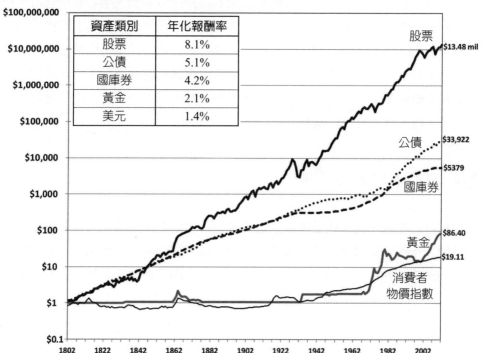

資產類別	年化報酬率
股票	8.1%
公債	5.1%
國庫券	4.2%
黃金	2.1%
美元	1.4%

有資產之上。若在 1802 年時投資 1 美元到一個市值加權的投資組合當中、並不斷地再投資股利，到了 2012 年底時可以累積到將近 1,350 萬美元。即便 1929 年發生股市崩盤的大災難，使得一整個世代的投資人對股票避之唯恐不及，在股票總報酬指數走勢圖上也只是一個小區段而已。讓許多持股者膽寒的空頭熊市，從股票報酬的強勁上漲趨勢來看，顯得無足輕重。

很重要的是，圖 5-1 畫出的股票總報酬並不代表美股的總價值成長。股票總報酬成長的速度快於股票財富的增加速度。總報酬的成長高於股票財富成長，是因為投資人會花掉多數股利，不會把全部股利拿去再投資，企業也不能把這些股利拿回來創造資本。1802 年時，只要在股票市場投資 133 萬美元，並把股利拿去再投資，這筆錢到了 2012 年底就會增值到 18 兆美元左右，相當於美國股市的總值。以購買力來說，1802 年的 133 萬美元大致等於今天的 2,500 萬美元，遠遠不及今日的股市總值。

雖然財務理論（以及政府規範）都要求計算總報酬時要以股利（或其他現金流）再投資為前提，但少有人能長時間不花掉任何報酬，全心累積財富。投資人能在不動用本金與產生的收益之下累積財富，通常是他們為了退休生活而透過退休金計畫來累積財富，或者買下要傳給下一代的保單。即便是打算把財富分毫不動地傳下去的人，也必須明白累積出來的財富通常在下一代就沒了，或是被受贈的基金會花掉。幾代人若能忍耐自制，可以靠著股市把一塊錢變成幾百萬，但少有人有耐心或能忍受這般長期等待。

💲 債券的長期績效

相對於股票，固定收益投資是最大宗也最重要的金融資產。債券承諾在固定期間內支付固定報酬。不同於股票的是，債券提供的現金流價值有其上限，由契約的條款約定。除非違約，否則債券的報酬率不會隨著企業的獲利能力而改變。

圖 5-1 所示的債券系列報酬率，是以美國長短期政府公債為準，但必須視可否取得數據而定；若某些時期無法取得相關數據，例如早年某些時間點的樣

本，則改採最高等級的州政府公債。我們估計了高風險債券的違約風險溢價 (default premium)，並從利率當中扣除，以便得出可類比於整段期間內之高等級樣本的數據。

這 210 年來的長短期公債利率〔短期公債亦稱為國庫券 (bill)〕，如圖 5-2 所示。十九世紀與二十世紀初的利率變動幅度極小，但自 1962 年迄今，長短期的利率變動模式都出現了明顯的變化。在 1930 年代大蕭條期間，短期利率跌至接近於零，而 1941 年 10 月，20 年期美國公債的殖利率跌至 1.82% 的歷史新低。為了償還大戰期間龐大的借款，美國政府在二次大戰期間與戰後前幾年都維持極低的利率水準。

1970 年代，利率變動模式出現前所未見的變化。通膨達到兩位數，利率飆漲，自美國立國初年美元大幅貶值以來，從來不曾見過如此高的利率。

圖 5-2　美國長短期利率，1800 年到 2012 年

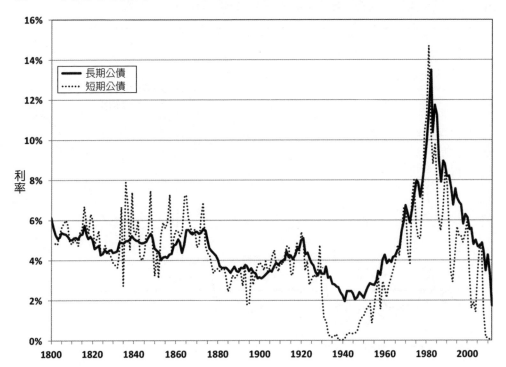

民眾鼓譟要求政府採取行動，緩和物價上漲的速度。自 1979 年以來便擔任聯準會主席的保羅 · 符爾克 (Paul Volcker) 回應了人民的呼聲，將利率拉高至將近 20%，最後將通膨與利率都壓在合理的水準。利率模式的變動和物價水準的決定因素有直接的關係。

🌐 黃金、美元和通膨

過去兩百年來英美兩國的消費者物價指數，如圖 5-3 所示。在英美兩國，二次大戰之初的物價大致相同，一如過去 150 年的情況。但在大戰之後，通膨的性質發生重大變化。物價水準在戰後幾乎是一路上漲，多半是緩步走揚，但有時候也會出現兩位數的漲幅，如 1970 年代。如果不計戰時，不管是英國或美國，都在 1970 年代第一次出現快速且持續的通膨。

圖 5-3 英美兩國的消費者物價指數，1800 年到 2012 年

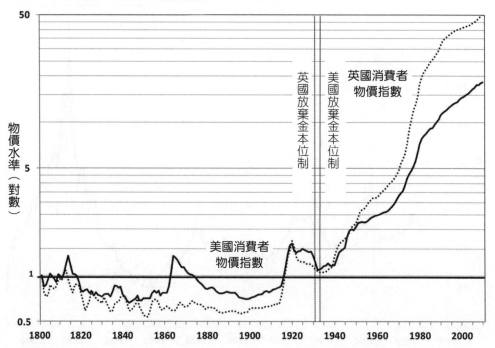

　　貨幣本位的變化可以解釋通膨走勢的巨變。在十九世紀與二十世紀初，英美兩國以及工業化世界的其他主要國家都採金本位制。如圖 5-1 所示，金價與物價水準在這段期間內的關連性極為密切。這是因為金本位制限制了貨幣供給，從而抑制通膨。但從大蕭條到二次大戰，全世界逐步轉向通貨準備制。在通貨準備制之下，並未明文限制貨幣發行量，因此通膨會受政治與經濟力量牽動。物價的穩定，取決於各國央行如何限制貨幣供給量的成長，以抵銷赤字與其他因政府開支與規範導致的通膨力量。

　　美國與其他已開發經濟體自二次大戰後出現的長期通膨上漲趨勢，並不代表金本位制優於通貨準備制。金本位制遭各國揚棄，是因為它在面對經濟危機時極無彈性，1930 年代銀行紛紛倒閉時尤其明顯。如果管理得當，通貨準備制能防止金本位制可能掀起的銀行擠兌以及嚴重蕭條，同時也能將通膨維持在偏低至溫和的水準。

　　但貨幣政策不易操作得當。通膨在 1970 年代快速成長，1980 年 1 月金價飆漲到每盎司 850 美元。等到通膨終於受控，金價也轉而下跌。不過在 2008 年的金融危機之後，各國央行發行的信用額度氾濫，令市場恐懼通膨再起，金價又開始上揚。在 2012 年底之前，金價來到每盎司 1,675 美元；1802 年時用 1 美元買進的黃金，到了 2012 年底時價值 86.40 美元，這段期間內的物價水準則上漲了 19.11 倍。雖然黃金可在通膨時保障投資人，但是這種黃澄澄的金屬卻難有其他價值。無論黃金有多高的避險特性，都很可能拖累投資組合的長線報酬率。

🌐 實質總投資報酬

　　長線投資人的焦點應該放在投資標的的購買力成長上，亦即，經通膨效應調整後而得出的財富。圖 5-4 複製了第 1 章的圖 1-1，將圖 5-1 所示美元投資報酬率以物價水準的變化進行調整〔稱之為「去通膨」(deflating)〕。各資產類別的年化報酬率，請見圖左上方。

圖 5-4　美國股票、政府公債、國庫券、黃金與美元的實質報酬，1802 年到 2012 年

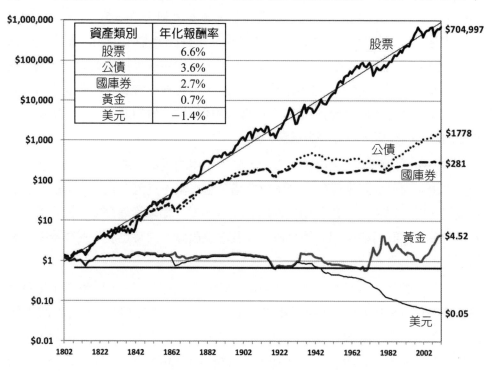

　　股票的年複利實質報酬率在扣除通膨因素之後將近為每年 6.6%。在第一版的《散戶投資正典》出版之後，後面各版又陸續加入了二十年的股市數據。而與我在 1994 年首度提出的 6.7% 相比，股票報酬率也僅低了 0.1%。

　　有些人主張這樣的報酬率是不長久的，因為這比美國國內生產毛額的實質成長率 3% 到 3.5% 高了將近 2 倍。這種說法並不正確。就算經濟體完全無成長，資本仍能創造出正報酬，因為資本是一種稀少的資源，一如勞工會賺得正值的薪資，土地也會賺到正值的租金。就像之前提過的，計算股票的實質總報酬時，是假設股利與資本增值都會再度投資到市場裡，因此，這個值的成長率會高於股票總財富或國內生產毛額的成長率。

　　不同時期的美國股票年報酬率摘要如表 5-1。請注意，三大主要期間內的股票實質報酬非常穩定：1802 年到 1870 年間為每年 6.7%，1871 年到 1925 年間為 6.7%，1926 年到 2012 年間為 6.4%。二次大戰期間美國的通膨率高於過去兩

表 5-1　美國股票、黃金的實質報酬率與通膨，從 1802 年到 2012 年

	名目總報酬		名目資本增值		股利殖利率	實質總報酬 %		實質資本增值		黃金實質報酬	物價膨脹
	報酬	風險	報酬	風險		報酬	風險	報酬	風險		
1802-2012	8.1	17.6	2.9	17.2	5.1	6.6	18.0	1.5	17.4	0.7	1.4
1871-2012	8.7	18.9	4.1	18.4	4.4	6.5	19.1	2.0	18.5	1.0	2.0
各主要時期											
I 1802-1870	6.9	14.5	0.4	14.0	6.4	6.7	15.4	0.3	14.8	0.2	0.1
II 1871-1925	7.3	16.5	1.9	15.9	5.3	6.6	17.4	1.3	16.9	-0.8	0.6
III 1926-2012	9.6	20.3	5.5	19.6	3.9	6.4	20.2	2.5	19.6	2.1	3.0
1946-2012	10.5	17.5	6.8	16.9	3.5	6.4	17.8	2.9	17.2	2.0	3.9
戰後時期											
1946-1965	13.1	16.5	8.2	15.7	4.6	10.0	18.0	5.2	17.2	-2.7	2.8
1966-1981	6.6	19.5	2.6	18.7	3.9	-0.4	18.7	-4.1	18.1	8.8	7.0
1982-1999	17.3	12.5	13.8	12.4	3.1	13.6	12.6	10.2	12.6	-4.9	3.3
2000-2012	2.7	20.6	0.8	20.1	1.9	0.3	19.9	-1.6	19.4	11.8	2.4

報酬 = 年複利報酬率
風險 = 算術平均數報酬的標準差
所有數據均為百分比 %

個世紀，即便在這段期間內，股票的平均實質報酬率也達每年 6.4%，基本上和之前 125 年的股票實質報酬率相當，但後面這段期間內卻沒有通膨。股票是一種實質資產，長期的成長幅度和通膨一樣，因此股票的實質報酬率不會因為物價水準的變化而受到負面影響。

雖然過去兩個世紀美國社會發生劇烈變化，但股票長期報酬的穩定性仍然存在。美國從農業經濟轉型為工業經濟，之後再轉為後工業、服務業以及如今的科技導向經濟，而全球也從金本位制轉變到通貨準備制。要把某些資訊傳遍全美各地，過去要花好幾個星期，如今可以即時傳輸、同步放送到全世界。縱然替股東創造財富的基本面因素出現劇烈變化，股票的報酬率仍然穩定得驚人。

股票的長期報酬穩定，並不代表短期也同樣穩定。從 1982 年到 1999 年這段期間出現了美國歷史上最風光的多頭市場，扣除通膨影響之後，股票創造的報酬高達每年 13.6%，比歷史平均值高了 2 倍有餘。但在之前的十五年，也就是從 1966 年到 1981 年，股票實現的報酬慘不忍睹；這段期間內股票的報酬率在扣除通膨之後僅剩每年 0.4%。然而，上述這段多頭市場將股價推得很高，市場估值也來到歷史新高，導致接下來十年股票的報酬甚低。緊接而來的空頭市場與金融危機，再度把股市打趴到低於平均趨勢水準以下。自 2000 年多頭市場的高峰算起，接下來十二年股票的實質報酬率僅有 0.3%。

🌐 固定收益資產的實質報酬率

股票的長期實質報酬率很穩定，但固定收益資產卻不然。表 5-2 顯示，美國國庫券的實質報酬率在十九世紀早期為 5.1%，自 1926 年之後大幅下滑到僅剩 0.6%，只比通膨稍高一些。

長期公債的實質報酬率也出現類似的下跌趨勢，但幅度較小。債券的實質報酬率在第一時期為 4.8%，到了第二時期跌至 3.7%，第三時期再跌到 2.6%。美國公債實質殖利率長期下跌，有部分理由是因為某些因素助長了美國公債的需求：美國公債的流動性大幅提高，而且可以滿足其他固定收益資產無法滿足的信託需求。需求面的因素拉高了美國公債的價格，因而壓低殖利率。投資人

表 5-2　美國債券的實質報酬率與通膨，從 1802 年到 2012 年

		長期政府公債				短期政府公債			
			名目報酬		實質報酬			實質報酬		
		息票利率	報酬	風險	報酬	風險	名目利率	報酬	風險	物價膨脹
	1802-2012	4.7	5.1	6.7	3.6	9.0	4.2	2.7	6.0	1.4
	1871-2012	4.7	5.2	7.9	3.0	9.3	3.6	1.6	4.4	2.0
各主要時期	I 1802-1870	4.9	4.9	2.8	4.8	8.3	5.2	5.1	7.7	0.1
	II 1871-1925	4.0	4.3	3.0	3.7	6.4	3.8	3.1	4.8	0.6
	III 1926-2012	5.1	5.7	9.7	2.6	10.8	3.6	0.6	3.9	3.0
	1946-2012	5.8	6.0	10.8	2.0	11.5	4.3	0.4	3.2	3.9
戰後時期	1946-1965	3.1	1.5	5.0	−1.2	7.1	2.0	−0.8	4.3	2.8
	1966-1981	7.2	2.5	7.1	−4.2	8.1	6.8	−0.2	2.1	7.0
	1982-1999	8.5	12.1	13.8	8.5	13.6	6.3	2.9	1.8	3.3
	2000-2012	4.5	9.0	11.7	6.5	11.6	2.2	−0.2	1.8	2.4

報酬＝年複利報酬率
風險＝算術平均數報酬的標準差
所有數據均為百分比 %

在二次大戰之後面對的意外通膨，也壓低長期債券的實質報酬率。

　　股票報酬每隔幾十年會出現短期波動，並不讓人意外，可能會讓投資人始料未及的，或許是公債的實質報酬率波動性也相當高。從 1946 年到 1981 年的三十五年間，美國公債的實質報酬率為負值，換言之，公債所付的息票還不足以抵銷利率與通膨攀升導致的公債價格下跌幅度。我們在下一章也會看到，不管任何起訖點，二十年期的股票實質報酬率從未為負值，更不用說三十五年了。

　　如果不是過去三十年債券的報酬率很亮眼，自 1962 年起下跌的債券實質報酬幅度還會更大。從 1981 年以來，利率與通膨率雙雙下滑，推高了債券的價格，也大幅提升債券持有人的報酬。雖然債券的報酬率在 1981 年到 1999 年美國股市大多頭時遠遠落後股票，但在接下來的十年卻輕鬆地迎頭趕上。事實上，債券殖利率在 1980 年代初期達到高峰，接下來整整三十年，債券的報酬率基本上都和股票相當。

固定收益資產報酬率持續下滑

　　然而，這些投機性的債券報酬率無法持續。當美國財政部在 1997 年開始引進抗通膨公債 (TIPS) 時，要計算美國政府公債的預期實質報酬，就更容易了。這類公債的息票和本金由美國政府的全額保證和信用所擔保，和美國消費者物價指數連動，因此其殖利率是實質的，考慮通膨之後調整過的殖利率，如圖 5-5 所示。

　　這類公債的殖利率穩定下滑，顯而易見。最初發行這些債券時，其殖利率不到 3.5%。我的研究分析自 1802 年以來的數據，得出美國政府公債的實質報酬率歷史水準，而這類債券的殖利率與此大致相當。在發行之後，抗通膨公債的殖利率開始上升，2000 年 1 月時到達 4.40% 的高點，那一個月也正是科技與

圖 5-5　10 年期抗通膨公債的實質殖利率，從 1997 年到 2012 年

網路泡沫的高峰。

從那時候開始，抗通膨公債的殖利率持續下滑。自 2002 年到 2007 年，殖利率滑落至 2%。隨著金融風暴的影響越來越深，殖利率不斷下探，2011 年 8 月降至零以下，到 2012 年 12 月已經接近 −1%。抗通膨公債的實質殖利率為負，就如同針對通膨調整後的標準公債殖利率為負。10 年期美國公債殖利率在 2012 年 7 月時掉到七十五年來的低點 1.39%，遠遠低於目前以及預估的通膨率。

美國公債的實質殖利率由許多因素共同決定，諸如美國經濟的狀況、對通膨的恐懼以及投資人的風險態度。確實，抗通膨公債第一次拍賣時設定的殖利率為 3.4%——幾乎等於 1990 年代美國國內生產毛額的實質成長率。從 2002 年到 2007 年，隨著經濟成長率下降至 2% 左右，抗通膨公債的殖利率也隨之下滑。

在 2012 年，沒有任何人預估未來十年美國的經濟成長率會出現負值，如抗通膨債券殖利率所示。只有極端規避風險的態度，才能解釋即便其他資產如股票長期持續創造出每年 6% 到 7% 的報酬率，但投資人卻仍接受經通膨調整之後為負值的美國政府公債報酬率。

股票溢價

股票報酬率超過債券（包括長期與短期）的部分，稱為股票風險溢價（*equity risk premium*），或簡稱為股票溢價（*equity premium*）。這個數值可以透過歷史數據來衡量，如圖 5-6，或者也可採前瞻性觀點，以目前的債券殖利率及股票估值為基準。將表 5-1 與表 5-2 的股票及債券報酬率相減，會得出在這 210 年裡，股票相對於美國政府長期公債的風險溢價平均為 3.0%，相對於短期國庫券的溢價則為 3.9%。

由於美國長期公債過去三十年來的報酬亮眼，因此，過去股票相對於債券的風險溢價縮小至接近零。但 2013 年底時預期的股票風險溢價卻高不少，這是因為長期公債的潛在殖利率下滑到極低的水準。若預期的股票報酬和歷史平均水準相當，2013 年預期的股票風險溢價可能為 6%，甚至更高。

圖 5-6　股票溢價：股票與美國長期公債和股票與美國短期國庫券的三十年報酬率差異

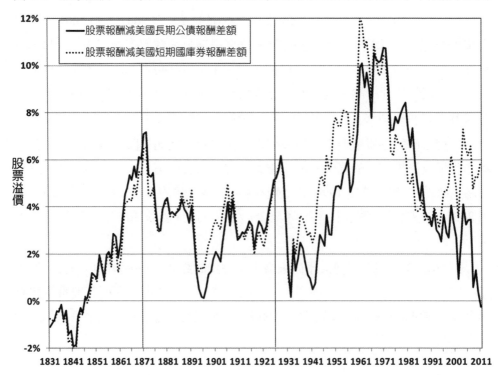

全球股票與債券報酬

　　當我在 1994 年出版《散戶投資正典》時，有些經濟學家質疑我的結論（從美國的數據推論得出），認為這或許高估了以全球市場為準的股票歷史報酬率。他們主張美國股市報酬率當中存在存續偏差現象。會出現這種偏差，是因為收集到的報酬值都是來自成功的股市，比方說美國股市，而忽略了舉步維艱甚至是完全消失的股市，例如俄羅斯和阿根廷。此種偏差暗示著，在近兩百多年來從小小的英國殖民地轉型成為全球最大經濟強權的美國，其各個股票市場的報酬率是獨一無二的，其他國家的股票報酬率數據則相對較低。

　　受到上述問題的刺激，三位英國經濟學家檢視了 19 個國家自 1900 年以來的股票與債券報酬數據。倫敦商學院的艾洛伊 ・ 狄姆森 (Elroy Dimson) 與

保羅・馬許 (Paul Marsh) 兩位教授，連同倫敦股價資料庫 (London Share Price Database) 的主任麥可・史陶頓 (Mike Staunton)，在 2002 年出版了他們的研究，集結成《樂觀大獲全勝》(*Triumph of the Optimists : 101 Years of Global Investment Returns*) 一書。這本書提出了嚴謹但可讀性極高的分析，探討全球 19 國的金融市場。

　　該研究更新的報酬率數據如圖 5-7 所示，圖中呈現 19 國的股票、債券與國庫券之實質報酬率歷史數據，分析時間從 1900 年一直到 2012 年。雖然其中有很多國家都遭遇過重大危機，比方說戰爭、惡性通膨與衰退，但各國的股票報酬率在扣除通膨之後都非常亮眼。

　　各國的股票實質報酬率，低如義大利的 1.7%，高至澳洲與南非的 7.2%。美國的股票報酬率雖然表現不錯，但還不到優秀的地步。這 19 國的股票報酬率簡單算術平均數為 4.6%，假設有某個投資組合在 1900 年時於前述各國股市都投

圖 5-7　國際股票、債券與國庫券時實質報酬，1990 年到 2012 年

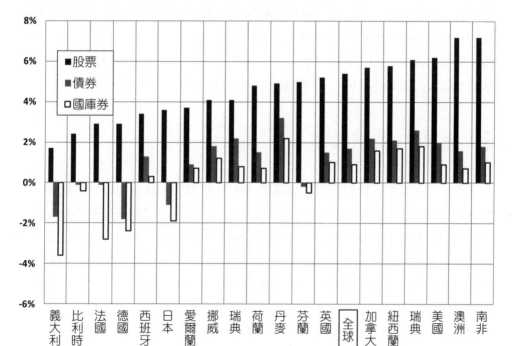

資 1 美元，創造出來的複利實質報酬率為 5.4%，非常接近美國的 6.2%。股票報酬率較低的國家，固定收益資產的報酬率也較低，與債券相較之下的股票風險溢價為 3.7%，相對於國庫券的溢價則為 4.5%，實際上還高於美國的數據。

在最初分析相關資訊時，這三位作者得出結論如下：

……美國的股票績效優於債券和國庫券，這樣的經驗也反映在我們檢驗的 16 個國家中……每一個國家的股票績效，均超越債券。在這 101 年當中，只有兩個債券市場與一個國庫券市場的績效優於表現最差的股市。

此外：

英美兩國股市確實表現不俗……但並不代表這兩個國家的發展和其他國家大不相同……顧慮成功者與存續者偏差固然合情合理，但可能某種程度上過於誇大了，而且，以美國為重的觀點或許並未嚴重誤導投資人。

最後一句話很重要。多數研究都以美國市場為基礎，而非世上任何其他國家的市場。狄姆森、馬許與史陶頓三位所說的是，美國得出的結論，和各國投資者亦息息相關。他們所取的書名也暗示其結論：在股市占有一席之地的是樂觀主義者，而非悲觀主義者；而且，在過去一個世紀以來，他們絕對勝過更謹慎的投資人。國際性的研究支持了股票報酬的優越性，而不是推翻。

🌐 結論：長抱股票

過去 210 年來，分散得宜的美國普通股投資組合，其複利實質年報酬率介於 6% 到 7% 之間，而且長期下來展現了驚人的一致性。顯然股票的報酬率取決於資本及生產力的數量與品質，以及市場對於承擔風險的回報。然而，創造價值的能力也來自於技巧高超的管理、可保障財產權的穩定政治制度，以及有能力在競爭環境下為消費者提供價值。由於政經危機而導致投資人的信心波動，很可能使得股票報酬脫離長期趨勢，但創造經濟成長的基本面力量永遠都能讓股票重回長線走勢。或許，這便是過去兩個世紀以來即使全世界遭受劇烈的政

治、經濟與社會變化衝擊，但股市報酬仍十分穩定的理由。

　　然而，我們必須瞭解股票在什麼樣的政治、制度與法律架構下創造報酬。過去兩世紀以來股票績效出色，或許可歸功於投身自由市場經濟的國家取得越來越強大的優勢。很少人預見市場導向的經濟制度在大蕭條與二次大戰期間能贏得勝利。若歷史果真是一面明鏡，一旦出現任何政治或經濟劇變時，各個通貨準備制經濟體下的政府公債表現應會更遜於股票。就像下一章所言，即便在政治穩定的環境下，對長線投資人而言，政府公債的風險事實上更高於股票。

附錄：1802 年到 1870 年的股票發展概述

　　第一批交易活絡的美國股票出現在 1791 年，發行機構是兩家銀行：紐約銀行 (Bank of New York) 與美國聯邦銀行 (Bank of the United States)。這 2 檔股票的發行過程非常順利，股價很快就超越了承銷價。不過隔年美國財政部長亞歷山大・漢彌頓 (Alexander Hamilton) 的助理威廉・杜爾 (William Duer) 試著操縱股市並引發崩盤時，這 2 檔股票也跟著暴跌。這次危機促使現代紐約證交所的前身機構於 1792 年 5 月 17 日成立。

　　喬瑟夫・大衛 (Joseph David) 是一位鑽研十八世紀企業的專家，他主張一間公司備齊的股本不僅要應用於每一項可能獲利的業務，以他的話來說，也應該投入「無數風險極大但成功機率渺茫的業務」。雖然 1801 年之前美國各州發給三百多家企業業務許可，但只有不到十家固定交易股票。1801 年之前獲得特許的企業當中，有三分之二都和交通運輸有關：碼頭、運河、收費公路以及橋樑。但十九世紀初最重要的股票都是金融類股：先有銀行股，後來則是保險公司。銀行與保險公司放款給很多製造業，也持有其股權，這些製造業當時受限於財力，無法發行股票。十九世紀時金融機構股價的波動，便反映了整體經濟的健全度，以及接受它們放款之企業的獲利能力。在最早發行股票的大型非金融業中，其中一家名為德拉瓦－哈德遜運河公司 (Delaware and Hudson Canal)，於 1825 年發行股票，在六十年之後成為道瓊工業指數的原始成分股之一。1830 年，莫霍克－哈德遜公司 (Mohawk and Hudson) 成為第一家上市的鐵路公司，在接下來的半世紀裡，鐵路業稱霸美國各個主要交易所。

第 6 章

風險、報酬與投資組合配置
為何長線股票的風險低於債券

實際上，我們能找到提供真正固定或確定收益的投資標的嗎？……本書讀者將清楚看見，投資債券的男男女女，乃是在整體物價或貨幣購買力上從事投機活動。

——厄文・費雪 (Irving Fisher)，1912 年

衡量風險與報酬

風險與報酬是構成財務與投資組合管理的基本元素。只要說明資產的風險、預期報酬與不同資產類別間的相關性,現代財務理論就可以協助投資人配置投資組合。但股票與債券的風險與報酬並非如物理常數,不像是光速或重力,一直恆定存在於自然世界裡,只等人們來發掘。投資人無法像面對物理科技時一樣,重複進行受控制的實驗,讓一切其他變因維持不變,最後得出每一個變因的「真實」數值。一如諾貝爾經濟學獎得主保羅 · 薩謬爾森 (Paul Samuelson) 津津樂道的:「我們只有一個歷史樣本。」("We have but one sample of history")

這意味著縱使歷史數據數量龐大,卻仍無法斷定影響資產價格的根本因素是否有變動。的確,就像我們在第 3 章所見,各種不同類別資產之間的相關性,就長期來看會出現大幅變化。

然而,我們必須先分析過去,才能規劃未來。上一章顯示,固定收益的報酬率不僅大幅落後股票,而且由於通膨的不確定性,債券對長線投資人而言風險極高。在本章中,投資人將會看到,不確定的通膨將導致他們的投資組合配置必須高度取決於規劃時間的長短。

風險與資產持有期間

對許多投資人來說,描述風險最有意義的方式,就是勾畫出「最糟情境」。自 1802 年以來分別持有股票、債券與國庫券 1 年至 30 年,扣除通膨後最好與最差的報酬率,如圖 6-1 所示。如同以往,計算股票投資報酬率時,是以廣泛的美國各股票市值加權指數為基礎,計入股利與資本利得獲利或虧損。請注意,圖中的柱狀圖代表最好與最糟報酬率之差額,隨著持有期間拉長,股票的柱狀圖高度下降的幅度遠比固定收益證券來得快。

若以 1、2 年的期間來看,股票的風險無疑高過債券或國庫券,然而,自

圖 6-1　持有股票、債券與國庫券 1 年、2 年、5 年、10 年、20 年與 30 年的最高與最低實質報酬差額

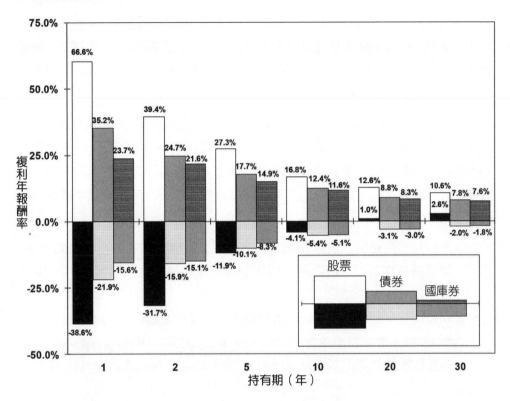

1982 年以來，若以 5 年為計算期間，股票最差的報酬率為每年 −11.9%，只比債券或國庫券最差的績效稍差。若持有期為 10 年，最差的股票績效實際上還優於債券或國庫券。

當持有期延長到 20 年時，股票的報酬率從未低於通膨，債券與國庫券的報酬率曾一度比通膨還少 3%。在這段期間，若計入通膨，美國政府公債的投資組合實質價值（包括所有再投資的票息）跌了將近 50%。持有股票 30 年時，最差的報酬率仍穩穩贏過通膨，每年平均比通膨還高了 2.6%，與固定收益資產之平均績效的差距並不大。

重要的是，股票與債券或國庫券不同，只要持有期持續 17 年或更長，股票

從未讓投資人吞下負值的報酬率。長期來說，雖然以股票累積財富的風險似乎高於債券，但若以維持購買力來說，答案恐怕是相反的：最安全的長線投資，顯然是分散得宜的股票投資組合。美國抗通膨公債無疑可以避免讓投資人承受意外的通膨，但就像第 5 章提過的，即便到期年限長至 20 年，這類債券的實質殖利率在 2012 年時也降到零以下，而且一直都很低。反之，以 20 年的持有期間而言，股票從未讓投資人蝕本。

有些投資人質疑，20 年、30 年或更長的持有期是否符合他們的規劃期間。然而，投資人犯下的最大錯誤之一，就是低估持有期。這是因為，許多投資人想的是持有特定個股、債券或共同基金的期間。而投資組合配置的持有期，是指投資者持有任何股票或債券的期間，不問他們在這個投資組合當中轉換過多少次不同標的。

以不同持有期區分，股票報酬率優於債券或國庫券的次數百分比如表 6-1 所示。隨著持有期延長，股票優於固定收益資產的機率也大幅增加。以 10 年

表 6-1　以不同的持有期區分，股票報酬率勝過債券與國庫券的次數百分比

持有期	期間	股票勝過債券的次數百分比	股票勝過國庫券的次數百分比
1 年	1802-2012	58.8	62.1
	1871-2012	61.3	66.9
2 年	1802-2012	60.5	62.9
	1871-2012	64.1	70.4
3 年	1802-2012	67.2	70.2
	1871-2012	68.7	73.3
5 年	1802-2012	67.6	68.6
	1871-2012	69.0	74.6
10 年	1802-2012	72.3	73.3
	1871-2012	78.2	83.3
20 年	1802-2012	83.9	87.5
	1871-2012	95.8	99.3
30 年	1802-2012	91.2	91.2
	1871-2012	99.3	100.0

期為例，股票約有 80% 的機率可以打敗債券；以 20 年期為例，該機率提高到 90%；若延長至 30 年，機率則近乎百分之百。

在前四版的《散戶投資正典》裡，我提到若以 30 年為期，最近一次長線債券投資報酬率勝過股票是發生在 1861 年底，也就是美國南北戰爭開打之時。這段話現在已經不成立了。由於過去十年來政府公債殖利率大幅下滑，自 1982 年 1 月 1 日算起到 2011 年底的三十年間，美國長期公債的平均年報酬率為 11.03%，贏過股票的 10.98%。如此令人驚訝的情況，導致某些研究人員得出結論，認為股票報酬率再也無法超越債券。

若進一步觀察為何債券在這段期間會優於股票，就知道債券在未來幾十年裡都不可能複製那樣的優勢。1981 年，美國 10 年期公債利率高達 16%。隨著利率下跌，債券持有人受惠於債券的高息票與資本利得，導致債券的實質報酬率從 1981 年到 2011 年間平均每年達 7.8%，接近股票的實質報酬率。這 7.8% 的實質報酬率，僅比這 210 年來的股票平均報酬率高 1%，卻比債券的歷史平均報酬率高 2 倍，並 3 倍於近 75 年的債券報酬率。

隨著利率降至歷史低點，債券持有人要面對完全不同的局面。在 2012 年底時，債券的名目殖利率約 2%。債券要能創造出 7.8% 的高實質報酬率，唯一的辦法就是消費者物價指數在未來三十年每年的跌幅都接近 6%。但歷史上沒有任何一個國家能長期忍受如此大幅度的通縮。反之，股票倒是能輕易複製過去三十年的出色績效，而且在 2012 年極有利的估值條件之下，歷史很可能又再度重演。就像上一章提過的，未來股票和債券之間的報酬差額，很可能大幅超越歷史平均值。

雖然股票超越債券的優勢在長線數據中非常明顯，但同樣重要的是，要注意在 1、2 年的短期內，股票優於債券或國庫券的機率，每 5 年當中約只有 3 年。這表示，每 5 年中，股東約有 3 年會面對低投資報酬率，績效或不如他一開始就把錢投入國庫券或銀行本票。債券甚至銀行存款帳戶短期能打敗股票的機率很高，正是許多投資人無法沉住氣堅守股票的主因。

風險的衡量標準

股票、債券或國庫券根據過去二十年的歷史樣本計算出的風險（其定義為平均實質報酬率的標準差），如圖 6-2 所示。投資組合理論與資產配置模型用來衡量風險的指標，就是標準差。

以短期持有來說，股票投資報酬率的標準差高於債券，不過，一旦持有期拉長至 15 到 20 年之間，股票的風險就小於債券。若長達 30 年，股票投資組合報酬的標準差就僅是債券或國庫券的四分之三。隨著持有期拉長，股票平均報酬率標準差的下跌速度，比固定收益資產快了將近 2 倍。

圖 6-2　不同持有期之股票、債券與國庫券平均實質報酬的標準差：實際歷史數據與隨機漫步假設下的數據，1802 年到 2012 年

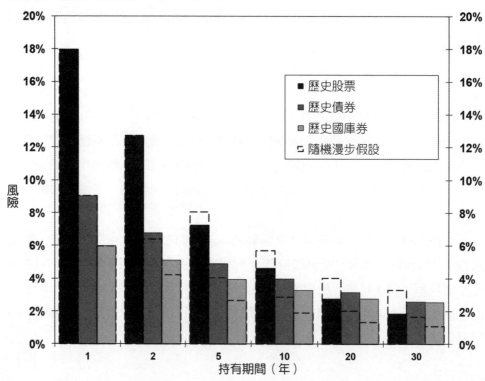

如果資產報酬遵循隨機漫步 (*random walk*) 的模式，每一種資產類別標準差的下跌幅度將會是持有期間的平方根。在隨機漫步過程中，未來的報酬率完全和過去的報酬率無關。圖 6-2 中的虛線柱狀圖，即顯示在隨機漫步假設下預測出的風險下降趨勢。

然而，歷史數據顯示，隨機漫步假設無法適用於股票。這是因為，基於股票報酬有均值回歸 (mean reversion) 的特性，股票平均報酬率之實際風險下降幅度，比隨機漫步假說預測的還快。

另一方面，固定收益資產的平均報酬率標準差下降幅度，就不及隨機漫步理論的預測值。這也是債券報酬率具有*均值偏離* (*average aversion*) 特性的明證。均值偏離是指某資產類別的報酬率一旦脫離長期平均值，偏離幅度擴大的機率將會越來越大，而不是回歸常態水準。債券報酬率的均值偏離特性在惡性通膨時尤其明顯；發生惡性通膨時，物價飛漲，導致任何紙上資產都變得毫無價值。然而，在通膨較為溫和且美國與其他已開發經濟體受到衝擊的時期，也會出現均值偏離的情形。一旦通膨開始加速，其腳步會越來越快，債券持有者基本上沒有機會彌補自身失去的購買力。反之，握有實質資產請求權的股東，很少因為通膨而發生長期虧損。

要注意的是，我並不是說股票投資組合的風險會因為延長持有期而下降。股票總報酬的標準差會隨著時間延長而提高，但提高的速度會減緩。另一方面，由於通膨具備不確定性，當投資期間拉長時，債券實質報酬的標準差也會隨之提高，最後債券的風險會高於分散得宜的普通股投資組合。

股票與債券報酬之間不斷變化的相關性

債券的報酬雖不及股票，但債券或許仍有助於分散投資組合及拉低整體風險。如果債券和股票報酬兩者間呈現*負相關*（當債券和股票價格走勢相反時，即出現負相關），上述的說法尤能成立。某種資產所能發揮的分散投資力道，可用*相關係數* (*correlation coefficient*) 來衡量。相關係數的數值介於 +1 與 -1 之

間，衡量某種資產報酬率和投資組合中其他資產報酬率之間的共同走勢關係。相關係數越低，該資產在投資組合中發揮的分散投資力道越強。相關係數接近於零或者負相關性高的資產，特別適合拿來作為分散投資的標的。資產報酬率和投資組合報酬率的相關係數越高，該資產具備的分散投資能力就越低。

在第 3 章，我們檢驗了 10 年期美國公債與股票（以標準普爾 500 指數為代表）之間不斷變動的相關係數。圖 6-3 顯示 1926 年到 2012 年三大時期股票與債券年報酬率的相關係數。從 1926 年到 1965 年，相關係數僅比零稍高一些，這代表對股票來說，債券是很好的分散投資標的。債券在這段期間內之所以能發揮極大的分散投資功能，是因為大蕭條就落在這段期間內；大蕭條的特色，就是經濟遲滯與消費者物價不斷下滑，條件本身就不利於股票、有利於美國政府公債。

圖 6-3　過去不同時期債權與股票實質報酬率的相關性

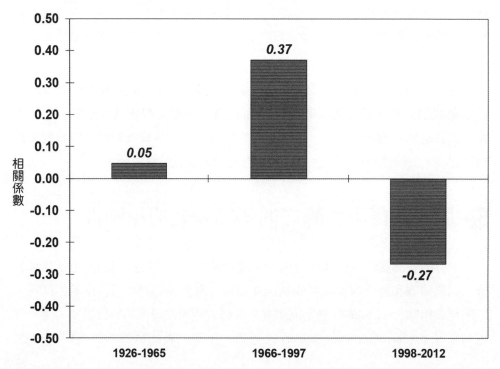

　　然而，在通貨準備制之下，經濟衰退期間伴隨而來的很可能是通膨，而非通縮。前述的說法從 1960 年代中期到 1990 年代中期都成立，這是因為美國政府試著以寬鬆的貨幣政策來抵銷經濟下滑的力道，結果引發通膨。在這些條件之下，股票和債券價格走勢多半同向變動，大大降低政府公債的分散投資功能。

　　而最近這幾十年來，兩者之間的正相關性又出現轉變。自 1998 年以來，股價再度和政府公債價格呈現負相關。雙重原因引發了這樣的變化。在這段時間早期，由於亞洲經濟與貨幣出現劇變、日本通縮以及美國九一一恐怖攻擊事件，導致全球股市翻騰。到了 2008 年，金融危機讓市場恐懼 1930 年代的大蕭條是否重現；1930 年代時，通縮大行其道，政府公債是唯一會增值的資產。這些事件再度把美國公債拱上資金避風港的地位，供害怕經濟混亂將持續、股價會不斷下探的投資人進行避險。

　　不過，未來美國公債也許不再能發揮長期分散投資的力道，尤其當通膨再次攀升時。若通膨確實走升，對於具備抗通縮之避險特性的美國公債而言，其溢價會消失，持有人也將進一步虧損。

🌐 效率前緣曲線

　　現代投資組合理論的要旨，在於說明投資人如何藉由變化資產組成以改變投資組合的風險與報酬。圖 6-4 顯示不同持有期間的股票與債券比重之風險與報酬，持有期間從 1 年到 30 年不等，立論基礎是 210 年來的歷史數據。

　　每一條曲線底部的「空白」方格，代表投資組合中皆為債券的風險與報酬；曲線頂部的「黑色」方格，代表投資組合中皆為股票的風險與報酬；曲線上的圓點，則是改變股票與債券組合比例所能達到的最低風險。連結這些點的曲線，是從全債券到全股票等各種不同比例投資組合的風險與報酬。這條曲線便稱之為效率前緣曲線 (efficient frontier)，這是現代投資組合理論的核心，也是資產配置模型的基礎。

圖 6-4　不同持有期的股票與債券之風險－報酬取捨（以效率前緣曲線為代表）

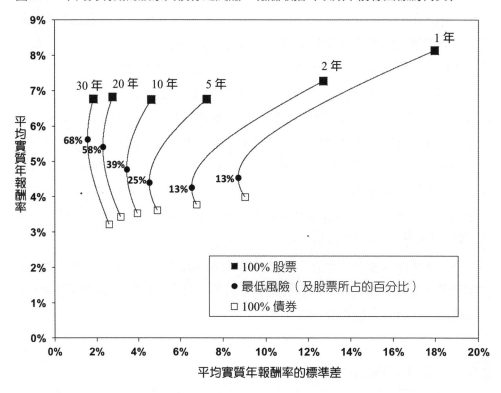

請注意，透過資產配置所能達到的最低風險，與投資者的持有期有關。持有期為 1 年的投資人若要將風險降到最低，其投資組合的絕大多數部位都該持有債券，持有期為 2 年的投資人亦同。當持有期達 5 年時，在風險最小的投資組合中，配置股票的比例乃增至 25%；當時間延長至 10 年，股票的比例又進一步增至三分之一以上。若持有期為 20 年，風險最小的投資組合中有超過五成的股票；30 年的話，股票的比例則提高到 68%。

由於其中的差異極大，而標準投資組合理論卻幾乎未考量持有期，或許頗讓人困惑。這是因為，在發展出現代投資組合理論之際，大多數學界專家都支持證券價格隨機漫步理論。就像之前提過的，當價格走勢呈隨機漫步時，不管持有期多長，這段期間的風險都和 1 年持有期的風險一樣；因此，決定不同資

產類別的相對風險和持有期的長短並無關係。倘若效率前緣曲線不會隨著不同持有期而變動，資產配置就不受投資人的投資期間影響。當證券市場不遵循隨機漫步時，上述的論點便不成立了。

結論

無可否認，就短期而言，股票的風險高於固定收益資產。然而，以長期來看，歷史已經證明，對以保障財富購買力為目標的長線投資人來說，股票還比債券安全。通貨準備制既有的通膨不確定性，意味著「固定收益」與「固定購買力」並非一體兩面，而厄文‧費雪早在百年前就已經提點過我們了。

即便過去十年通膨成長的速度非常緩慢，但美元在未來的價值仍有高度確定性，在美國政府赤字龐大及各國央行採行寬鬆貨幣政策的條件下更是如此。歷史數據顯示，持有分散得宜之普通股投資組合達三十年，其購買力會比持有三十年美國政府公債的本金來得高。

股價指數
代表市場的標誌

有人曾說，數字統治世界。

——約翰・沃爾夫岡・哥德 (Johann Wolfgang Goethe)，1830 年

⑨ 股價平均指數

「市場表現如何？」一位股票投資者詢問他人。

「今天很不錯，漲了百來點。」

以美國為例，有在觀察市場動態的人，不會有人問：「什麼漲了百來點？」雖然人們早已非常瞭解道瓊工業指數有其限制，但該指數至今仍是許多人用來描述美股表現的指標。這個指數一般簡稱為道瓊指數，名聲響亮，因此所有財經媒體通常就把「道瓊指數」代稱為「美股」。不論用道瓊指數來描述股價動態有多少未盡理想之處（而且基本上沒有任何投資經理人用這個指數來代表自己的績效），但它仍是許多投資人用來描述美股走勢的指標。

而今日還有很多其他涵蓋範圍更廣的指數。1957 年由標準普爾公司〔目前已經成為麥格羅希爾金融集團 (McGraw-Hill Fianacial) 旗下一員〕創設的標準普爾 500 指數，已然成為美國大型股基準指標。1971 年開始運作的自動化電子市場納斯達克，則受到科技公司的青睞。納斯達克指數衡量著大型科技公司的表現，例如微軟 (microsoft)、英特爾 (Intel)、Google 和蘋果 (Apple)。

雖然工業一詞讓人聯想到以往的製造業，但現在的道瓊工業指數則代表了目前主導美國企業界的各大公司。1999 年時，道瓊工業指數進入科技時代，有史以來首次納入 2 檔納斯達克股票（微軟與英特爾），使其成為 30 檔成分股的成員。以下是前述三種差異甚大之指數的簡史，它們獨特地反映出股票市場的不同面向。

⑨ 道瓊工業指數

查爾斯·道 (Charles Dow) 是道瓊公司 (Dow Jones & Company) 的創辦人之一，該公司也是《華爾街日報》的出版商，道氏在十九世紀末創造出道瓊工業指數。1885 年 2 月 16 日，他開始每天發表 12 檔交易活絡且高市值的代表性股票（10 檔鐵路股與 2 檔工業股）之平均值。四年之後，道氏轉而發表 20 檔股

票的每日平均值，這次有 18 檔鐵路股與 2 檔工業股。

隨著股市重心從鐵路轉移到工業與製造業，道瓊工業指數乃於 1896 年 5 月 26 日正式創立，包含了表 7-1 中的原始 12 檔個股。至於 1889 年編成的舊指數，則在 1896 年 10 月 26 日重組，並重新命名為鐵路股價指數 (Rail Average)。1916 年，道瓊工業指數成分股增至 20 檔，1928 年再增至 30 檔，目前仍維持這個規模。鐵路股價指數之後於 1970 年更名為運輸股價指數 (Transportation Average)，納入 20 檔個股，維持了一百多年。

早期的道瓊指數成分股以大宗物資為主：棉花、糖、菸草、鉛、皮革、橡膠等等。在原始的 12 家企業中，有 6 家至今大致維持相同業務型態，但僅有奇異電子 (General Electric) 一直以來都是道瓊指數的成分股，也一直保有原本的企業名稱。

一開始能納入道瓊成分股的公司，幾乎都是成功的大企業（詳細的歷史沿革請見本章末的附錄），就算最後遭到剔除。唯一的例外是美國皮革公司 (U.S. Leather)，這家公司在 1950 年代遭到清算，每位股東拿到 1.50 美元，再加上一股該公司之前收購的凱達石油與天然氣公司 (Keta Oil & Gas) 股份。1955 年，凱達的總裁羅威爾・畢瑞爾 (Lowell Birrel) 掏空了凱達的資產，並逃到巴西以躲避美國的司法制裁。美國皮革公司在 1909 年時為美國的第七大企業，至今其股票已經變成壁紙。

📉 計算道瓊工業指數

原始的道瓊指數，就是單純把各成分股的股價加總，之後再除以指數內包含的成分股數目。然而，時間久了，除數必須加以調整，以防止構成指數的公司有任何變動或進行股票分割而導致指數震盪。2013 年 10 月，除數約為 0.1557，所以任何一檔道瓊成分股的股價上漲 1 美元，將會導致指數上漲 6.5 點左右。

道瓊工業指數是一個股價加權指數 (*price-weighted index*)，這代表計算指數值時是把所有成分股的股價相加，然後除以指數中包含的公司數目。因此，道

表 7-1　道瓊工業指數成分股，1896 年到 2013 年

1896 年	1916 年	1928 年	1965 年	2013 年
美國棉花油	美國甜菜糖業	聯合化工	聯合化工	3M
美國糖業	美國製罐廠	美國製罐廠	美國鋁業	美國運通
美國煙草	美國汽車鑄造	美國煉製廠	美國製罐廠	美國電話電報
芝加哥天然氣	美國火車製造	美國糖業	美國電話電報	波音
蒸餾暨畜產	美國煉製廠	美國煙草	美國煙草	開拓重工
奇異電子	美國糖業	大西洋精煉	安納康達銅業	雪佛龍
雷克列德天然氣	美國電話電報	伯利恆鋼鐵	伯利恆鋼鐵	思科
全國鉛業	安納康達銅業	克萊斯勒	克萊斯勒	可口可樂
北美	鮑德溫火車製造	奇異電子	杜邦	杜邦
田納西煤鐵	中央皮革	通用汽車	伊士曼柯達	埃克森美孚
美國皮革	奇異電子	大眾鐵路號誌	奇異電子	奇異電子
美國橡膠	固立奇	固立奇	通用食品	高盛
	共和鋼鐵	國際哈維斯特	通用汽車	家得寶
	史都貝克	國際鎳業	固特異	英特爾
	德州企業	麥克卡車	國際哈維斯特	IBM
	美國橡膠	納許汽車	國際鎳業	嬌生
	美國鋼鐵	北美	國際紙業	摩根大通
	猶他同業	派拉蒙布利斯	約翰曼菲爾	麥當勞
	西屋	波斯騰	歐文伊利諾玻璃	默克
	西聯	無線廣播	寶僑	微軟
		西爾斯	西爾斯	耐吉
		標準石油（紐澤西）	加州標準石油	輝瑞
		德州企業	標準石油（紐澤西）	寶僑
		德州灣化工	史維夫特	旅行家集團
		聯合碳化	德士古石油	聯合技術
		美國鋼鐵	聯合碳化	聯合健康保險
		偉特通訊	聯合飛機	威訊
		西屋電器	美國鋼鐵	Visa
		伍爾沃斯	西屋電器	沃爾瑪超市
		萊特航太	伍爾沃斯	迪士尼

瓊指數中高價股若和低價股發生等比例的股價變動，前者的影響程度會大於後者，和企業規模完全無關。2013 年 11 月，Visa 市價每股 200 美元，在指數中占了 8% 以上的權重，思科 (Cisco) 則是最低價的成分股，權重不到 1%。

股價加權指數很少見，因為如此一來，成分公司的股價對指數的影響力便和其企業規模無關。這和市值加權指數完全相反。市值加權指數，例如標準普爾 500 指數，其成分公司的權重都和公司股份的市值有關。截至 2013 年 10 月，30 檔道瓊工業指數成分股的市值為 4.5 兆美元，大約比整個美國股市市值的四分之一還少一些。截至 2013 年底，道瓊指數還未納入全世界市值最高的蘋果公司，也不包括同樣是美國市值前十大企業之一的 Google。（譯註：2015 年 3 月 18 日道瓊工業指數納入蘋果，剔除美國電話電報。）

道瓊工業指數的長期走勢

圖 7-1 畫出自 1885 年創立道瓊指數以來的每月高點與低點走勢，並針對物價造成的生活成本變化做相關修正。插入的小圖則顯示未經通膨調整的道瓊指數。

本圖也利用統計比對畫出道瓊指數長期走勢的趨勢線 (*trendline*) 與通道 (*channel*)。上下限分別比趨勢高或低一個標準差，或者說 50%。趨勢線的斜率為每年 1.94%，這代表道瓊指數各成分股自 1885 年以來扣除通膨之後的平均複利上漲率。道瓊工業指數就如同其他常用指數，並不納入股利，因此，指數的成長乃大幅低估了道瓊成分股的總報酬。各成分股在這段期間內的平均股利殖利率為 4.3%，因此各股的年複利平均實質總報酬約為每年 6.2%。

扣除通膨之後的道瓊指數變動範圍，約有四分之三的時間都落在通道之內。當道瓊指數向上突破通道，比方說 1929 年、1960 年代中期與 2000 年，之後股票的短期報酬便很糟糕。同樣的，當道瓊指數向下跌破通道，之後的短期報酬便很亮眼。截至 2013 年 8 月，扣除通膨之後的道瓊工業指數歷史高點出現在 2000 年 1 月，當時為 16,130 點。

圖 7-1　道瓊工業指數的實際值與名目值，1885 年到 2012 年

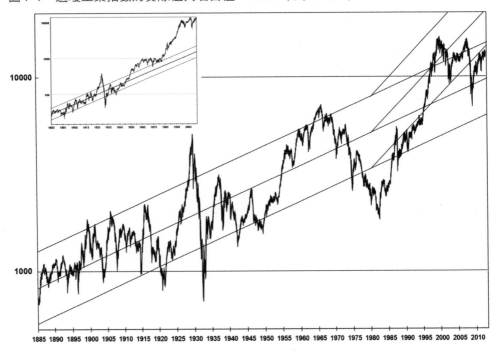

慎用趨勢線預測未來報酬

　　利用通道與趨勢線預測未來報酬一事看起來很有吸引力，但可能是誤會一場。指數之所以突破長期趨勢，背後都有其紮實的經濟理由。如果不扣除通膨影響，道瓊工業指數在 1950 年代中期時突破趨勢線並且一直維持在高於趨勢的水準上，如圖 7-1 插圖所示。這是因為，由於美國從金本位制改制成通貨準備制時引發了通膨，促使名目股價合理地高於過去沒有通膨時所形成的趨勢。使用趨勢線分析、並用名目值而非實際值畫出股價的人，就會在 1955 年賣光手中的股票，並且從此不再進場。

　　然而，現在還有一個理由支持上方通道為何會被突破。就像之前提過的，各種股價指數只追蹤資本增值，因此低估了包含股利的總報酬。但企業撥出盈餘來發放股利的占比越來越低，它們把差額拿來買回庫藏股並作為企業的資本

支出。故而，近年來股票報酬的組成因子中，有越來越高比例來自資本增值，而非股利收益。股票的平均股利殖利率自 1980 年以來減少了 2.88%，我們在圖 7-1 中畫出一個新通道，斜率高了 2.88%，代表預期資本增值成長的幅度。在 2012 年底時，扣除通膨後的實質道瓊指數高於未針對股利殖利率變動進行調整的平均數，但低於股利調整後的通道下限。

市值加權指數

標準普爾 500 指數

　　雖然道瓊工業指數早在 1885 年就推出了，但顯然並非完整的股價指數，因為它僅涵蓋 30 檔個股。成立於 1906 年的標準統計公司 (Standard Statistics Co.)，1918 年發布公司的第一個股價指數，以每一檔個股之股本加權（或者說市值加權）後的績效為基準，而不像道瓊指數僅使用股價。市值加權目前已備受認可，一般認為這樣最能代表大盤的報酬，幾乎是通用的市場基準指標設定方法。1939 年，考爾斯經濟研究基金會創辦人考爾斯三世 (Alfred Cowles III)，曾借用標準普爾的市值加權技巧，建構出可回溯至 1871 年的股價指數，納入紐約證交所的所有上市股。

　　標準普爾股價指數始於 1923 年，1926 年時成為標準普爾綜合指數 (Standard & Poor's Composite Index)，納入 90 檔股票。這個指數內的成分股在 1957 年 3 月 4 日增至 500 檔，正式成為標準普爾 500 指數。當時，標準普爾 500 指數的成分股市值約為紐約證交所上市股總市值的九成；這 500 檔股票中，實際上有 425 檔工業股、25 檔鐵路股及 50 檔公用事業股。1988 年以前，成分股中各產業類別的企業家數都必須嚴守上述原則，但之後的規定就放寬了。

　　1941 年到 1943 年的標準普爾指數平均值被設為基數，其值為 10，目的在使 1957 年第一次公布標準普爾 500 指數時，各成分股的每股平均股價（約為 45 美元到 50 美元之間）大約等於指數值。當時的投資人能輕易瞭解標準普爾 500 指數的變動，因為每當指數值變動 1 點，大概是各成分股的每股平均股價

變動 1 美元。

標準普爾 500 指數包含一些小型公司，代表著市值已經縮小、但尚未被取代的企業。截至 2012 年底，標準普爾 500 成分股企業總市值約為 13.6 兆美元，不到全美上市股總市值的 75%，遠遠低於最初建構指數時的 90% 占比。下一章將會說明標準普爾 500 指數的歷史發展，以及分析該全球知名指數中各成分股所得出的洞見。

納斯達克指數

1971 年 2 月 8 日，股票交易方式出現了革命性的創舉。那一天，一套名為納斯達克（其英文名稱縮寫來自於 National Association of Securities Dealers Automated Quotations）的自動報價系統啟用，替 2,400 檔在店頭交易的一流股票提供即時的買賣報價。過去，這類未上市股票都由自營商或持有股票的券商報價。納斯達克系統將全美 500 多家造市者 (market maker) 的終端機，連結至一個中央電腦系統。

在紐約或美國證交所交易的股票和在納斯達克交易的不同，前者會被指派給指定造市者（Designated Market Maker；譯註：指獲得主管機關許可而經營特許業務的造市者）、或者一般所稱之「專業經紀商」(specialist)，由其負責維護該檔個股的市場秩序。納斯達克改變報價傳播的方式，使得交易股票對於投資人和交易商來說都更有吸引力。

納斯達克系統問世之際，在交易所掛牌的股票顯然比在納斯達克更有利於名聲（紐約證交所尤其受青睞）。納斯達克的股票多半都是最近才掛牌，或達不到大型交易所標準的小公司與新公司；然而，很多新的科技公司發現，電腦化的納斯達克系統是其最佳的歸宿。有些公司，比方說英特爾和微軟，即使資格已經符合，仍不願到俗稱「大交易板」(Big Board) 的紐約證交所掛牌。

納斯達克指數，是在納斯達克交易的所有成分股之市值加權指數，1971 年首日交易的值被設為基數，其值為 100。指數大約花了十年才倍增到 200 點，又過了十年之後，於 1991 年攻上 500 點。1995 年 7 月首度站上 1,000 點的里程

碑。

　　隨著市場對科技股的興趣日漸濃厚，納斯達克指數也迅速攀升，僅僅三年就漲了 1 倍，來到 2,000 點。1999 年秋天，科技股熱潮令納斯達克狂飆。指數從 1999 年 10 月的 2,700 點一路飆漲至 2000 年 3 月 10 日的歷史新高 5,048.62點。

　　科技股越來越受歡迎，導致納斯達克爆出巨額交易量。一開始，這個電子交易所的交易量與紐約證交所相比僅是小巫見大巫。到了 1994 年，納斯達克的交易量已經勝過紐約證交所，五年後，納斯達克的交易金額亦超越紐約證交所。

　　納斯達克不再是小公司養精蓄銳、索取紐約證交所入場券的地方。1998年，納斯達克的市值已經超過東京證交所 (Tokyo Stock Exchange)。當這個市場於 2000 年 3 月達到高點時，所有在納斯達克掛牌的公司總市值接近 6 兆美元，超過紐約證交所的一半，也高於全球任何其他交易所。新千禧年之初，納斯達克裡的微軟與思科，是全世界市值最高的兩家企業，也在納斯達克掛牌的英特爾和甲骨文 (Oracle)，亦擠進全球企業市值的前十名。

　　當科技泡沫破裂，納斯達克的交易量與股價也迅速萎縮。納斯達克指數從 2000 年 3 月的 5,000 多點跌至 2002 年 10 月的 1,150 點，之後在 2012 年底時反彈回到 3,000 點。股價高點時的平均交易量超過 25 億股，至 2007 年乃萎縮至 20 億股左右。雖然指數下跌，但某些全球交易量最活絡的股票仍在納斯達克買賣。

　　然而，個別交易所和「場內交易」(floor trading) 的重要性卻急速下降，因為在紐約證交所掛牌的股票，現在已有很高的比例轉為電子交易。2008 年，紐約證交所買下美國證交所，2012 年底，一家位在美國喬治亞州亞特蘭大、已有十二年歷史的期貨合約電子交易公司洲際交易所 (Intercontinental Exchange, ICE)，出價 80 億美元收購紐約證交所。新聞記者對此倍感興奮，在紐約證交所內大肆放送好消息；然而，這棟 1903 年落成於寬街與華爾街街口、雕飾柱廊的建築，曾進行著全球規模最大、最為重要之企業的股票交易，或許很快就要失去光彩了。

 其他股價指數：證券價格研究中心

1959 年，芝加哥商學研究所教授詹姆士・洛里 (James H. Lorie)，接到美林證券 (Merrill Lynch) 的委託。這家券商想要研究一般人在投資股票時的績效表現如何，但是無法收集到可靠的歷史數據。洛里教授和同事勞倫斯・費雪 (Lawrence Fisher) 組成團隊，建立一個可以回答其問題的證券數據資料庫。

利用當時仍在萌芽階段的電腦技術，洛里和費雪創辦了證券價格研究中心（英文簡稱 CRSP，音同「crisp」），編纂出第一套可回溯至 1926 年的電腦可判讀股價檔案，後來成為學術界與專業研究均認同的資料庫。這個資料庫目前納入所有在紐約證交所、美國證交所與納斯達克掛牌的股票。

在 2012 年底，這個資料庫有將近 5,000 檔股票，市值接近 19 兆美元。CRSP 指數是規模最大、最完整的美國企業股價指數。

圖 7-2 顯示 CRSP 內含各股按規模劃分的數據以及總市值。市值前五百大

圖 7-2　CRSP 總市場指數，2012 年

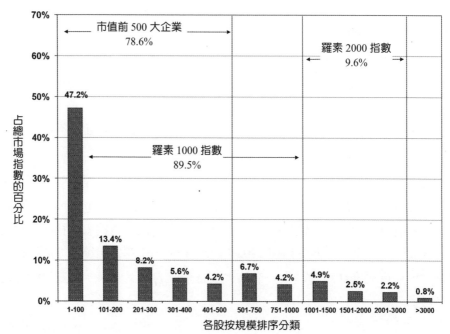

的企業非常貼近標準普爾 500 指數，在所有股票市值中占了 78.6%。市值前一千大的企業，基本上和羅素投資集團 (Russell Investment Group) 出版的羅素 1000 指數 (Russell 1000) 之成分一模一樣，占了將近 90% 的股市市值。羅素 2000 指數則包括接下來的兩千大企業，這些公司在 CRSP 指數的總市值占比為 9.6%。羅素 3000 指數，是羅素 1000 與羅素 2000 指數的總和，占了全美股市的 99.1%。剩下還有 1,788 檔股票，在所有交易股票市值中占 0.8%。

股價指數中的報酬偏差

一如標準普爾 500 的股價指數，會不斷加入新公司並剔除舊企業，有些投資人認為，根據這些指數計算出來的股市報酬，會比投資人透過大盤所獲得的報酬率還高。

惟實際上不然。的確，表現最好的個股總會留在標準普爾 500 指數中，不過這個指數卻錯失了許多中、小型股的凌厲漲勢。舉例來說，微軟一直到 1994 年 6 月才被納入標準普爾 500 指數，那已是該公司掛牌八年後的事了。雖然小型的股價指數是某些高成長潛力股的溫室，但是其中也有一些被大型股指數剔除、不斷下滑的「墮落天使」。

若投資人可以複製指數的績效或與其相當，那麼指數就沒有偏差的問題。要複製指數，就必須事先公布加入或刪除成分股的名單，好讓投資人可以買進被納入的個股或賣出被剔除的個股。若有任何已經進入破產程序的個股，這一點尤其重要：破產後的股價（很可能為零）必須納入指數當中。如此一來，投資人就有辦法複製出主要股價指數，包括標準普爾 500、道瓊與納斯達克。因此從統計層面來看，便難以確知這些指數會呈現股市報酬偏差。

附錄：道瓊工業指數的 12 檔原始成分股如今安在？

　　有 2 家企業（奇異電子和雷克列德天然氣）一直沿用原本的企業名稱（並留在同樣的產業裡）；5 家（美國棉花油、美國煙草、芝加哥天然氣、全國鉛業和北美）成為原產業裡的大型公開發行公司；1 家（田納西煤鐵）併入龍頭企業美國鋼鐵；2 家（美國糖業與美國橡膠）在 1980 年代私有化。讓人意外的是，裡面只有 1 家公司（蒸餾暨畜產）改換產品線（從生產酒精飲料轉為石化業），也只有 1 家（美國皮革）最後遭到清算。以下是這 12 檔原始股的發展概要（截至 2012 年 12 月為止）：

- 美國棉花油 (*American Cotton Oil*)：1923 年更名為頂尖食品 (Best Food)，1958 年改名為玉米製品精煉 (Corn Products Refining)，最後又在 1969 年改稱 CPC 國際 (CPC International)，成為一家在全球 58 國營運的大型食品公司。1997 年，CPC 將其玉米精煉業務分割出去，成立玉米產品國際 (Corn Products International)，並將公司名稱改回頂尖食品。頂尖食品在 2000 年 10 月由聯合利華 (Unilever) 以 203 億美元的價格收購。總部設在荷蘭的聯合利華，目前市值為 1,150 億美元。

- 美國糖業 (*American Sugar*)：1970 年改名為美星 (Amstar)，1984 年改為私有化企業。1991 年 9 月，公司改名為多米諾食品 (Domino Foods)，呼應其全球知名的多米諾糖果產品線。

- 美國煙草 (*American Tobacco*)：1970 年時名為美國牌 (American Brands, AMB)，1997 再改為幸運牌 (Fortune Brands)，成為一家全球性的消費性產品持股公司，核心業務包括酒類、辦公室用品、高爾夫相關設備以及居家修繕用品。美國牌在 1994 年出售旗下的美國煙草子公司給過去也曾是其子公司的 BAT 工業 (B.A.T Industries)，出售項目包括寶馬 (Pall Mall) 與好彩 (Lucky Strike) 等香菸品牌。2011 年，幸運牌更名為金賓集團 (Beam Inc.)，成為一家酒品經銷公司，市值為 90 億美元。

- 芝加哥天然氣 (*Chicago Gas*)：1897 年改名為大眾天然氣 (Peoples Gas Light &

Coke)，之後於 1980 年改名為大眾能源 (Peoples Energy)，成為一家能源控股公司。2006 年 WPS 資源 (WPS Resources) 買下大眾能源，更名為正能能源 (Integrys Energy Group)，市值為 41 億美元。大眾能源一直在 1997 年 5 月之前都是道瓊公用事業指數 (Dow Jones Utility Average) 成分股。

- 蒸餾暨畜產 (*Distilling & Cattle Feeding*)：這家公司的發展史漫長而複雜。公司一度改名為美國烈酒製造 (American Spirits Manufacturing)，之後更名為蒸餾證券 (Distiller's Securities)。在美國通過禁酒令 (Prohibition) 的兩個月之後，這家公司改變營業登記，成為美國食品製造 (American Food Products)，然後又更名為全國製酒暨化學 (National Distillers and Chemical)。這家公司在 1989 年改稱量子化學 (Quantum Chemical)，成為一流的石化與丙烷產品製造商。後來公司近乎破產，被英美合資集團漢生企業 (Hanson PLC) 以 34 億美元收購。1996 年被公司分割出來成為千禧化學 (Millennium Chemicals)。2004 年 11 月，利安德化學 (Lyondell Chemical) 買下千禧化學。2007 年，一家荷蘭公司收購利安德化學，改名為利安德巴賽爾工業 (Lyondell Basell Industries)。利安德巴賽爾工業目前的市值為 280 億美元。

- 奇異電子 (*General Electric*)：這家公司成立於 1892 年，是道瓊工業指數中僅存的原始成分股。奇異是一家大型製造與傳播集團，擁有 NBC 與 CNBC。其市值為 2,180 億美元，是美國市值第三大的企業。

- 雷克列德天然氣 (*Laclede Gas*)：改名為雷克列德集團 (Laclede Group)，是一家位在美國聖路易地區的天然氣零售經銷商。公司市值為 9 億美元。

- 全國鉛業 (*National Lead*)：1971 年更名為 NL 工業 (NL Industries)，生產有關保全和精密球承軸的產品，以及二氧化鈦和專業化學品。公司市值 5.2 億美元。

- 北美 (*North American*)：1956 年成為聯合電力 (Union Electric)，供應密蘇里與伊利諾的電力。1998 年 1 月，聯合電力公司和中伊利諾公共服務 (Central Illinois Public Service Co., Cipsco) 合併，成為阿曼瑞 (Ameren)。公司市值 720 億美元。

- 田納西煤鐵 (*Tennessee Coal and Iron*)：1907 年遭美國鋼鐵 (U.S. Steel) 收購，1991 年 5 月成為美國鋼鐵集團 (USX-U.S. Steel Group)。2002 年，這家公司再度改稱美國鋼鐵 (U.S. Steel)。公司市值為 30 億美元。
- 美國皮革 (*U.S. Leather)*：是二十世紀初規模最大的製鞋廠之一，1952 年遭到清算，付給每位股東 1.50 美元，再加上一張後來變成壁紙的石油與天然氣公司股票。
- 美國橡膠 (*U.S. Rubber*)：1961 年改名為優耐陸 (Uniroyal)，於 1985 年 8 月私有化。1990 年法國的米其林集團 (Michelin Group) 買下優耐陸，米其林的市值為 150 億美元。

第 7 章 　 股價指數 代表市場的標誌

第 8 章

標準普爾 500 指數
半個多世紀以來的美國企業發展史

生命中的改變多半是偏愛與背棄真理的過程。

——羅伯 · 弗洛斯特 (Robert Frost)，〈黑色小屋〉 ("The Black Cottage")

在道瓊、納斯達克與標準普爾 500 等美國三大股市指數中，只有一個成為衡量股票績效的標準。這個指數創立於 1957 年 2 月 28 日，由標準普爾綜合指數逐步發展而成；這個綜合指數是一個市值加權指數，1926 年問世，囊括 90 檔大型股。諷刺的是，這個 1926 年創立的指數排除當時全球規模最大的企業美國電話電報 (American Telephone and Telegraph, AT&T)，因為標準普爾不希望該企業績效主導指數的表現。為了修正這項刻意的忽略，並認可戰後成長的新企業，標準普爾公司編纂出標準普爾 500 指數，成分股為紐約證交所裡規模最大的工業、鐵路與公用事業。

1957 年，標準普爾 500 指數涵蓋紐約證交所之上市企業總市值的九成，繼而成為指標，被拿來和投資美國大型股的機構法人與基金經理人之績效做比較。標準普爾 500 指數原本包含 425 檔工業股、25 檔鐵路股及 50 檔公用事業股，卻在 1988 年捨棄這樣的分類。其目的正如標準普爾公司所說，是要維持一個納入「主流產業中頂尖 500 家企業」的指數。

標準普爾 500 指數自創立以來就不斷更新，納入滿足標準普爾訂下之市值、獲利與流動性標準的公司，並刪除等量表現落在水準以下的企業。從 1957 年創立以來，至 2012 年為止，標準普爾 500 指數總計納入 1,159 家企業，平均每年都會納入 20 家。平均來說，新公司在指數市值中約占 5%。

就單一年度而言，1976 年指數納入的新公司數目是最多的，當年標準普爾新增 60 檔個股，其中包括 15 家銀行股和 10 家保險公司。在此之前，指數中的金融股僅有消費金融公司，理由是過去銀行股和保險股都在店頭市場交易，1971 年納斯達克交易所開始運作以前，尚無法及時獲得店頭市場的股價數以計算指數。在 2000 年科技泡沫高峰時，指數納入 49 家新公司，這是自 1976 年以來納入最多納斯達克成分股的一次。2003 年，新納入成分股數目跌到歷史新低，僅有 8 家。

🌐 標準普爾 500 指數類股變化

　　美國經濟在過去半個世紀的演變，對其工業發展造成了深刻的影響。鋼鐵、化學、汽車與石油公司曾經稱霸美國經濟，如今，醫療保健、科技、金融以及其他消費性服務業則主導了局面。

　　主動型投資人越來越常使用類股分析來配置投資組合。最普遍的產業分類系統，是 1999 年由標準普爾和摩根士丹利一同創作的「全球產業分類標準」(Global Industrial Classification Standard, GICS)；此系統的前身，是之前美國政府設計的「標準產業編碼」(Standard Industrial Code, SIC)，但這套系統越來越不適用於以服務業為主的美國經濟。

　　全球產業分類標準劃分出美國十大產業：原物料（化學、紙品、鋼鐵和採礦）、工業（資本財、國防、運輸以及商業和環境服務業）、能源（石油與天然氣以及煤礦的探勘、生產、行銷與精煉）、公用事業（電力、天然氣、水力以及核能發電或輸電公司）、電信服務（固網、手機、無線通訊與寬頻）、非必需消費品（家庭耐久財、汽車、衣服、餐旅、媒體以及零售）、必需消費品（食物、煙草、個人用品、零售與大型超市）、醫療保健（醫療設備製造商、醫療保健服務供應商、製藥與生物科技）、金融〔商業銀行與投資銀行、房貸放款機構、券商、保險和不動產投資信託 (REITs)〕以及資訊科技（軟體服務、網際網路、家庭娛樂、資料處理、電腦以及半導體）。

　　1957 年到 2012 年間各類股股份市值在標準普爾 500 指數中的占比，如圖 8-1 所示。這段期間發生許多劇變。原物料產業在 1957 年屬最大宗，遙遙領先其他類股，到了 2012 年底已經變成規模最小的產業（連同公用事業與電信服務）。1957 年，原物料與能源產業幾乎占了指數市值的一半，到了 2013 年，兩項產業加起來僅占指數市值的 14%。另一方面，金融、醫療保健與科技產業一開始是三個規模最小的產業，在 1957 年僅占指數市值的 6%，至 2013 年則占了將近一半。

　　必須要理解，當我們在衡量長期績效時，類股市值占比的起落不一定和投

圖 8-1　各類股市值在標準普爾 500 指數中的占比，1957 年到 2012 年

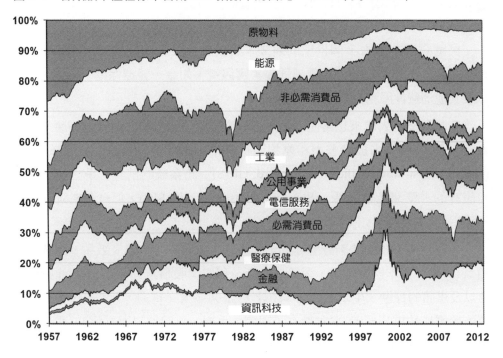

資人的報酬率起落相關。因為類股占比的變化通常是反映該類股企業數目的變化，而非個別企業的價值變化。當商業銀行與投資銀行、保險公司、券商以及政府資助的企業如房利美和房地美等金融類股都納入指數時，更能凸顯出這一點。科技類股的市值占比之所以增加，也是因為有新公司被納入指數。1957年，IBM 的市值在科技類股中占了三分之二；2013 年，IBM 在這個納入 70 家企業的類股裡，僅僅是第三大而已。

　　觀察圖 8-2，可以看出類股的市值占比變化和報酬之間的相關性甚低。成長速度最快的科技類股，報酬僅比平均值稍高一些，但成長速度次快的金融股，報酬則是各類股中倒數第二。金融和科技類股的比重之所以提高，主要是因為這兩個類股納入很多新公司，而非類股內的企業市值有所成長。

　　沒錯，醫療保健與必需消費品類股的比重提高，而且報酬也在平均水準之

圖 8-2 標準普爾 500 成分股類股權重變化與類股報酬的關係，1957 年到 2012 年

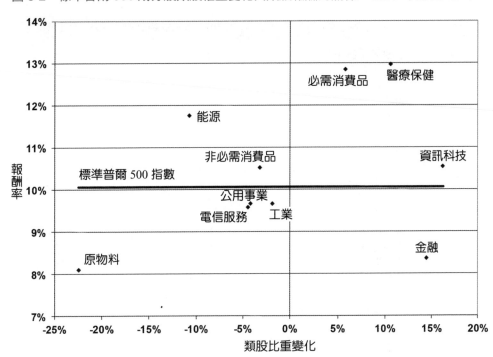

上；而能源類股的市場權重從 20% 縮至 11%，報酬率卻達到 11.76%，遠高於指數。統計分析顯示，過去五十年來，類股報酬中僅有 10% 和該類股究竟是擴張還是收縮有關。這表示，投資人從某類股賺得的報酬中，有 90% 都取決於類股中的企業報酬率，而非整體產業的相對成長性。快速擴張的產業通常會讓投資人付出過高的買價而壓低報酬。因此，在被投資人忽略的成長停滯甚至衰退的產業裡，通常可以找到最有價值的投資標的，其股價相對於基本面來說都偏低。

最初在 1957 年納入標準普爾指數的前二十大企業績效如表 8-1 所示。其中一個最明顯的特色，是 9 家石油公司都擠進前十名，且它們的報酬每年都勝過標準普爾 500 指數，差距達 96 到 275 個基點。

標準普爾 500 指數的原始 20 檔大型股中，績效最好的是荷蘭皇家石油

表 8-1　標準普爾 500 指數原始成分股中績效最佳的前二十名，1957 年到 2012 年

報酬排名	1957 年的企業名稱	1957 年到 2012 年間的報酬率	1957 年市值排名
1	荷蘭皇家石油	12.82%	12
2	康尼美孚石油	12.76%	13
3	海灣石油	12.46%	6
4	殼牌石油	12.40%	14
5	標準石油（紐澤西）	12.28%	2
6	加州標準石油	12.02%	10
7	IBM	11.57%	11
8	德士古石油	11.43%	8
9	印第安納標準石油	11.26%	16
10	菲力普石油	11.03%	20
11	美國電話電報	9.76%	1
12	聯合碳化	9.75%	7
13	奇異電子	9.65%	5
14	西爾斯	8.04%	15
15	杜邦	7.42%	4
16	伊士曼柯達	6.09%	19
17	美國鋼鐵	6.00%	9
18	美國鋁業	4.24%	17
19	通用汽車	3.71%	3
20	伯利恆鋼鐵	—	18
⋮	前十名平均值	12.09%	
	前二十名平均值	10.94%	
	標準普爾 500 指數	10.07%	

(Royal Dutch Petroleum)，當標準普爾 500 指數於 2002 年剔除所有海外企業時，這正是其中一家遭除名的公司。績效次佳的個股是蘇康尼美孚石油 (Socony Mobil Oil)，這家公司在 1966 年時拿掉名稱中的「蘇康尼」〔Socony 是 Standard Oil Company of New York（紐約標準石油公司）的縮寫〕字樣，並在 1999 年和埃克森石油 (Exxon) 合併。排名第三的海灣石油 (Gulf Oil)、第六的加州標準石油 (Standard Oil of California) 與排名第八的德士古石油 (Texaco) 最後合併，組成雪佛龍德士古石油 (ChevronTexaco)，後來將名稱縮短為雪佛龍石油 (Chevron)。績效排名第四的是殼牌石油 (Shell Oil)，這是一家美國公司，1985 年遭荷蘭

皇家石油公司收購，因此不再列名於標準普爾 500 指數。第五名是標準石油（紐澤西）(Standard Oil of N. J.)，1972 年時更名為埃克森石油，目前和蘋果互別苗頭，搶占全球市值第一大的寶座。第九名的印第安納標準石油 (Standard Oil of Indiana)，於 1998 年併入艾莫可石油 (BP Amoco)；第十名的菲力普石油 (Phillips Petroleum) 在 2002 年與康納和 (Continental Oil Co., Conoco) 合併，共組康菲石油 (ConocoPhillips)。

唯一能和石油公司相提並論的是 IBM，這家公司成立於 1911 年，當時為計算清單紀錄公司 (Computer-Tabulating-Recording Company)。從 1983 年到 1985 年，IBM 的市值在標準普爾 500 指數的占比都穩居冠軍，在 2013 年仍是排行前十名的企業。

在上述 20 家原始成分企業中，有 10 家的績效落後於標準普爾 500 指數。美國鋼鐵、美國電話電報以及通用汽車 (General Motors) 都曾經坐上全球最大市值企業的寶座。美國鋼鐵和美國電話電報都經歷過曲折迂迴的產業變動與企業分拆歷程，規模一度縮小至極盛時的零頭。但這兩家企業捲土重來，截至 2013 年，美國電話電報是美國市值第十三大的企業。

1901 年，10 家鋼鐵公司合併成美國鋼鐵，由鋼鐵大王安德魯・卡內基 (Andrew Carnegie) 主導，並獲得摩根大通銀行 (J.P. Morgan) 的融資援助。合併之後的美國鋼鐵，成為有史以來第一家營業額達到 10 億美元的企業，掌控三分之二的美國市場。為了取得緩衝以因應不斷飆升的能源價格，美國鋼鐵於 1982 年買下馬拉松石油公司 (Marathon Oil Company)，並且改名為美國鋼鐵集團。1991 年，美國鋼鐵公司被分割出來成為獨立公司，2003 年，公司市值縮小到僅 10 億美元，和百年前的規模相當。在積極削減成本之下，美國鋼鐵東山再起，現在是美國第二大鋼鐵製造商，僅落後美國米塔爾鋼鐵 (Mittal Steel USA)。米塔爾鋼鐵收購多家鋼鐵公司，並買下破產的伯利恆鋼鐵 (Bethlehem Steel) 之資產；1957 年，伯利恆鋼鐵公司是標準普爾 500 指數裡的第十八大企業。

美國電話電報在 1957 年被納入標準普爾 500 指數時，是全球規模最大的企業，一直到 1975 年都還穩坐龍頭寶座。1957 年，該公司的市值壯大至 112 億

美元之譜，但是在 2012 年，這個數值在標準普爾 500 成分股中只能算是後段班。過去人稱「貝爾大媽」(Ma Bell) 的電話獨占事業，在 1984 年進行拆分，誕生許多地區性的電話供應商「貝爾寶寶」(Baby Bell)。分家之後的美國電話電報，在 2005 年被原本自家分拆出去的公司西南貝爾通訊 (SBC Communication) 買下。西南貝爾通訊又透過其他幾個收購案，壯大自己的力量，在 2007 年重返美國市值前二十大企業排行榜。美國電話電報這五十五年的報酬率（假設在貝爾大媽二十三年前分拆時你持有所有貝爾寶寶的股票），可達到年報酬率 9.76%，基本上和指數一致。

通用汽車是在 1908 年由 17 家汽車廠所組成，注定成為全球規模最大的汽車製造商。但激烈的海外競爭與不斷加重的醫療保險負擔，迫使通用汽車在 2009 年大衰退期間破產。然而，這家企業已經重生，並和豐田汽車 (Toyota Motors) 爭奪全球最大汽車製造商的地位。雖然通用汽車的股價已經跌至零，但這家大型汽車廠在破產前分割出去的德爾福 (Delphia)、雷神公司 (Raytheon) 和電子數據 (Electronic Data Systems)，自 1957 年以來，平均每年可以給股東 3.71% 的微薄報酬率。2012 年 1 月宣告破產的伊士曼柯達 (Eastman Kodak) 報酬率稍高一些，由於它在 1994 年把業務一帆風順的伊士曼化學公司 (Eastman Chemical Company) 分割出去，母公司自 1957 年來也僅能替股東創造平均約 6% 的年報酬率。伯利恆鋼鐵公司的股東就沒這麼幸運了。這家全球次大的鋼鐵公司於 2001 年破產，原始股東拿不到任何資產。最後 3 家公司都屬於原物料產業：目前已經歸入道氏化學 (Dow Chemical) 旗下的聯合碳化 (Union Carbide)，報酬率稍微落後大盤，杜邦 (DuPont) 和美國鋁業 (Alcoa) 的表現則大不如指數。

績效最佳的企業

在維持原企業架構生存至今的原始標準普爾 500 成分股中，績效最佳的前二十名企業如表 8-2 所示，隨表附上各家公司的年報酬率、所屬產業以及投資 1 美元可獲得的累積報酬。表 8-3 列出績效最佳的前二十名企業，不論目前是否仍存在，或是已經和其他企業合併。

表 8-2　生存至今的原始標準普爾 500 成分股之績效最佳前二十名，1957 年至 2012 年

排名	1957 年的企業名稱	2012 年的企業名稱	股票代碼	報酬率	所屬產業	投資 1 美元可累積的財富
1	菲利普莫里斯	奧馳亞集團	MO	19.47%	必需消費品	19,737.35
2	亞培	亞培	ABT	15.18%	醫療保健	2,577.27
3	可口可樂	可口可樂	KO	14.68%	必需消費品	2,025.91
4	高露潔一棕欖	高露潔一棕欖	CL	14.64%	必需消費品	1,990.55
5	必治妥	必治妥施貴寶	BMY	14.40%	醫療保健	1,768.50
6	百事可樂	百事	PEP	14.13%	必需消費品	1,547.44
7	默克	默克	MRK	13.95%	醫療保健	1,419.26
8	亨氏	亨氏	HNZ	13.80%	必需消費品	1,317.34
9	梅爾維爾製鞋	CVS 企業	CVS	13.65%	必需消費品	1,224.81
10	美國糖果	甜心捲糖果	TR	13.57%	必需消費品	1,178.92
11	克萊恩	克萊恩	CR	13.57%	工業	1,178.44
12	好時食品	好時	HSY	13.53%	必需消費品	1,154.02
13	輝瑞	輝瑞	PFE	13.38%	醫療保健	1,072.61
14	公平天然氣	EQT	EQT	13.16%	能源	964.47
15	通用磨坊	通用磨坊	GIS	13.12%	必需消費品	947.03
16	奧克拉荷馬天然氣	歐尼克	OKE	13.04%	公用事業	907.42
17	寶僑	寶僑	PG	13.00%	必需消費品	890.97
18	迪爾	迪爾	DE	12.86%	工業	833.05
19	克羅格	克羅格	KR	12.70%	必需消費品	768.88
20	麥格羅希爾	麥格羅希爾	MHP	12.58%	非必需消費品	725.52

　　到目前為止，績效最佳的是菲利普莫里斯 (Philip Morris)，它在 2003 年更名為奧馳亞集團 (Altria Group)，2008 年又將國際業務部分拆成為菲利普莫里斯國際 (Philip Morris International)。在納入標準普爾 500 指數的兩年前，菲利普莫里斯把「萬寶路牛仔」(Marlboro Man) 介紹給全世界，這個菸盒上的角色乃成為全世界辨識度最高的偶像之一。萬寶路香菸後來也成為全球最暢銷的品牌，推高菲利普莫里斯的股價。

　　菲利普莫里斯過去半個世紀以來的年平均報酬率為 19.47%，與標準普爾 500 指數年報酬率的 10.07% 相比之下，幾乎差了 2 倍。這個報酬率表示，如果

表 8-3　標準普爾 500 成分股之績效最佳前二十名原始，1957 年至 2012 年

排名	原始企業	存續企業	報酬率
1	菲利普莫里斯	奧馳亞集團，菲利普莫里斯國際	19.56%
2	柴卻爾玻璃	奧馳亞集團，菲利普莫里斯國際	18.43%
3	藍布蘭特服飾	有限服飾企業	17.84%
4	全國製罐	（已私有化）	17.71%
5	胡椒博士	（已私有化）	17.09%
6	通用食品	奧馳亞集團，菲利普莫里斯國際	17.03%
7	台爾蒙食品	奧馳亞集團，菲利普莫里斯國際	16.51%
8	標準品牌	奧馳亞集團，菲利普莫里斯國際	16.41%
9	全國乳製品	奧馳亞集團，菲利普莫里斯國際	16.30%
10	塞拉尼斯	（已私有化）	16.19%
11	雷諾斯煙草	奧馳亞集團，菲利普莫里斯國際	15.78%
12	國家餅乾	奧馳亞集團，菲利普莫里斯國際	15.78%
13	潘尼克福特	奧馳亞集團，菲利普莫里斯國際	15.64%
14	福林寇特	英美煙草	15.60%
15	羅瑞拉德	洛伊斯	15.29%
16	亞培	亞培	15.12%
17	哥倫比亞電影	可口可樂	14.85%
18	可口可樂	可口可樂	14.66%
19	高露潔─棕欖	高露潔─棕欖	14.64%
20	必治妥	必治妥	14.59%

有人在 1957 年 3 月 1 日花了 1,000 美元投資菲利普莫里斯的股票，到了 2012 年底，就可以累積約 2,000 萬美元，超過投資標準普爾 500 指數賺得的 191,000 美元。

菲利普莫里斯的卓越表現，不僅在這五十年間。自 1925 年有人開始編纂個別股票的整體報酬率以來，它也是績效最佳的個股。菲利普莫里斯的年複利報酬率為 17.3%，比指數高了 7.7%。如果你的祖父母輩在 1925 年買了 40 股菲利普莫里斯的股票（成本為 1,000 美元）並加入其股利投資方案，到了 2012 年底，股票價值將高達 10 億美元！

菲利普莫里斯的佳績不僅澤被股東，它後來也成為另外 10 家原始標準普爾 500 成分股的東家。許多投資人原本持有的股份，因為轉換成菲利普莫里斯這類成功企業的股份而致富。對很多股東來說，能夠搭上績優股的順風車，乃是意外的收穫。

公司的壞消息卻是投資人的好消息

菲利普莫里斯的表現最佳，可能會讓某些讀者感到意外。因為該公司在應對政府限制與法律訴訟上，已付出了幾百億美元的成本，這家香菸製造商一度被逼到瀕臨破產的境地。

但在資本市場裡，對於長期持有股票並將股利拿來再投資的投資人來說，企業面的壞消息也可以變成好消息。如果投資人對於某檔個股的前景過度悲觀，股價因此偏低，再投資股利的股東可用低價買進更多該公司股票。這些再投入的股利變成股票，將替堅持長抱菲利普莫里斯的投資人賺進金山銀山。

至今仍存在的企業中表現最好的資優生

菲利普莫里斯並非唯一讓投資人賺飽荷包的企業。表 8-2 所列其他 19 家至今仍存在的企業資優生，年報酬率也比標準普爾 500 指數高 2.5% 到 5%。在這 20 家頂尖企業中，有 15 家屬於兩大類股：其一是必需消費品，以國際知名的消費性產品品牌公司為代表，另一類則是醫療保健產業，尤其是大型製藥公司。好時 (Hershey) 巧克力，亨氏 (Heinz) 番茄醬、甜心捲 (Tootsie Roll)，再加上可口可樂和百事可樂，都累積出強大的品牌資產（brand equity；譯註：指「品牌」本身便是一種資產，和其他有形無形資產一樣）與消費者信心。

其他 3 家資優生是克萊恩 (Crane)，這是一家創立於 1855 年的機械工業產品製造商，創辦人是里查‧克萊恩 (Richard Crane)；迪爾 (Deere) 則是一家農用與營造機械製造商，1840 年由約翰‧迪爾 (John Deere) 所創；至於目前已改

名為麥格羅希爾金融 (McGraw Hill Financial) 的麥格羅希爾 (McGraw-Hill)，是詹姆斯・麥格羅 (James H. McGraw) 於 1899 年所創辦的企業，是一家全球性的資訊供應商，目前是標準普爾公司的東家。過去五年來，前十名清單上多了天然氣製造商 EQT，其前身為公平天然氣 (Equitable Gas)，1888 年成立於匹茲堡；歐尼克 (ONEOK) 前身為奧克拉荷馬天然氣 (Oklahoma Natural Gas)，成立於 1906 年。

特別值得一提的是 CVS 企業 (CVS Corporation)，該公司在 1957 年以梅爾維爾製鞋 (Melville Shoe Corp.) 之名被納入標準普爾 500 指數；梅爾維爾製鞋以創辦人法蘭克・梅爾維爾 (Frank Melville) 命名，他在 1892 年開設一家製鞋廠，1922 年登記為梅爾維爾製鞋公司。製鞋業是過去百年來投資報酬率最差的群組之一，連股神華倫・巴菲特 (Warren Buffett) 都大嘆 1993 年不應該買下戴克斯特鞋業 (Dexter Shoe)。不過梅爾維爾製鞋的運氣不錯，1969 年買下消費者價值連鎖商店 (Consumer Value Store)，專營個人衛生用品。這個連鎖店很快成為該公司獲利最豐厚的部門，1996 年梅爾維爾亦更名為 CVS。如此一來，本來注定低投資報酬率的製鞋公司，就因為管理階層偶然買下一家零售連鎖藥妝店，而搖身一變為金礦。

表 8-3 的企業也有類似的故事；之前提過，這張表是列出績效前二十名的企業，不論這些企業是以原始的企業形式存活至今，或者已經併入其他企業。在所有標準普爾 500 指數的原始成分股中，柴卻爾玻璃 (Thatcher Glass) 是績效次佳的公司，僅落後菲利普莫里斯。在 1950 年代初期，這家公司是一流的牛奶瓶製造商；然而，當嬰兒潮轉變為嬰兒荒，玻璃瓶也被紙盒取代，柴卻爾玻璃的業務江河日下。對柴卻爾玻璃的股東來說，幸好 1966 年公司被瑞克薩爾藥品 (Rexall Drug) 收購，而這家公司後來變成達爾特工業 (Dart Industries)，1980 年又和食品公司卡夫 (Kraft) 合併，最後於 1988 年由菲利普莫里斯買下。1957 年買入 100 股柴卻爾玻璃公司股票並將股利再投資的投資人，將可擁有 140,000 股菲利普莫里斯的股票以及等量的菲利普莫里斯國際公司的股票，其在 2012 年底的價值超過 1,600 萬美元。

其他脫胎換骨的公司

隨著 1980 年代醫界、法界和一般大眾不斷加強攻擊吸菸這件事，菲利普莫里斯以及其他煙草鉅子如雷諾斯 (RJ Reynolds) 陸續分散投資，切入品牌食品業。1985 年，菲利普莫里斯買下通用食品 (General Food)，1985 年又斥資 135 億美元買下卡夫食品；卡夫食品原名國家乳製品 (National Dairy Products)，也是標準普爾 500 指數的原始成分股。菲利普莫里斯在 2000 年買入那比斯可集團控股 (Nabisco Group Holdings)，完成食品業收購版圖。

KKR 公司 (Kohlberg Kravis Roberts & Co.) 在 1989 年以 290 億美元將雷諾斯那比斯可公司 (RJR Nabisco) 私有化，在當時堪稱有史以來規模最大的槓桿收購案 (leveraged buyout)，而在 1991 年分拆出來的公司即是那比斯可集團控股。以本書計算長線報酬的方法來看，如果一家公司私有化，將假設其因被收購所得之現金會再投資於標準普爾 500 指數基金，並於該公司分拆之後，在其首次公開發行時購入股票。雷諾斯煙草公司之前吸納了 6 家原始標準普爾成分公司：潘尼克福特 (Penick & Ford)、加州包裝 (California Packing)、台爾蒙食品 (Del Monte Foods)、1971 年遭那比斯可收購的小麥奶油 (Cream of Wheat)、標準品牌 (Standard Brands) 以及最後在 1985 年收購的國家餅乾公司 (National Biscuit Co.)。由於這些公司最終都被菲利普莫里斯收購，因此都成為整體排名前二十名的績優股。

原始標準普爾 500 成分股的出色表現

原始 500 家成分公司最引人注目的一點，是投資人如果購買由這 500 檔股票構成的投資組合，不再買入標準普爾後來五十年納入的上千家企業中任何一家，那麼投資組合的績效將遠超越動態更新的指數績效。原始 500 家公司投資組合的年報酬率，比時時更新指數的 10.07% 還高了 1%。

為什麼會這樣？新納入的企業推動了美國的經濟成長，讓美國成為全球最

出色的經濟體，但表現卻遜於老企業？答案直截了當。雖然許多新企業的獲利與營收成長速度都快過老企業，但投資人買入新企業股票的價格太高，很難創造出亮眼報酬。

有資格納入標準普爾 500 指數的個股，市值必須夠大，能躋身於前 500 大企業之列。惟能達到如此高的市值，通常是出自於投資人無來由的樂觀。在1980 年代初的能源危機時，環球海事 (Global Marine) 與西方公司 (Western Co.) 等企業紛紛被納入能源類股，之後都破產了。事實上，標準普爾 500 指數在1970 年代末期、1980 年代初期納入了 13 檔能源類股，日後有 12 檔無法追上整體能源類股或標準普爾 500 指數的績效。

自 1957 年以來，標準普爾 500 指數的科技類股納入了 125 家企業，其中約有 30% 是在 1999 年與 2000 年加入的。無須多說，這些公司的表現多半遜於大盤。電信通訊類股自 1957 年到 1990 年代基本上沒有加入任何新企業，但在1990 年代末期，世界通訊 (WorldCom)、環球電訊 (Global Crossing) 與奎斯特通訊 (Quest Communications) 敲鑼打鼓加入指數，後來也都垮了。

在 10 個工業類股中，只有非必需消費品納入之新公司的績效勝於原始成分股。主導這個類股的是汽車製造業〔如通用汽車、克萊斯勒 (Chrysler) 與後來的福特 (Ford)〕、汽車廠供應商〔泛世通 (Firestone) 和固特異 (Goodyear)〕，和潘尼百貨 (JCPenney) 以及伍爾洛斯超市 (Woolworth's)。

結論

原始標準普爾 500 成分股的卓越表現，出乎多數投資人意料之外。但價值型投資人（相關說明請參見第 12 章）瞭解，成長型股票的價格通常過高：對這類股票前景太過樂觀，會誘使投資人付出過高的買價。不受投資人青睞的獲利型企業，股價常常遭到低估。如果投資人把這類企業的股利拿來再投資，就會買到價值遭到低估的股票，將有助於提升投資報酬率。

研究標準普爾 500 原始成分股，讓人清楚瞭解美國經濟在過去五十年經歷的大幅變動。有很多績優企業如今仍經營它們五十年前的品牌，多半也在全球積極拓展事業版圖。亨氏、可口可樂、百事與甜心捲等品牌在今日的獲利能力，一如當初剛剛推出產品時，有些品牌的歷史甚至已延續百年之久。

不過，我們也看見不少企業做了很好的投資，併入更強大的公司。在績效最佳的原始成分股中，有 4 家〔胡椒博士 (Dr. Pepper)、塞拉尼斯 (Celanese)、全國製罐 (National Can) 和福林寇特 (Flintkote)〕現在歸屬海外企業。事實上，未來很可能出現的情況是，許多贏家將不再是把總部設在美國的企業。正如我們在第 4 章提過的，1957 年創造出標準普爾 500 指數時顯然居於次要地位的海外企業，很可能成為目前許多頂尖公司的最後東家。

第 9 章

賦稅對股票與債券報酬的影響
股票較具優勢

這個世界上，唯有死亡和繳稅是確定的。

——班哲明・富蘭克林 (Benjamin Franklin)

課稅的力量涉及摧毀的力量。

——約翰・馬歇爾 (John Marshall)

對所有長線投資人而言，目標只有一個：將稅後的實質總報酬極大化。

——約翰・坦伯頓 (John Templeton)

約翰‧坦伯頓說，投資策略的重點，是要將稅後的實質總報酬極大化。股票非常適合用來達成此一目標。不同於固定收益投資，股票的資本利得與股利在美國稅法中可獲得更優惠的待遇。因此，除了能獲得優越的稅前報酬之外，投資股票的稅後報酬率通常又比債券更勝一籌。

歷史上的所得稅與資本利得稅

圖 9-1 畫出三種不同收入水準的歷史邊際稅率：最高所得級距稅率、適用於年收入 150,000 美元的稅率，與適用於實質年收入為 50,000 美元的稅率（所有收入級距都調整為 2012 年的幣值）。圖 9-1A 的稅率數據，是自 1913 年以來一般所得（包含利息收入）的稅率（美國在當年制定聯邦所得稅），以及 2003 年以前之股利適用的稅率（美國在當年之前訂定的股利稅率等同於資本利得稅率）。圖 9-1B 是資本利得與 2003 年以來之股利收入適用的稅率。股票投資人適用的稅則演變史，請見本章結尾的附錄。

稅前與稅後報酬率

各種資產類別的實質稅後報酬歷史資料如表 9-1 所示，該表中有四種稅率級距。1913 年美國制定聯邦所得稅，自此之後，美股的稅後實質報酬率都落在 6.1%（對無須納稅的投資人而言）到 2.7%（對於每年都實現資本利得、適用最高稅率的投資人而言）。至於應稅債券，每年的實質報酬率從 2.2%（對無須納稅的投資人而言）到 −0.3%（對適用最高稅率級距的投資人而言），國庫券的實質報酬範圍則為 0.4% 到 −2.3%。市府債券自 1913 年以來創造的實質年報酬率為 1.3%。

雖然課稅會阻礙投資人購買股票，但受到稅賦負面影響最深的資產，其實是固定收益投資的報酬。以稅後基礎來看，適用最高稅率級距的投資人如果在 1946 年拿 1,000 美元投資國庫券直到今日，在繳完稅並針對通膨做調整之後

圖 9-1　利息收入、股利收入與資本利得之聯邦稅率，1913 年到 2013 年

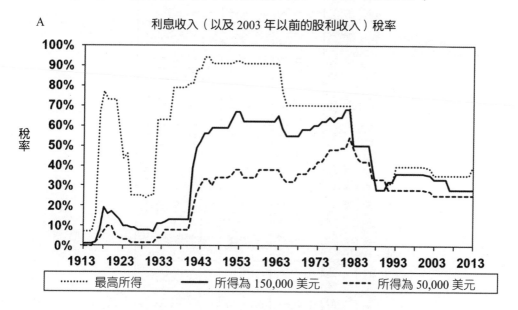

A　利息收入（以及 2003 年以前的股利收入）稅率

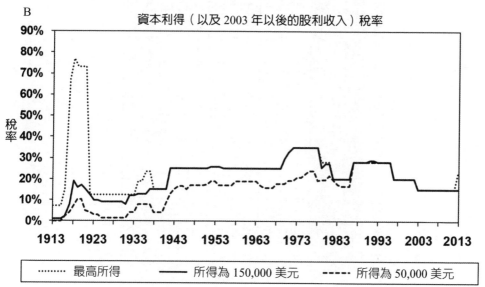

B　資本利得（以及 2003 年以後的股利收入）稅率

表 9-1　不同收入水準的股票、債券與國庫券稅後實質報酬，1802 年到 2012 年

		股票收入稅率級距				債券收入稅率級距				國庫券收入稅率級距				市府債券	黃金	消費者物價指數
		0	5萬美元	15萬美元	最高	0	5萬美元	15萬美元	最高	0	5萬美元	15萬美元	最高			
期間	1802-2012	6.6	5.7	5.4	5.0	3.6	2.9	2.7	2.4	2.7	2.2	1.7	1.4	3.1	0.7	1.4
	1871-2012	6.5	5.2	4.7	4.1	3.0	2.0	1.7	1.2	1.6	0.8	0.1	-0.4	2.2	1.0	2.0
	1913-2012	6.1	4.2	3.6	2.7	2.2	0.8	0.3	-0.3	0.4	-0.7	-1.6	-2.3	1.3	1.2	3.2
三大主要期間	I 1802-1870	6.7	6.7	6.7	6.7	4.8	4.8	4.8	4.8	5.1	5.1	5.1	5.1	5.0	0.2	0.1
	II 1871-1925	6.6	6.6	6.5	6.2	3.7	3.7	3.6	3.4	3.1	3.1	3.0	2.7	3.3	-0.8	0.6
	III 1926-2012	6.4	4.4	3.7	2.8	2.6	1.0	0.4	-0.2	0.6	-0.6	-1.7	-2.2	1.5	2.1	3.0
	1946-2012	6.4	4.0	3.3	2.8	2.0	0.0	-0.5	-1.0	0.4	-1.1	-2.4	-3.1	1.1	2.0	3.9
戰後期間	1946-1965	10.0	7.0	5.2	3.9	-1.2	-2.0	-2.7	-3.5	-0.8	-1.5	-2.3	-2.7	-0.6	-2.7	2.8
	1966-1981	-0.4	-2.2	-3.0	-3.3	-4.2	-6.2	-7.0	-7.5	-0.2	-3.0	-5.2	-6.1	-1.0	8.8	7.0
	1982-1999	13.6	9.4	9.1	9.1	8.5	5.0	4.5	4.5	2.9	0.8	-0.8	-1.7	2.7	-4.9	3.3
	1982-2012	7.8	5.5	5.3	5.3	7.6	4.8	4.4	4.3	1.6	0.1	-1.0	-1.7	3.4	1.8	2.9

* 僅計入聯邦所得稅。資本利得報酬部分假設持有期為 1 年

會剩下 138 美元，購買力損失超過 86%。反之，適用最高稅率級距的投資人拿 1,000 美元投資股票，則可拿回 5,719 美元的報酬，購買力增加 470%。

事實上，對於適用最高稅率級距的人來說，短期國庫券自 1871 年來創造的稅後實質報酬都是負值，就算考慮有些州或地方的稅率較低，結論也一樣。反之，在同一段時間內，這些適用最高稅率級距的投資人可透過股票將購買力提高 288 倍。

緩徵資本利得稅的好處

2003 年 5 月，布希 (George W. Bush) 總統簽署〈工作與成長減稅協調法〉(Jobs and Growth Tax Relief Reconciliation Act)，將符合資格的股利與資本利得適用的最高稅率調降為 15%。股利和資本利得的地位有史以來第一次相等，長期適用優惠稅率。2013 年，從這兩種來源獲利並跨入最高收入級距的投資人，適用稅率都是 20%。然而，資本利得的有效 (effective) 稅率仍低於股利，因為唯有投資人出售股票才須要繳稅，而不是根據應計 (accrued) 基礎課徵。此種緩徵稅賦的優點是，累積資本利得報酬時是以稅前的報酬（較高）為準，而非稅後報酬（較低），至於再投資股利的報酬則是用後者。我把這項資本利得優於股利收入之處稱為「緩課效益」(deferral benefit)。

長線投資人可享有極大的緩課效益。舉例來說，假設有 2 檔個股，一檔每年的股利殖利率為 10%，另一檔每年僅有 10% 的資本利得。再假設有一位投資人適用 20% 的股利與資本利得稅率。對於無須納稅的投資人來說，投資 2 檔股票的報酬率同樣都是 10%。不過，發放股利之股票的每年稅後殖利率為 8.0%，如果投資人長抱僅有資本利得之股票三十年後再出售，稅後的報酬率則為每年 9.24%。與無須納稅的投資人相比，只差 76 個基點。

因此，從稅收的觀點來看，企業仍有偏好創造資本利得而非股利收益的動機。然而，就像我們在第 12 章將提到的，遺憾的是，不論是稅前或稅後，一般而言，發放股利的股票報酬率都比不發股利的個股高。如果稅務機關容許再投

資股利也能享有緩課稅賦的待遇，待出售股票才予以課徵，股利即可在賦稅上享有與資本利得同等的地位。

📖 通膨與資本利得稅

在美國，資本利得稅的徵收基礎，是買入資產時的價格（名目價格）與出售資產時的價值（市價）兩者間的差額，並不針對通膨進行調整。名目基礎的稅制，代表資產因通膨而增值（因為購買力下降所導致）的部分在出售時也會被課稅。

股價上漲幅度通常足以彌補投資人因通膨所遭受的損失，長期來說尤其如此，但是在通膨環境下，以名目價格為基礎的稅制仍是對投資人的一種懲罰。如果實質報酬相等，即便通膨僅為 3% 的溫和程度，與沒有通膨時的稅後報酬相比，持有期為 5 年的投資人每年將損失 60 個基點的報酬率。如果通膨增至 6%，年報酬率減少的幅度就達每年 112 個基點。我將這樣的效應稱之為「通膨稅」(inflation tax)。在美國現行稅制下，不同稅率與不同持有期的通膨稅如圖 9-2 所示。

就通膨稅對稅後實質報酬率造成的負面效果而言，短期持有期比長期持有時更嚴重。這是因為當投資人頻繁買賣股票時，政府就越能針對名目資本利得課稅，而且稅基可能根本不是稅後實質淨利得。

政府與民間都大力支持在稅制中針對通膨做調整。1986 年，美國財政部提案將資本利得指數化以便彈性調整，惟這項條例不曾成為法案。1997 年，眾議院在稅法中納入資本利得指數，總統卻威脅要動用否決權，由參眾兩院議員撤回。根據前述各項方案，在投資人持有資產期間內，只需要就增值超過物價水準的部分（若有的話）支付稅金。由於近年美國通膨仍低，針對通膨調整資本利得稅的壓力很小，亦不見立法方面有任何要修正這項缺失的動作。

圖 9-2 以 2013 年美國稅法為準，不同持有期的稅後實質報酬與通膨

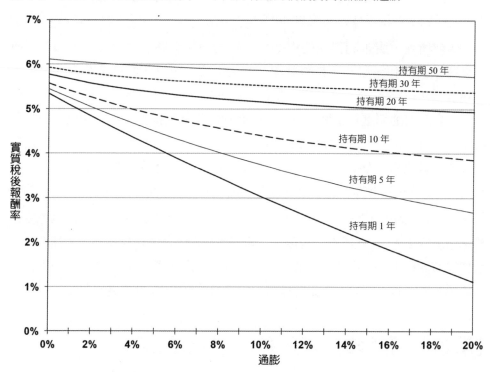

實質稅後報酬率

通膨

稅制對股票漸趨友善

在美國通過〈2012 年美國納稅人減稅方案〉(American Taxpayer Relief Act of 2012)，將股利與資本利得適用的最高稅率調降為 20%〔如果計入聯邦醫療保險稅 (Medicare tax)，則為 23.8%〕之前幾十年來，對股東來說，賦稅方面仍出現許多有利的演進，包括以下各項：

1. 調降資本利得稅率，最高稅率從 1978 年的 35% 調降到 23.8%，對於適用較低稅率的納稅人也有相應的調降。
2. 通膨甚低，因此降低了名目資本利得面臨的通膨稅。
3. 股利逐漸被視為等同資本利得，提高了緩課效益。

2003 年，股利適用稅率第一次和一般所得稅的稅率脫鉤；在二次大戰結束之後，股利所得稅率曾經高達 90%。

如前所述，資本利得稅的稅基是未針對通膨調整的名目價值，因此，通膨會導致資本利得形同再被課徵額外的通膨稅。1979 年的通膨高達兩位數，惟過去十年一路下滑，已經落到 2% 至 3% 的水準，形同減輕通膨稅。由於稅率級距會針對通膨進行指數化調整，因此通膨不會直接影響投資人適用的股利稅率。此外，因為資本利得稅是在實現利得時才課徵，而不是以應計基礎為憑，企業常常會以買回庫藏股代替發放股利，創造出更多的資本利得。綜合以上，平均的股利殖利率從 1980 年之前的 5% 一路下滑，近幾年來僅剩 2%。

以相同的稅前報酬來計算，過去三十年來，上述因素使股票的稅後實質報酬率增加約 2%。雖然債券的稅後實質報酬率同樣因為所得稅率調降而提高，但股票實質報酬率的增幅更大。以任何資產定價均衡模型來看，若賦稅因素有利於股票，意味著股票的本益比應提高；我們會在第 10 章討論這個問題。

💲 稅賦緩課帳戶應該放股票還是債券？

對於許多美國人來說，最重要的儲蓄工具是他們的稅賦緩課帳戶 (tax-deferred account, TDA)，比方說適用於自雇人士的凱歐退休方案 (Keogh)、個人退休金帳戶 (IRA) 以及企業與員工共同提撥的退休金方案〔401(k)〕。許多投資人都把股票（如果有股票的話）放在稅賦緩課帳戶，固定收益資產則放在應稅帳戶裡。

然而美國稅法最近出現許多變化，很多人主張投資人應反向操作。如果將股票放在應稅帳戶裡，股利可適用低稅率，股票的資本利得也可以享有資本利得稅調降的益處。這是因為，當存款人退休後開始提領稅賦緩課帳戶時，就要為整筆提領出去的款項繳稅，不管其中累積出的財富有多少是來自於資本利得、有多少是股利收入。

不過，上述的建議忽略了兩個因素。其一，如果你是活躍的股票交易者或是買進了交易熱絡的共同基金，短期可實現的資本利得或許很高，所以最好是放在稅賦緩課帳戶裡。由於在提領之前都無須課稅，稅賦緩課帳戶從事的交易也不須計算複雜的稅賦，獲利的來源根本沒有影響。

其次，提領稅賦緩課帳戶時，政府是以一般所得稅率徵收資本利得稅與股利所得稅，但政府也分攤不少風險。如果你在應稅帳戶中實現資本損失，政府會設定損失扣抵一般所得的金額上限。但是，如果你從稅賦緩課帳戶中提領資金，整筆都會視為應稅所得，而所有損失都可以扣抵所得。因此，個人在稅賦緩課帳戶中的存款所承擔之稅後風險就相對降低。

考慮完所有因素之後，對多數投資人來說，把股票放在應稅帳戶會比較好，但交易熱絡者除外。如果你持有時間長，股票帳戶出現損失的機率就很低，因此，稅賦緩課帳戶具備的損失分攤特性就沒那麼重要了。建議投資人把無須支付稅法所定義股利的股票，例如不動產投資信託 (REITs) 以及其他收益信託放在稅賦緩課帳戶裡，以在目前的稅制下避稅。然而，有些趨避風險的投資人考量股票短期波動性高，不願意用個人帳戶持有股票，他們發現，透過退休帳戶持有股票簡單多了，既能長期規劃，也更能容忍短期損失。

結論

若想要從金融資產中賺得最高報酬，賦稅規劃極為重要。由於股利和資本利得適用更優惠的稅率，而且很可能得以延後支付資本利得稅，比起固定收益資產，股票在稅賦上占有相對優勢。近年來這些優勢更為明顯，主要是因為資本利得和股利稅率不斷調降、通膨維持低檔，而且企業買回庫藏股以提高資本利得。這些有利的發展，使得股票的稅後報酬率較五十年前提高了 2%。對長線投資人來說，股票本來就優於債券，而稅賦的益處更凸顯了股票的優勢。

附錄：美國稅制沿革

當美國憲法第 16 條修正案通過後，美國聯邦政府乃根據〈1913 年稅收法〉(Revenue Act of 1913) 首次徵收所得稅。在 1921 年之前，資本利得並沒有任何稅賦上的優惠。第一次世界大戰期間稅率快速調高，投資人不願意實現資本利得，並紛紛向參議院抱怨出售資產後要負擔的稅金太過沉重。參議院被說動了，認為這種「凍結投資組合」的情形有礙資本配置的效率，因此在 1922 年訂出資本利得收入適用的最高稅率為 12.5%。當應稅收入達到 30,000 美元時，就適用這個稅率；以今日的幣值來說，門檻約為 240,000 美元。

1934 年實施新的稅法，美國有史以來第一次將部分的資本利得排除在應稅所得之外。這不僅嘉惠富人，也讓中等收入的投資人享有資本利得收入的稅賦利益。無須計入所得的利得，取決於資產持有的時間；如果持有期為 1 年或以下，將全數納入應稅所得；若持有期超過 10 年以上，就有 70% 的資本利得無須納入應稅所得。1936 年時最高的邊際稅率高達 79%，極長期持有的資本利得之最高有效稅率則下降至 24% 左右。

1938 年，稅法再度修正，如果投資人持有資產超過 18 個月，就有 50% 的資本利得無須納入應稅所得，惟在任何情況下，資本利得適用的稅率都不會超過 15%。資本利得的最高稅率在 1942 年調高到 25%，但持有達 6 個月即符合排除條件。韓戰期間曾經課徵 1% 的附加稅，使最高稅率升至 26%，除此之外這 25% 的稅率一直適用到 1969 年為止。

1969 年，資本利得超過 50,000 美元要徵收最高稅率的規定逐年取消，到最後，不管投資人適用哪一級的稅率，都適用 50% 資本利得可排除在外的規定。由於一般所得稅的最高稅率為 70%，這表示，資本利得的最高稅率在 1973 年已然增為 35%。1978 年，可排除的比例調高為 60%，代表資本利得的最高有效稅率降低為 28%。1982 年，一般所得稅的最高稅率調降為 50%，代表資本利得的最高有效稅率亦調降為 20%。

　　1986 年，美國大刀闊斧改革稅制、調降稅率，並簡化賦稅架構，最後消除了資本利得與一般收入的區別。到了 1988 年，資本利得與一般所得適用的最高稅率完全相同，均為 33%。自 1922 年以來，這是資本利得收入首次沒了優惠。1990 年，一般所得與資本利得的最高稅率雙雙調降為 28%。1991 年，一般所得與資本利得之間出現了些許差別：一般所得的最高稅率調升為 31%，資本利得適用的最高稅率仍為 28%。1993 年，總統柯林頓 (Bill Clinton) 再度加稅，將一般所得適用的最高稅率拉高為 39.6%，資本利得稅則不變。1997 年，參議院把持有 18 個月以上之資產適用的資本利得最高稅率調降到 20%，隔年使其適用於持有超過 12 個月以上的資本利得。自 2001 年起，持有至少 5 年以上的資產，投資人便可享受新的最高資本稅率 18%。

　　2003 年，布希總統簽署法案，把資本利得與合格股利收入適用的最高稅率調降為 15%。所謂合格的股利收入，必須來自納稅企業，而不是來自「經手」組織如不動產投資信託或投資公司。2013 年，收入超過 450,000 美元的已婚夫婦，資本利得適用的最高稅率調高為 20%；同時，收入超過 250,000 美元的已婚夫婦，投資所得中第一次被要求繳納 3.8% 的聯邦醫療保險附加稅。至於合格股利收入的稅率就等同新的資本利得稅率。

第 10 章

股東價值的來源
盈餘和股利

就提供投資人財富來說，股利的重要性乃不證自明。股利不僅比通膨、成長與
估值水準的變化還重要，也將它們相加之後的重要性比了下去。

——羅伯特・阿諾特 (Robert Arnott)

那時是美東時間剛過下午4點，美國主要的股票交易所剛剛收盤。某一家重要財經新聞網的主播興奮地大喊：「英特爾剛剛發布了盈餘數字！他們『超越市場預期』兩成以上，該公司的股價在盤後交易已經漲了2美元。」

盈餘帶動股價，華爾街莫不翹首盼望各家公司發布盈餘。但究竟我們應如何計算盈餘？企業又如何將盈餘轉換成股東的價值？本章正是要討論這些問題。

折現現金流

資產價值的基本來源，是持有該資產所可以獲得的預期現金流。就股票來說，這些現金流是因為公司有盈餘或出售資產，之後再分配給股東的股利或現金。股價也取決於未來的現金流用何種利率折現。未來的現金流要折現（*discount*），是因為未來收到的現金，其價值不如當下收到的現金。投資人把未來現金流折現的理由是：1. 無風險利率（*risk-free rate*）的存在，係指其他的安全資產創造之收益率，如政府公債或 AAA 級證券，使投資人能夠在投資一塊錢後，於未來獲得大於一塊錢的報酬；2. 通膨，會使得未來收到之現金的購買力下降，以及 3. 和預期現金流大小有關的風險，會致使投資人要求風險性資產（如股票）的溢價報酬能高於安全證券。綜合這三個因素（無風險利率、通膨溢價以及股票風險溢價），決定了股票的折現率。此折現率也稱之為**必要權益報酬**（*required return on equity*）或**權益成本**（*cost of equity*）。

股東價值的來源

盈餘是股東現金流的來源。盈餘（也稱之為利潤或淨收入），是公司營收和生產成本之間的差額。生產成本包括所有人力和物料成本、債務利息成本、稅賦以及折舊金額。

公司有幾個方法可以把盈餘轉換成股東的現金流。第一種方法、也是從過去以來最重要的方法，就是支付現金股利。

未以股利形式發放的盈餘,稱為保留盈餘 (retained earning)。保留盈餘可以提高未來的現金流,藉此創造價值,其方式有:

- 清償負債;這麼做可降低利息費用
- 投資證券與其他資產,包括收購其他公司
- 投資資本支出專案,以提高公司未來的利潤
- 買回自家公司股票〔稱之為買回庫藏股 (buyback)〕

若一家公司清償了債務,降低利息費用,就可以提高利潤,有更多錢可用來支付股利。如果一家公司購買資產,這些資產可創造收入,未來同樣可用來支付股利。保留盈餘可以用來擴大一家公司的資本,以期在未來創造更高的營收及/或降低成本,從而提高股東未來的現金流。最後,如果一家公司買回自家股份,流通在外股數因而減少,每股盈餘順勢提高,每股股利也跟著水漲船高。

關於最後一項價值來源(買回庫藏股),還須要做點說明。顯然,把股份賣回給公司的股東可以拿回現金。不過,由於公司盈餘所要分配的股數變少了,持股者未來會拿到更高的每股盈餘與每股股利。要注意的是,在買回庫藏股的時候,因為是用一項資產交換另一項,因此股價並不會變動。但長期而言,買回庫藏股會帶動每股盈餘成長的幅度,拉高股價,創造出資本利得,足以取代股東原本握住股票不賣時可以收取的股利。

股利和盈餘成長的歷史數據

圖 10-1 畫出美國 1871 年到 2012 年標準普爾 500 指數的實質公告每股盈餘與實質股利,以及透過國民所得與產出帳 (NIPA) 取得的整體企業實質利潤(1929 年才開始統計國民所得與產出帳的數據)。表 10-1 亦摘要列出相關數據。在這整段期間內,股利到目前為止都是最重要的股東報酬來源。從 1871 年起,股票的實質報酬平均為 6.48%,其中平均的股利殖利率為 4.40%,實質資本利得為 1.99%。資本利得幾乎全來自於每股盈餘的成長,過去 140 年來,每股盈餘

圖 10-1　標準普爾 500 指數的實質公告每股盈餘、實質每股股利以及國民所得與產出帳的企業利潤，從 1871 年到 2012 年

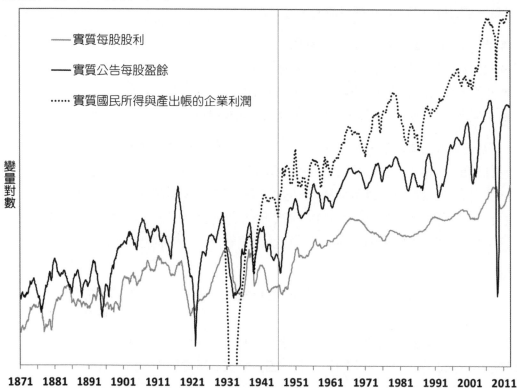

的平均年成長率為 1.77%。

　　表 10-1 也顯示自二次大戰以來，股利和盈餘的組成出現重大變化。每股盈餘成長率提高，但股利發放率 (dividend payout ratio) 與股利殖利率都下跌。在二次大戰之前，企業把三分之二的盈餘拿出來發放股利。由於保留盈餘金額過低，不足以提供擴張的資金，企業發行更多股份以取得必要資本，因此拉低了每股盈餘的成長。然而，戰後企業減少發放股利並創造出足夠的盈餘，因此不再像從前那麼須要以發行新股來提供成長所需資金。這也是戰後企業每股盈餘大幅成長的理由。

表 10-1　各段歷史期間的股利、盈餘與股利發放數據

摘要	公告每股盈餘成長率	股利成長率	股利殖利率	資本利得	股票報酬率	股利發放率	國民所得與產出帳中的企業利潤
1871-2012	1.77%	1.35%	4.40%	1.99%	6.48%	61.3%	
1871-1945	0.69%	0.77%	5.26%	1.03%	6.61%	71.8%	
1946-2012	2.97%	1.99%	3.43%	3.07%	6.35%	49.6%	4.08%
1929-2012	1.85%	1.20%	3.85%	2.09%	5.69%	55.6%	3.22%

就像之前提過的，1929 年以降，我們才能從國民所得與產出帳中得到企業利潤的相關資訊。企業利潤成長的速度快過每股盈餘，這是因為就長期來說，企業仍會增加發行股數以支應資本擴張。

企業為何自二次大戰之後拉低股利發放率，背後有幾個理由。戰後股利適用的稅率大幅提高，就算該稅率等於資本利得稅率，股利仍不具優勢。這是因為資本利得稅是一種遞延稅項，但股利稅則否。其次，由於選擇權的價值僅以股價為基礎，員工如果以選擇權當成薪資配套的一部分，則可配合公司管理階層達成減少發放股利的政策，而且低股利政策也有助於拉抬股價。這些變化都拉低了股利在股東總報酬中的占比。

戈登股利成長股票估值模型

為說明股利政策如何衝擊股價，我們要利用羅傑・戈登 (Roger Gordon) 在 1926 年時發展出來的戈登股利成長模型 (*Gordon dividend growth model*)。因為股價是未來所有股利的折現值，若假設未來的每股股利以固定的速度 g 成長，那麼，每股股價 P 就等於所有未來股利的折現值，可以寫成以下的公式：

$$P = d / (1 + r) + d(1 + g) / (1 + r)^2 + d(1 + g)^2 / (1 + r)^3 + \cdots$$

或者

$$P = d / (r - g)$$

其中 d 代表每股股利，g 代表未來每股股利的成長速度，而 r 則代表必要權益報酬；r 是無風險利率、預期通貨膨脹率以及股票風險溢價的加總。

在戈登模型公式裡，股價是每股股利與每股股利成長率的函數，顯然股利政策在決定股價時至為重要。但只要某個特殊條件成立（即公司利用保留盈餘賺取的報酬等於其必要權益報酬），那麼未來的股利政策就不會影響股價或公司的市值。其理由是，今天不分配的股利會變成保留盈餘，在未來創造出更高的股利。我們也可以看到在這種條件下，股利的折現值不會改變，不管何時支付都一樣。

當然，管理階層可以影響支付股利的時間點。股利發放率是指股利和盈餘之比，這個比率越低，代表近期發放的股利越少。但是，少發股利會使保留盈餘提高，讓未來的股利增加，最後總股利會超越沒有降低股利發放率時的水準。假設這家公司靠著保留盈餘賺得的報酬，等於靠著股本賺得的報酬，那麼，不管股利發放率是多少，這些股利流量的現值都是一樣的。

應用戈登股利成長模型，也可以證明上述的等值。假設折現率 r 為 10%，股利沒有成長 ($g = 0$)，股利 d 則是每股 10 元，公司會把所有盈餘轉成股利分配出去。在此情況下，股價將會等於 100 元。現在，假設公司把股利發放率從 100% 降為 90%，使得每股股利 (d) 降為 9 元，保留盈餘則增為 1 元。

如果公司靠著保留盈餘賺了 10%，那麼，明年的每股盈餘就是 10.10 元，至於股利，以 90% 的股利發放率來算，就是 9.09 元。如果這家公司維持這個發放率，那每股股利成長率就是 1%。這樣一來，$g = 0.01$ 且 $d = 9$，戈登的成長模型得出的每股股價也是 10 元，跟之前一樣。只要 r 一直是 10%，每股股價就會每年增加 1%，和每股盈餘以及每股股利的成長率相同，股東的總報酬仍會維持在 10%：9% 是股利殖利率，1% 則是股票增值。公司可以從零到 100% 選擇任何數值訂為股利發放率，以決定股利報酬與資本利得報酬的比例組合，而股東報酬都會一直維持在 10%。

如果公司用保留盈餘買回庫藏股，也會出現相同的結果。在以上的案例中，盈餘中有 1 元沒有拿出來發放股利，可以用來每年買回 1% 的股份。股數

減少 1%，代表每股股利（以及每股盈餘）每年都會提高 1%。

表 10-1 中顯示的長期數據，證實了上述的理論。在二次大戰前，平均的股利發放率為 71.8%，自此之後，慢慢跌落到 49.6%。這使得股利殖利率從 5.26% 降到 3.43%，幾乎少了 2%。但資本利得也增加約 2%，因此大戰前後的總報酬大致相等。股利殖利率低，使得每股盈餘的成長加速，從 0.69% 增至 2.8%。

應注意的是，雖說股利發放率調降會使未來每股股利的成長率提高，但調降後股利成長率會有一段期間低於調降前的水準。表 10-1 中的歷史資料也確實指出這一點，每股股利成長率落後於每股盈餘成長或是股價增值的速度。然而，這套理論指出，如果股利發放率沒有續降，未來幾年股利成長率將會快速提升。

折現股利而非盈餘

盈餘決定了一家企業能發多少股利，不過股價永遠都等於所有未來股利，而非未來盈餘的折現值。賺進來但沒有發給投資人的盈餘，只有在當作股利或其他現金補償支付出去時，對股價來說才有價值。以未來盈餘的折現值來評估股票價值，乃是大錯特錯，也大幅高估了一家公司的價值。

約翰・威廉斯 (John Burr Williams) 是上一個世紀初最偉大的投資分析師，也是經典著作《投資價值理論》(*Theory of Investment Value*) 的作者，他在 1938 年時鏗鏘有力地主張：

> 多數人會馬上反對前述的股票評價公式，認為應該要用未來盈餘，而非未來股利的現值來看。但是，根據批評者的隱含假設來看，不管是盈餘或股利，不是都應該得出同樣的答案嗎？如果盈餘沒有當成股利支付出去，全部都成功地透過複利再投資來為股東創造利潤，如批評者所暗示的，那麼這些盈餘應該會在日後創造出利潤；如果辦不到，那這些盈餘就是被白白浪費掉了。盈餘僅是達成目的之手段，不應該把手段誤當成目的。

🌐 盈餘概念

顯然，除非企業能獲利，否持無法持續支付股利。因此很重要的是，在發展盈餘概念時，一定要盡可能讓投資人得以從中衡量公司創造出多少持久性的現金，可於未來持續支付股利。

盈餘，就像我們之前提過的，也稱為*淨收益*或利潤，是營收和成本之間的差額。惟計算盈餘不僅是「現金流入減現金流出」而已，因為很多成本項與營收項會跨越好幾年，比方說資本支出、折舊和未來才要交付成果的契約。此外，有些費用和營收是一次性或「非經常性」的項目，例如資本損益或重大重整；就評估一家公司重要的持續獲利能力（或者說是盈餘的持續性）而言，這類因素不具重大意義。

📉 盈餘提報方式

公司在提報盈餘時，基本上有兩種方法。美國財務會計標準委員會 (Financial Accounting Standard Board, FASB) 規定要提報的盈餘是*淨收益*或是*公告盈餘*；該組織成立於 1973 年，目的為訂立會計準則。這些標準稱為*一般公認會計原則 (generally accepted accounting principles, GAPP)*，用來計算年報上會出現以及要提交給政府機構備查的盈餘。

另一種盈餘概念通常比較寬鬆，稱於*營運盈餘*，往往排除了一次性的事件，如重整費用（和公司結束工廠或出售部門有關的費用）、投資損益、存貨減記、和購併及分割有關的成本，以及「商譽」的攤銷或損失等等。但美國財務會計標準委員會並未定義何謂*營運盈餘*，這使企業有空間去詮釋哪些項目要排除、哪些不排除。很多時候，會有某家公司在營運盈餘中納入特定類型的費用，而另一家公司卻予以排除的情況。

計算營運盈餘時可依據兩種原則性的版本。標準普爾的計算方式是非常嚴格的版本，其和一般公認會計原則公告盈餘的差異，在於前者排除資產損失（其中包括減記存貨）以及和這些損失有關的資遣費。然而，當企業提報盈

餘時,他們通常會排除更多項目,例如訴訟成本、和市場利率變動或報酬假設變動有關的退休金成本、股票選擇權費用等等。我們應該把企業提報的盈餘稱為企業營運盈餘 (*firm operating earning*),但也有人用非一般公認會計盈餘 (*non-GAPP earning*)、擬制性盈餘 (*pro forma earning*) 和繼續營運盈餘 (*earning from continuing operation*) 等說法。

表 10-2 摘要說明非金融業計算盈餘時要納入與排除的項目。以金融業而言,在計算標準普爾營運每股盈餘、企業自行提報每股盈餘以及一般公認會計原則每股盈餘時,基本上表中所有項目都要納入。圖 10-2 畫出標準普爾 500 成分公司從 1967 年到目前的一般公認會計原則每股盈餘、標準普爾營運每股盈餘以及企業營運每股盈餘。

從 1988 年以後,這三種盈餘都可以找到數據,標準普爾營運每股盈餘平均比(根據一般公認會計原則的)公告每股盈餘高 16.5%,而企業自行提報的營運每股盈餘平均比標準普爾的營運每股盈餘高 3.2%。在衰退期間,尤其是 2007年到 2009 年的大衰退,用各種不同盈餘概念算出的數值差異更是大幅擴大。在2008 年,企業營運每股盈餘為 50.84 美元,標準普爾提報的每股盈餘為 39.61美元,一般公認會計原則的公告每股盈餘則跌至 12.54 美元。

一般的假設是「公告盈餘」會比營運盈餘更能代表企業的真實盈餘,但這

表 10-2　以一般公認會計原則、標準普爾營運與非一般公認會計原則計算每股盈餘時排除與納入項目

	一般公認會計原則 每股盈餘	標準普爾營運 每股盈餘	非一般公認會計原則 每股盈餘
資產損失 (其中包括減記存貨)	納入	排除	排除
資遣成本	納入	排除 *	排除
關廠變現成本	納入	納入	排除
訴訟	納入	納入	排除
退休金公平價值費用	納入	納入	排除
股票選擇權費用	納入	納入	通常納入 *

* 當涉及資產損失時排除

圖 10-2　三種不同的每股盈餘指標：一般公認會計原則、標準普爾營運與企業營運，1975 年到 2012 年

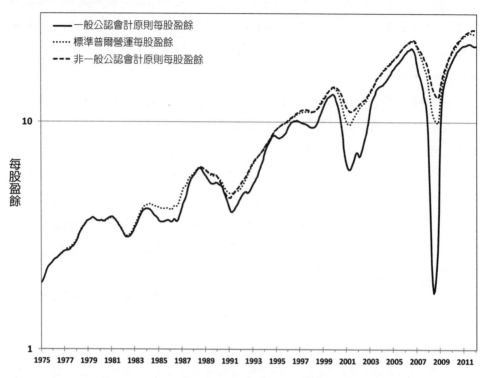

不必然為真。事實上，隨著美國財務會計標準委員會準則日趨保守，特別是和資產價值減記規定相關的部分，導致公告盈餘出現嚴重低估的誤差。在美國財務會計標準委員會報表 (Statement of Financial Account Standard, SFAS) 規則中，於 2001 年發布的第 142 條與第 144 條規定納入之減記項目，要求任何和財產、廠房、設備以及其他無形資產（例如用高於帳面價值之價格收購股票而取得的商譽）有關的價值減記，都要以市值計算；而早在 1993 年頒布的第 115 條規定，亦要求金融機構持有用來交易或「可供出售」的證券，必須要以公平市價計算。這些新標準要求企業不管有沒有真的出售資產，都要「減記」資產價值。在經濟走下坡時，市價會大幅下跌，相關規定在此時影響尤大。另一方面，就算企業之前的減值條件已經不存在了，也不可以把實質固定資產的價值加回去，除非出售資產並記為「資本利得」收益項。

有一個讓人倍感驚訝的盈餘扭曲範例，那就是時代華納 (Time Warner) 在 2000 年 1 月網路榮景的高峰期，以 2,140 億美元買下美國線上 (America Online, AOL)。當時美國線上是標準普爾 500 指數的成分股，當這家公司被同是成分股的時代華納以遠高於帳面之價值收購時，其股東獲得了大筆的資本利得。但是，這項資本利得從未列入標準普爾的盈餘資料內。2002 年，在網路泡沫破滅之後，時代華納被迫減記對美國線上的 990 億美元投資，是當時美國企業史上最慘重的損失。在科技泡沫前與後，美國線上與時代華納加起來的總利潤和市值並無實質差異。不過，美國線上股份的資本利得並未納入盈餘，所以當美國線上的市價崩落時，標準普爾 500 指數的總和盈餘也跟著大幅下跌。當時許多其他企業也大量減記收購資產的價值，而被收購企業在收購時實現的利潤卻不能認列。

⚊ 營運盈餘和國民所得與生產帳上的利潤

回頭檢視圖 10-1，我們可以看到在最近兩次衰退期間，標準普爾公告每股盈餘不僅和之前衰退期間的趨勢大不相同，也和美國經濟分析局 (Bureau of Economic Analysis, BEA) 提報的企業稅後利潤趨勢大相逕庭（美國經濟分析局是計算國民所得與產出帳的機構）。除了 1937 年到 1938 年以外，在 1990 年之前的每一次衰退，標準普爾公告每股盈餘的跌幅，都小於國民所得與產出帳中的企業利潤跌幅。事實上，以 1990 年之前各衰退期來說，標準普爾公告每股盈餘的平均下滑幅度，只有國民所得與產出帳提報之企業利潤下滑幅度的一半多一點而已。但在最近三次衰退，標準普爾公告每股盈餘的跌幅，變成國民所得與產出帳企業利潤跌幅的 2 倍。在 1990 年的衰退中，標準普爾公告每股利潤衰退 43%，而國民所得與產出帳的企業利潤僅衰退 4%；而在 2001 年的衰退時，標準普爾公告每股盈餘衰退 55%，國民所得與產出帳企業利潤衰退 24%；在大衰退期間，國民所得與產出帳企業利潤衰退 53%，標準普爾的公告每股盈餘則衰退 92%。特別讓人驚訝的是，在 2008 年到 2009 年的衰退期間，國民生產毛額僅衰退約 5%，但標準普爾公告每股盈餘衰退幅度卻比大蕭條時期（衰退 63%）還大，跌幅深達 5 倍。事實上，國民所得與產出帳中的企業獲利在 1931

年與 1932 年皆為負值，由於當時經濟嚴重衰退，這並不足為奇。這些差異暗示著近期美國財務會計標準委員會的規範導致盈餘偏低許多，在經濟走下坡時尤其如此。

一般公認會計原則常常低估企業真實的獲利能力，美國財務會計標準委員會近期的規範並非唯一理由。將研發成本的費用資本化、然後長期折舊，是一個很合理的想法，不過這些成本通常被當成費用。這意味著研發費用水準較高的企業，比方說製藥業，其財務盈餘很可能低估經濟盈餘。

舉例來說，全球數一數二的大型製藥廠輝瑞 (Pfizer)，2012 年的研發費用為 80 億美元，廠房與設備支出則為 15 億美元。根據目前的會計法則，輝瑞在計算當年盈餘時僅須扣除 5% 的廠房與設備支出費用（這是折舊），而其他部分可以在這些「實質資產」的使用年限中慢慢折舊。

但是輝瑞的 80 億美元研發費用，在當年都要變成盈餘的減項。這是因為一般公認會計原則並未將輝瑞的研發視為資產，這項花費必須當成費用。這樣的處理方式也適用於科技業。Google 和 Facebook 的實質、可折舊資產僅占其市值的一小部分。對於很多產品出自於研發與創新專利的企業來說，所有標準盈餘衡量法將會低估這些企業真實的盈餘潛力。

通膨也會扭曲根據一般公認會計原則計算的盈餘。當通膨上漲時，利率也隨之上揚。而企業計算盈餘時須扣除所有名目利息費用，雖然通膨常使企業負債的實質價值相對地（或進一步地）減少。在通膨時期，企業固定負債的價格因利率而上漲，其影響性是存在的，將導致企業的會計盈餘遠低於真實盈餘。

通膨也會使我們誤判企業的獲利能力。折舊是以歷史價格為根據，因此，在通膨時期，折舊費用偏低，可能不足以用來支付替換費用與升級資本。企業在通膨期間利用存貨賺得的資本利得，也不代表公司提升了獲利能力。正因如此，國民所得與產出帳在計算企業賺得的利潤時，並不會根據企業負債實質價值的變動進行調整，而是調整折舊與存貨利潤。如果將以上所有因素都納入考量，則可知通膨期間企業的公告利潤很可能低估了企業的真實獲利。

～ 獲利季報

　　一家公司提報之營運盈餘和交易員預期盈餘之間的差異，是「財報季」牽動股價的因素；財報季主要是指每一季底過後的三個星期內。當我們聽到某某公司「出乎市場預期」時，必定代表其提報的盈餘高於市場針對該公司所提出的營運盈餘共識預估值。

　　但是公開的市場共識預估值，並不一定計入在發表估計值當時對該股價的期望。因為密切監督各家公司的分析師與交易員提出的估計值，會不同於市場共識值，他們的估計值通常被稱為低語預估值 (*whisper estimate*)，而且不會廣為流傳。然而這類估計值乃是將真正的期望計入股價當中。常見的情況是，低語預估值高於市場上流傳的共識預估值，科技股尤其明顯；此類股票常以超乎市場預期的表現，進一步推升股價。

　　低語預估值高於共識預估值的理由之一，是企業發送給分析師的業績指引 (*earnings guidance*) 通常比較悲觀，目的使日後華爾街能對企業的成長「大感驚喜」，並且可以在季報中自誇「超越共識預估值」。除此之外，還有其他理由能解釋過去十年來近 65% 的季度盈餘報告都超乎市場的共識預估值嗎？此外，很多公司的每股盈餘都剛剛好高於市場預期 1 美分，高於任何人利用統計方法計算出來的誤差值。

　　季報中的盈餘固然重要，但並非交易員唯一據以為行動的數字。營收通常被認為是企業前景的第二重要指標，有些交易員甚至認為營收比盈餘更重要。用營收數字加上盈餘，就可以計算出銷售獲利率，這是另一個重要數據。

　　惟盈餘與營收來自不同區塊。盈餘通常以*每股盈餘*提報，營收則否。就算企業達不到營收預估值，無法達成預期利潤率，但每股盈餘卻仍可能讓市場驚豔，因為企業能在前一季買回庫藏股，藉此降低流通在外股數。就算整體營收停滯不前，每股盈餘仍可望持續成長。

　　最後，企業針對下一季或明年提供的業績指引，會影響到投資人。放在過去預估值底下、用來解釋誤差的前瞻性指引 (forward guidance) 說明，確實會對

股價造成負面影響。多年前，當出現意外的好消息或壞消息時，企業的管理階層通常都會放消息給分析師。不過，在 2000 年美國證管會採用嚴格的公平揭露法規之後，就不再允許這種選擇性揭露。季報的記者會乃是管理階層向股東發布各種重大訊息的最佳場合。

📑 結論

決定股票價值的基本因素，是投資人的未來預期現金流。這些現金流稱為股利，來自盈餘。如果企業利用保留盈餘賺取的報酬率等於用其他企業資本賺取的報酬率，那麼，一家公司的股利政策即便會影響未來每股盈餘及股利的成長率，卻不會影響目前的股價水準。

盈餘有很多不同的概念。分析師會計算和預估企業營運盈餘，這是季報中最重要的數據。這些營運盈餘幾乎總是高於公告盈餘或一般公認會計原則下的盈餘。在美國財務會計標準委員會的規範下，公告盈餘出現了低估的誤差；當經濟下滑、企業必須在營運報表中認列未實現資本損失時更是如此。這些盈餘數據對於股票市場的估值有何意義，是我們下一章要談的主題。

第 10 章　股東價值的來源 盈餘和股利

第 **11** 章

衡量股票市場價值的標準

縱使購買股票背後的動機來自投機性貪婪，人們仍會自然而然地用邏輯理性的
判斷，來掩飾這個醜陋的念頭。

——班哲明·葛拉罕 (Benjamin Graham) 與大衛·陶德 (David Dodd)，1940 年

凶兆再現

1958 年夏天，對於根據股市估值長線指標為投資憑據的投資人來說，發生了一件驚天動地的大事。美國長期公債的利率，有史以來首次拉高到絕對高於股票股利殖利率的水準。

《商業週刊》(*Businessweek*) 注意到這個情形，在 1958 年 8 月分刊出〈凶兆再現〉("An Evil Omen Returns") 一文，警告投資人當股票收益接近債券收益時，市場重挫將一觸即發。1929 年美國股市崩盤的前一年，股票的股利殖利率便落到等同債券殖利率的水準。1891 年與 1907 年的股災也演出同樣的戲碼，當時債券殖利率與股票的股利殖利率相差不到 1%。

如圖 11-1 所示，在 1958 年之前，股票每年的股利殖利率一向高於長期利率，投資人也認為理應如此。因為股票的風險高於債券，所以在市場上應該創造出更高的報酬。在前述的標準下，每當股價飆漲導致股利殖利率低於債券殖利率時，就該賣股了。

但是 1958 年的情況無法套用上述論點。在股利殖利率下滑至低於債券殖利率之後的十二個月，股票的報酬率超過 30%，而且股市持續走高，漲勢一直延續到 1960 年代初期。

現在大家已經明白，當時這項備受認同的估值指標之所以失靈，背後有很紮實的經濟理由。通膨上升，導致債券殖利率上漲，以彌補債權人因物價上漲而蒙受的損失，但投資人買到的股票，是對實質資產的所有權。早在 1958 年 9 月，《商業週刊》便注意到：「股票與債券收益之間的消長變化露出了警訊，但投資人仍相信通膨無可避免，股票是唯一的通膨避險工具。」

「殖利率大逆轉」也讓很多華爾街的業內人士困惑不已。身兼懷特威爾公司 (White, Weld & Co) 副總裁與《金融分析師期刊》(*Financial Analysts Journal*) 編輯的尼可拉斯・莫羅杜夫斯基 (Nicholas Molodovsky) 觀察到：

> 有些金融分析師將此（債券與股票殖利率的逆轉）稱為金融革命，提出了

圖 11-1　股利殖利率與債券名目殖利率，1870 年到 2012 年

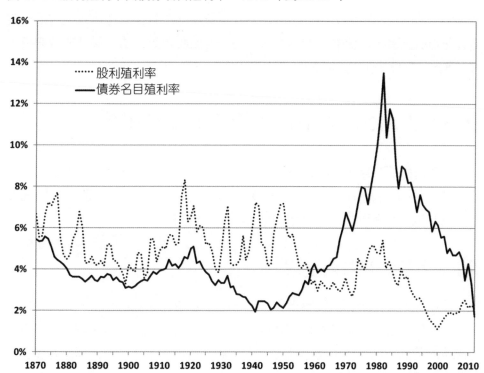

許多複雜的理由。反之，另一群人則完全不想解釋無可解釋的現象。他們
準備視其為金融市場裡的天意。

　　想像一下，假設有一位投資人一向奉行前述備受認可的兩種資產報酬率相
關性指標，因此在 1958 年 8 月完全出脫持股退出股市，把所有的資金投入債
市。而他更信誓旦旦表示，在股利殖利率再度超越債券殖利率的水準之前，絕
不碰股票。那麼這位投資人必須再等上五十年才能重返股市，因為直到 2009 年
的金融危機時，股票的股利殖利率才再度超越長期政府公債殖利率。不過，在
這半個世紀裡，股票的實質年平均報酬率超過 6%，遠遠勝過固定收益證券。

　　前例說明只有當基本的經濟與金融條件不變時，各種估值指標才有效。金

本位制轉換成通貨準備制導致二次大戰後長期出現通膨，永遠改變了投資人判斷股票與債券投資指標的準則。股票是實質資產的所有權，這些資產的價格會隨著通膨而上漲，但債券的價格則否。堅守老派股票評估法、墨守成規的投資人，就無法在歷史上最熱絡的多頭市場中插上一腳。

歷史上用來評估市場價值的衡量標準

很多指標都可以用來評估股價是被高估還是低估了。多數的指標是衡量流通在外股份的市值相對於經濟基本面的表現。例如企業盈餘、股利或帳面價值，或者某些經濟變數，比方說國內生產毛額或是利率。

本益比與盈餘收益率

最基本、根本的評估股票指標，是本益比 (price/earnings ratio, P/E ratio)。一檔股票的本益比，是其股價與盈餘之比；大盤的本益比，是整個市場各企業加總後的盈餘，除以市場總市值之比。本益比衡量的，是投資人願意花多少錢去買目前價值 1 元的盈餘。

圖 11-2 顯示美國股市自 1881 年到 2012 年 12 月的歷史本益比，其數值以前十二個月的標準普爾公告盈餘為基礎，以及另一個用來替代本益比的指標：以過去十年盈餘為基礎的景氣循環因素調節後本益比 (CAPE ratio)；本章稍後會討論這個指標。以過去十二個月盈餘為基礎的本益比有一個高點很突出，在 2009 年衰退期間達到 123.73。本益比如此高的原因並非股價太高，而是因為重大虧損都集中在少數幾家企業。2000 年也出現一個幅度較小的高點，同樣也是因為有少數幾家企業提報重大虧損。如果改用本益比的中位數而非算術平均數，就能降低這些極端高點的衝擊，成為更能描述股市歷史估值變動的良好指引。從 1881 年到 2012 年，以過去十二個月盈餘為基礎的本益比中位數為 14.50，以未來十二個月的盈餘為基礎的本益比中位數則是 15.09。

圖 11-2　1 年本益比與 10 年景氣循環因素調節後本益比，1881 年到 2012 年

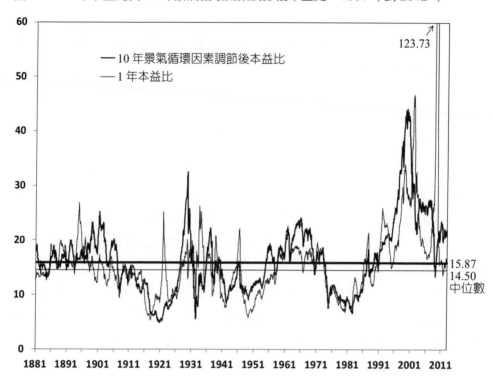

加總的偏誤

　　計算指數或投資組合本益比的傳統方法，是把指數中每一家公司的盈餘加總起來，並把總數除指數的總市值。通常這個數字能適切地描繪出估值。但是，當一家或多家企業提報嚴重損失時，用這種方式加總，便會扭曲指數的估值。

　　舉個簡單的範例，假設有 2 家公司，A 企業與 B 企業。A 企業是體質健全的公司，每年獲利達 100 億美元，平均本益比為 15 倍，因此其市值即為 1,500 億美元。假設 B 公司表現沒這麼出色，提報 90 億美元的損失，市值僅有 100 億美元。將近 94% 的 A 企業（權重為 1,500 億美元／ 1,600 億美元）以及 6% 的 B 企業，組成一個資本加權投資組合。如果利用傳統的方法計算這個投資組合

的本益比，可算出這兩家公司的總盈餘為 10 億美元，而兩家公司的總市值為 1,600 億美元。雖然投資組合中有 94% 都集中在一家本益比為 15 倍的公司上，但此方法算出的本益比竟高達 160 倍。我將這種指數本益比的扭曲稱之為*加總的偏誤 (aggregation bias)*。

加總損益後再除總市值之所以有誤，是因為一家公司的損失實際上無法抵銷另一家公司的獲利。股權持有者獨享擁有公司利潤的權利，不會被另一家公司的損失影響。

在 2001 年到 2002 年衰退期間以及近期的金融風暴中，加總的偏誤效果特別顯著。2001 年企業盈餘大幅滑落，是因為科技類股泡沫破裂，以及某些公司被迫大幅減計投資組合的價值，比方說時代華納。在 2009 年金融業出現高額損失，例如花旗 (Citi)、美國銀行 (Bank of America)，還有最嚴重的 AIG，它們承受的巨大損失，抵銷了標準普爾 500 指數中有獲利企業的多數盈餘。

沒有任何特效藥可修正加總的偏誤。方法之一，是以各家公司在指數中的市值作為權重，來加權其損益。在一般時期，當多數企業均能創造獲利、而其他企業的損失也相對少時，加總的偏誤很小。當少數公司出現巨大損失時，加總偏誤就變得很大。

盈餘收益率

另一個很重要的變數，是本益比的倒數，稱為*盈餘收益率 (earning yield)*。盈餘收益率和股利殖利率類似，衡量每 1 元股票市價賺得的盈餘。

美國市場的本益比中位數大約是 15 倍，這表示，盈餘收益率（為本益比倒數）為 1/15，或 6.67%，這個數值非常接近股票的長期實質報酬率。這並非巧合，乃是金融理論預測到的結果。債券的息票和本金在通膨期間不會改變，但股票不同，股票是對實質資產的主張權利，當一般物價水準升高時，實質資產的價值也會跟著高漲。因此，股票的盈餘收益率是實質的收益率，應相當於股東從持有股票期間獲得的平均實質報酬。

📉 景氣循環因素調節後本益比

1998 年，羅伯特・許勒 (Robert Shiller) 和約翰・坎貝爾 (John Campbell) 聯名發表〈估值率與長期股市展望〉("Valuation Ratios and Long-Run Stock Market Outlook") 一文。這篇論文沿襲兩人之前的股市可預測性研究，確立了長期股市報酬並非隨機漫步，反而可用一個名為景氣循環因素調節後本益比 (*cyclically adjusted price/earnings ratio, CAPE ratio*) 的指標來預測。計算景氣循環因素調節後本益比時，會考量更大範圍的股價指數，如標準普爾 500 指數，然後除以過去十年的平均總盈餘，所有的指標值都以實質數值來表示。這個比率的用意，在於拉平因為景氣循環而造成的暫時利潤波動。之後用景氣循環因素調節後本益比和未來十年的股票實質報酬率作迴歸分析，確立了這個比率是很重要的長期股票報酬率預測指標。圖 11-2 繪製了景氣循環因素調節後本益比的走勢，再加上 1 年期的本益比。由於景氣循環因素調節後本益比是以 10 年期平均盈餘為基礎，不會出現 1 年期本益比的極端點。

景氣循環因素調節後本益比有能力預測股票的實質報酬率，暗示了股票的長期報酬會「回歸均值」。當景氣循環因素調節後本益比高於其長期平均值時，模型預測之後會出現低於平均的股票實質報酬，當景氣循環因素調節後本益比低於均值時，則預測將出現高於均值的報酬。景氣循環因素調節後本益比的 10 年股票實質報酬預測值與實際值如圖 11-3 所示。

坎貝爾和許勒在 1996 年 12 月 3 日對聯邦準備理事會簡報初步的研究結果，並警告 1990 年代末期的股價已經大幅超越盈餘，景氣循環因素調節後本益比就此獲得關注。葛林斯班 (Alan Greenspan) 在一週後發表的「非理性繁榮」(irrational exuberance) 演說，據說有一部分就是根據他們的研究。在 2000 年利多牛市頂峰時，景氣循環因素調節後本益比來到有史以來的新高點 43，比歷史平均值高了 2 倍有餘，也正確預測出未來十年股票報酬表現不佳。

在 2013 年 1 月，景氣循環因素調節後本益比來到 20.68，比長期平均值高了 30%，並預測未來十年的股票實質年報酬率將為 4.16%，約比長期平均值低了 2.5%。雖然預測出來的股票報酬值仍大幅高於當時債券市場的報酬值，但景

圖 11-3 景氣循環因素調節後本益比的 10 年股票實質報酬率預估值與實際值，1881 年到 2012 年

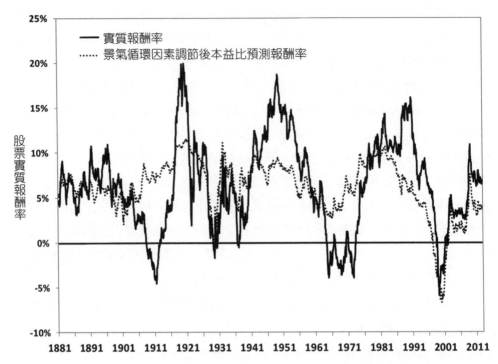

氣循環因素調節後本益比預測股市空頭就要來臨，引發許多股市預測專家的憂心。他們擔心 2012 年底的股市價值已經被高估，另一次空頭熊市就在不遠處。

　　然而進一步的分析認為，景氣循環因素調節後本益比主要以標準普爾 500 指數的公告盈餘為依據，本來就偏空。自 1991 年 1 月以來，景氣循環因素調節後本益比僅有 9 個月低於其長期平均值；但從 1981 年到 2012 年之間的 384 個月裡，有 380 個月的股市 10 年實質報酬率實際值都超過景氣循環因素調節後本益比的預估值。

　　景氣循環因素調節後本益比模型沒來由的空頭傾向，可以歸因於幾個來源：其中關係最大者，是標準普爾提報之指數盈餘水準已被扭曲。正如上一章

曾討論的,新式財務會計標準委員會規範會壓縮標準普爾的公告盈餘,此幅度在經濟衰退期間尤大。此外,當一些公司提報巨額損失時,加總的偏誤會導致以標準普爾方法算出來的市場估值不具代表性。2009 年,標準普爾公告盈餘大規模衰退,會使之後的景氣循環因素調節後本益比持續偏高,要等到 2019 年以後計算 10 年平均不再使用 2009 年的數據時,影響才會消失。

若以標準普爾的營運盈餘或國民所得與產出帳的調整後企業實質利潤,替代標準普爾公告盈餘,結果將大不相同。圖 11-4 顯示利用標準普爾公告盈餘、營運盈餘與國民所得與產出帳企業利潤計算出來的景氣循環因素調節後本益比的差異。利用這些指標,可以消除或大幅降低近年來股市被高估的情形。

圖 11-4　利用公告盈餘、營運盈餘和國民所得與產出帳企業利潤計算出來的景氣循環因素調節後本益比,從 1987 年到 2012 年

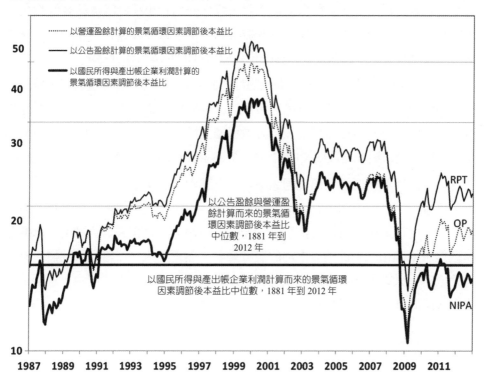

⌇ 聯準會模型、盈餘收益率與債券殖利率

1997 年初，聯準會三位研究人員發表〈盈餘預估與股票報酬的可預測性：來自標準普爾的證據〉("Earnings Forecasts and the Predictibility of Stock Returns: Evidences From Trading S&P") 一文，呼應聯準會主席葛林斯班的憂慮：股市飆漲將衝擊美國企業。該論文記錄了股票盈餘收益率與 30 年期美國公債利率之間驚人的相關性。

葛林斯班認同論文的結論，並建議聯準會每當看到盈餘收益率低於債券殖利率時，便將股市視為「價格過高」，當出現相反情形時，便認定股市「價格過低」。本項研究顯示，1987 年 8 月美國股市被嚴重高估，1987 年 10 月便出現股災；而 1980 年代初期股市被嚴重低估，之後便展開了大多頭行情。

聯準會模型背後的基本概念，類似本章一開始討論的，比較股利殖利率與債券殖利率。但是，聯準會模型也承認企業僅撥出一小部分的盈餘發放股利，因此捨股利殖利率不用，改以盈餘收益率為指標。當債券殖利率高於盈餘收益率時，股價會下跌，因為投資人會把投資組合裡的股票換成債券。

惟此模型的缺點，和本章一開始討論的股利殖利率 vs. 債券殖利率比較法一樣。公債有政府保證長期支付固定金額，但要承擔通膨風險。反之，股票是實質資產，價格會隨著通膨攀高，但必須承擔盈餘不確定的風險。聯準會的模型有效，理由是市場在這段期間內對這兩種風險的評價幾乎相等。

但是當通膨極低甚至出現通縮威脅，上述兩種風險就不一樣了。在此環境下，債券（尤其是美國政府公債）表現將十分出色，但通縮將會打擊企業的定價能力，對企業獲利來說相當不利。通膨在 1970 年代才成為一大威脅，聯準會模型無法準確預測出此期間之前的股票報酬。而近年來，伴隨金融危機而來的通縮成為一大隱憂，聯準會的模型預測能力也不高。基於上述理由，近期確實少有人聞問聯準會的模型。

📈 企業獲利與國內生產毛額

　　股市估值的另一項指標,是所有企業總獲利和國內生產毛額之比。此一比值近年有走高偏離常態的趨勢,讓某些股市分析師心生警惕。他們很擔心企業獲利占比之後會不會又滑落到長期平均值以下,屆時獲利以及股價也將隨之受創。

　　不過,若進一步檢視數據,就知道無須擔心。圖 11-5 顯示自 1929 年以來美國企業稅後獲利在國內生產毛額的占比,以及稅後的企業獲利加自營收入 (proprietors' income) 的占比。自營收入指的是非公司之營利組織的獲利,包括合夥事業與獨資企業。

圖 11-5　企業獲利與自營收入在國內生產毛額的占比,1929 年到 2012 年

從圖中可以看出，雖然企業獲利在國內生產毛額的占比極高，但企業獲利加上自營收入的占比僅有 24.3%，比歷史長期平均值高不到 4%。在這段期間裡，許多券商、投資銀行與其他企業紛紛成為公開上市企業，盈餘從原本的自營收入轉而歸類為企業獲利。這會使企業獲利的占比提高，但所有資本的總獲利占比（指包括公司或非公司）卻未大幅改變。

另一個導致美國企業獲利占比提高的因素，是有越來越多的盈餘比重來自於海外。2011 年，在標準普爾 500 成分股中，有超過 46% 的營收來自海外。隨著美國經濟在全球中的相對規模不斷縮小，美國跨國企業之獲利在國內生產毛額中的相對比例也因此提高。美國企業在國內生產毛額中的占比越來越高並不足以成為警訊，這是另外一個理由。

帳面價值、市場價值與陶賓的 Q 理論

一家企業的帳面價值 (book value)，通常被當成估值的指標。帳面價值，即企業資產減去企業負債後的淨值，以歷史成本計算。把總和式的帳面價值當成一家企業整體價值的指標，乃有其侷限，因為帳面價值是以歷史價格計算，忽略了價格不斷變化對資產或負債價值的衝擊。如果一家企業過去用 100 萬元買下一片土地，現在增值到 1,000 萬，檢視帳面價值數據時，將不會看到這一點。長期下來，把資產的歷史價值當成目前市價的指標，會越來越不可靠。

為了校正這些誤差，前耶魯大學教授、同時也是諾貝爾經濟學獎得主的詹姆士‧陶賓 (James Tobin) 便針對通膨調整帳面價值，並計算出美國企業資產負債表上的資產與負債「重置成本」(replacement cost)。他認為，一家企業的「均衡」或「正確」市價，應該等於其資產減去負債後、並針對通膨進行調整的淨值。如果一家企業加總後的市值超過資本成本，就代表這家企業有能力獲利，可以創造更多資本，賣股籌資進而創造利潤。如果市值低於重置成本，那麼該企業或許應解散、出售資本，或者停止投資、減少生產。

陶賓將市值對重置成本的比值稱為 Q 值，他指出，如果股市定價合理，這個比值應為 1。2000 年，兩位英國作家安德魯‧史密瑟斯 (Andrew Smithers) 與

史蒂芬 · 萊特 (Stephen Wright) 出版《評估華爾街》(*Valuing Wall Street*) 一書，堅持陶賓的 Q 值是最好的評價指標。根據這個標準，英美以及許多歐洲股市都被高估了，監看本益比者所做的預測也認同前述結論。

而 Q 理論也引來諸多批評。資本設備及架構缺乏良好的次級市場，因此，要撇開股市價值來評估企業資本存量價值，目前並無任何務實上可行的方法。2013 年 7 月，美國修正其國民所得帳，在投資類別中加入研發以及其他知識性投資（例如娛樂、文學與藝術創意）。這樣的轉變使得資本存量增加了 2 兆美元，也明顯強化了 Q 理論的適用性。不管如何，帳面價值是過去建設的結果，市值則來自潛在的獲利，放眼於未來。比起企業購買資產時的歷史成本，潛在獲利是更精準的股票估值基礎。

📈 獲利率

另一個在近年引發疑慮的比率，是獲利率 (profit margin)，這是企業獲利對營收之比。圖 11-6 畫出標準普爾 500 企業自 1967 年以來的獲利率。從圖中可以看出，近期獲利率已經上漲至四十五年以來的最高水準。許多人宣稱，這些獲利率「難以持久」，如果獲利率衰退，很可能使企業利潤大幅下滑，從而打擊股價。

但是有幾個理由支持如此高的企業獲利率，以及不太可能衰退的原因。其一是美國企業槓桿操作倍數低，有助於降低利息費用並提高獲利率。其二，企業獲利率自 1990 年代開始成長，這當中有三分之一是因為海外銷售額的獲利占比提高。海外營業額的獲利率高於美國國內營業額的獲利率，原因是海外企業適用的稅率幾乎都低於美國本土。最後，在獲利率的成長幅度中，有很大一部分來自科技產業規模的擴大，科技類股一直以來都有較高的獲利率。這是因為科技公司的知識性資本水準較高，而海外營業額亦高。

標準普爾 500 成分公司的高獲利率不太可能大幅下滑。企業的獲利率會因為槓桿操作倍數放大而下降，但隨著利率水準遠遠低於盈餘收益率，槓桿操作將會大幅拉抬每股盈餘。事實上，如果美國調降營利事業稅率，獲利率還可能更高；調降營業稅率是兩黨都支持的行動。

圖 11-6　標準普爾 500 成分股的獲利率，1967 年到 2012 年

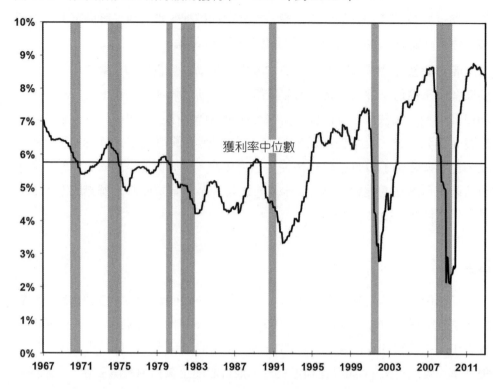

可能會提高各種未來估值比的因素

我們提過，長期來看，股票實質報酬率的歷史紀錄大約介於每年 6% 到 7% 之間，而這和 15 倍左右的本益比平均值大致相等。但是，很多經濟環境與金融市場裡的變動都可能拉抬本益比。這些變化包括投資股票指數的成本下降、折現率下跌以及一般人更瞭解股票相對於固定收益投資的優勢。

交易成本下降

第 5 章確認在過去兩個世紀以來，以股票指數衡量的股票實質報酬率，經通膨調整後乃介於 6% 到 7% 之間。在十九世紀與二十世紀的前期，投資人想創

造出這樣的股票報酬值並非不可能，只是非常困難，原因就在於交易成本。

哥倫比亞大學教授查爾斯・瓊斯 (Charles Jones)，記錄了上個世紀以來股票交易成本下跌的趨勢。交易成本包括要支付給股票經紀商的手續費以及買賣差價 (bid-asked spread)，亦即買入和賣出股票之間的差價。他的分析顯示，不管是買進或賣出股票，平均的單向成本從 1975 年晚期（經紀費用法規鬆綁之前）超過交易價值的 1% 開始下滑，到了 2002 年僅不到 0.18%，現在的占比更低。

交易成本直到近期才下降，也意味著在十九世紀以及二十世紀初期，投資人若要取得與保有複製指數報酬必要的多元普通股資產，則每年成本將是 1% 到 2%。基於這些成本上的考量，早年投資人分散投資的程度低，承擔的風險也高於股票指數隱含的水準。或者，如果投資人嘗試購買所有股票以複製廣泛的大盤指數，在扣除交易成本之後，其實質報酬很可能降低至每年 5%。如果投資人只要求 5% 的低水準實質報酬率，那找一檔本益比為 20 倍、對應的盈餘收益率為 5% 的股票，就可以為今日的投資人創造出這樣的報酬率。

固定收益資產的實質報酬率下跌

我們提過，固定收益資產的報酬率在過去十年大幅下降。1997 年 1 月分 10 年期的抗通膨公債發行時，其實質報酬約為 3.5%，隔年收益率成長至 4% 以上。自此之後，這類債券的實質殖利率便穩定下滑，到了 2011 年已經出現負報酬，至 2012 年底幾乎跌到 −1%。這也暗示著一般美國政府公債的實質殖利率已跌至零以下。

實質報酬率下跌有幾個理由：經濟成長走緩、人口老化以及各種退休基金想要購買債券以履行他們對退休人士的承諾。不論理由為何，債券報酬率下滑，意味著股票的實質報酬不必和過去一樣高就能吸引投資人。我們之前提過，持有股票而非債券的歷史溢價（即股票溢價）將近 3% 到 3.5%。如果我們假設債券的長期實質報酬率穩定在 2%，約比其長期平均值低了 1% 到 1.5%，再考量 3% 的股票溢酬，則股票實質報酬率應該是 5%；就像我們之前提到的，對應本益比為 20 倍。

📈 股票風險溢價

交易成本下降或折現率下跌的情況,只要出現任何一種,就足以支持本益比的提高。而另一種情況是股票風險溢價本身很可能也下滑了。1985年,經濟學家拉傑尼西 ‧ 梅赫拉 (Rajnish Mehra) 與愛德華 ‧ 普雷斯科特 (Edward Prescott) 發表〈股票溢價:一個難題〉("The Equity Premium: A Puzzle") 一文。他們在研究中證明,若以經濟學家耗費多年發展出來的各種標準風險與報酬模型為前提,無法解釋歷史數據中出現的股票與固定收益資產報酬為何會出現如此大幅的差距。他們主張,若非經濟模型預測的股票報酬率應該更低,就是固定收益資產的報酬率應該更高,或者兩者皆是。事實上,根據他們的研究,風險溢價應該低至 1% 甚至以下才合理。

有很多文獻試著以標準的總體經濟模型為背景脈絡,確立之前在歷史數據中找到 3% 到 3.5% 的風險溢價乃有其合理性。其中有些人是以一般人極度規避風險為立論依據。其他人則是以投資人短視近利的行為來論述,點出即便投資人可以賺得可觀的長期利得,也不願意承擔短期損失。要解釋股票溢價,有一部分的理由或許在於投資大眾並不知道股票的績效到底有多麼出色。若投資人能完全認同股票溢價,對股票的需求將會增加,本益比也會從歷史平均水準開始提高。這正是布朗大學的查爾西 ‧ 包仕蘭 (Chelcie Bosland) 教授在超過七十五年以前提出的解釋。他在 1937 年說道,艾德嘉 ‧ 羅倫斯 ‧ 史密斯 (Edgar Lawrence Smith) 的貢獻使投資人廣為瞭解股票優越的報酬率,其結果之一,是造成 1920 年代的多頭牛市,以及縮小了股票溢價:

> 當投資人透過研究而更瞭解普通股獲利能力的優越性之後,通常會降低未來能從股票中賺得同樣高額報酬的可能性,這種說法或許看起來很矛盾,卻蘊藏著相當的事實。出於瞭解而競價購買股票,會導致購買當時的股價飆高,繼而使賺得資本與高收益率的機會變少了。這樣的折價過程,可能侵蝕股東與投資人從投資普通股中賺得的大部分利潤,以及在其他證券上賺得的報酬。

⊕ 結論

　　適切地估算股票市場的價值，對於預估未來股票報酬率而言實屬必要。雖然有耐心長期等待的人，最後都能從分散得宜的股票投資組合中回補損失，但是若能以歷史估值或更低的價值買進股票，是保證賺得優越報酬值的不二良方。此外，有很多極具說服力的理由說明為何股市未來的估值將會漲至歷史水準之上。這會導致股票的長期報酬下跌，但在轉換到更高水準估值的過渡期間則會拉高報酬率。不管會不會出現過渡期，對於長期投資人而言，股票仍是最有吸引力的資產類別。

第 12 章

打敗大盤
股本規模、股利殖利率與本益比的重要性

證券分析無法為股票的「適當價位」歸納出通則。……股價並非經過縝密思考、計算得來,而是各種人性反應的結果。

——班哲明・葛拉罕與大衛・陶德,1940 年

🌐 打敗大盤的股票

投資人可以使用哪些標準，篩選出能打敗大盤的績優股呢？能創造高盈餘與營收成長的企業，必會吸引投資人；不過實證資料顯示，追逐高成長的個股通常只能創造出低於平均的報酬率。為了說明為何高成長並不必然能轉換成高報酬，請想像一下你是一名 1950 年的投資人，當時是電腦時代正要展開之際。你有 1,000 美元可供投資，並可以從 2 檔個股中選擇：標準石油（紐澤西）（現已更名為埃克森美孚），或是規模較小、前景看好的新企業 IBM。你會指示你選定的公司把所有股利再投資買進新股份，也會把你的投資牢牢守住，在接下來的六十二年裡都不去動它，等到 2012 年時送給你的曾孫們或你最鍾愛的慈善事業。

你應該買哪家公司？為什麼？

且讓我們假設，為了幫助你做決策，有個小精靈把表 12-1 拿給你看，這張表中顯示這 2 家公司在未來六十二年裡的實際成長數據。

表 12-1A 顯示，以華爾街用來選股的每一個指標來看，IBM 都大幅勝過標準石油，包括營收、股利、盈餘以及產業成長性。每股盈餘是華爾街最愛的選股標準，在未來六十多年裡，IBM 在這方面的表現每年都比這家石油大亨高了 3% 以上。資訊科技的進步，使科技產業在經濟中扮演越來越重要的角色，其在市場中的占比亦從 3% 增至將近 20%。

反之，這段期間內石油產業在市場中的占比大幅萎縮。1950 年，石油類股在美國股市市值中約占 20%，到了 2012 年，市值占比已經腰斬。

根據這些成長標準，IBM 的股票應該是股民的首選。但事實證明，標準石油才是最該買入的好股。

雖然 2 檔個股的表現都不錯，但標準石油的投資人每年平均比 IBM 的投資人多賺 1%，如表 12-1B 所示。你在六十二年後會發現，當時投資這家石油大亨的 1,000 美元，現在價值 1,620,000 美元，比投資 IBM 多 2 倍有餘。

表 12-1 IBM 與標準石油（紐澤西）的成長、估值與報酬率，1950 年到 2012 年

A

成長性指標	IBM	標準石油（紐澤西）	勝出
每股營收	10.03%	8.31%	IBM
每股股利	10.73%	6.32%	IBM
每股盈餘	11.14%	7.90%	IBM
產業成長 *	16.10%	−9.11%	IBM

* 以 1957 年到 2012 年科技產業與能源產業的市值比重變化為準

B

估值指標	IBM	標準石油（紐澤西）	勝出
股價成長	8.95%	7.58%	IBM
股利報酬	2.17%	4.72%	標準石油（紐澤西）
總報酬	11.32%	12.66%	標準石油（紐澤西）

C

報酬指標	IBM	標準石油（紐澤西）	勝出
平均本益比	25.06	14.08	標準石油（紐澤西）
平均股利殖利率	2.17%	4.21%	標準石油（紐澤西）

衡量 1957 年到 2012 年的年底報酬

　　標準石油在每一個成長面向上都比不上 IBM，為何能打敗這家公司？答案很簡單：估值，即你為了收取企業的盈餘和股利付出了多高的價格。投資人所支付的 IBM 股價太高了。即便這家電腦業鉅子在成長面向上大勝標準石油，但標準石油在估值上則超越 IBM，而決定投資人報酬的乃是估值。

　　就像我們可以從 12-1C 中看到，標準石油公司的平均本益比幾乎是 IBM 的一半，平均股利殖利率則高了 2%。

　　股利是帶動投資人報酬的重要因素。由於標準石油的股價低，其股利殖利率高於 IBM，買進標準石油股票並把股利拿來再投資的人，到最後累積出的股

數會是一開始的 12.7 倍，IBM 的投資者累積的股數則僅是原始股數的 3.3 倍。雖然標準石油的股價增值速度比 IBM 低了超過 1%，但其股利殖利率較高，使得這家石油公司成為對投資人而言的勝利者。

哪些因素決定股票報酬？

財務理論如何看待盈餘成長在決定投資人報酬時的重要性？財務理論證明，如果資本市場是有效率的，那麼所有已知的估值標準如獲利、股利、現金流、帳面價值以及其他要素都已經計入證券價格中；因此，把這些基本面因素當成投資的憑據，無法提高報酬。在一個有效率的市場裡，投資人要能持續賺得更高報酬，唯一的辦法就是承擔更高的「風險」，這裡的風險是指資產報酬和大盤之間的相關性，也稱為貝他係數 (beta)。以上論述，是 1960 年代由威廉・夏普 (William Sharpe) 和約翰・林特納 (John Lintner) 發展出來的資本資產定價模型 (capital asset pricing model, CAPM) 基本結論。

可根據歷史數據估計出的貝他係數，代表一種無法透過分散得宜之投資組合消弭的資產報酬風險，因此投資人必須因為這種風險而獲得補償。如果一檔股票的貝他係數大於 1，這檔個股就必須創造出比大盤更高的報酬率，如果貝他係數小於 1，投資人將會接受其報酬低於大盤。和大盤無關的風險，可以透過分散投資予以消除，這類風險稱為可分散風險 (diversifiable risk) 或剩餘風險 (residual risk)，這種風險無法帶來更高的報酬。效率市場假說 (efficient market hypothesis) 與資本資產定價模型，是 1980 年代與 1970 年代股票報酬分析的基礎。

遺憾的是，隨著人們分析的資料量越來越大，貝他係數被認為無法有效解釋不同個股的報酬差異。事實上，標準石油公司的貝他係數比 IBM 低很多，但報酬卻比 IBM 高得多。1992 年，尤金・法馬 (Eugene Fama) 與肯・法蘭屈 (Ken French) 合撰一篇文章，發表於《財務期刊》(Journal of Finance)，證明以決定股票的報酬率來說，有兩個因素比個股的貝他係數更重要，一個與該公司的市值有關，另一個則與股票的估值有關。

進一步分析股票報酬之後,他們宣稱證據未能支持資本資產定價模型「具有說服力」;此外,「股票的平均報酬不規則⋯⋯而且情況很嚴重,足以推論該(資本資產定價)模型並非有用的方法」,難以用來估計股票報酬。他們建議研究人員應該探索「替代性」的資產定價模型,或者是「非理性資產定價方法」。

法馬與法蘭屈的結論,促使財務經濟學家將股票根據兩大範疇進行分類:一是以市值為衡量標準的規模,另一個標準則是估值(或者說是股價相對於獲利與股利等「基本面」的水準)。強調透過分析估值以取得投資上的優勢,並非法馬與法蘭屈的創見;七十多年前,班哲明 ‧ 葛拉罕和大衛 ‧ 陶德就在他們的投資經典《證券分析》裡提過了。

小型股與大型股

早在法馬與法蘭屈的研究之前,資本資產定價模型在預測股票報酬時便已經出現明顯缺失。1981 年,芝加哥大學的研究生羅爾夫 ‧ 班茲 (Rolf Banz),利用該校證券價格研究中心編纂而成的資料庫研究股票報酬。他發現,小型股的報酬表現有系統地超越大型股,甚至針對資本資產定價模型中定義的風險進行調整後仍是如此。

為了分析班茲的說法,表 12-2 顯示 1926 年到 2012 年間,根據市值分類的 10 個群組,超過 4,000 檔股票。市值落入最後十分位的最小型股複利年報酬率為每年 17.03%,比資本資產定價模型預測的高了 9.5%。市值倒數第二十分位的小型股,報酬率則為 12.77%,比資本資產定價模型的預測值高了 3.5%。

小型股報酬趨勢

自 1926 年以來的歷史數據顯示,小型股的報酬率優於大型股;但是,過去八十六年以來,小型股報酬率勝出的幅度意外出現減緩趨勢。小型股與標準普爾 500 指數報酬率的累積報酬比較,如圖 12-1 所示。

表 12-2　美國股票按市值分類的報酬率，1926 年到 2012 年

以市值區分的規模十分位 （由最小到最大）	幾何平均 報酬	貝他係數 平均值	算術平均 報酬	超越資本資產定價 模型報酬預估值
1	17.03%	1.38	25.56%	9.58%
2	12.77%	1.35	19.17%	3.56%
3	11.29%	1.26	16.50%	1.86%
4	11.31%	1.24	15.92%	1.58%
5	10.97%	1.22	14.89%	0.70%
6	10.97%	1.21	14.82%	0.74%
7	11.16%	1.18	14.39%	0.76%
8	10.24%	1.12	12.94%	−0.09%
9	11.04%	1.09	13.41%	0.80%
10	9.28%	0.95	11.01%	−0.02%
大盤	9.67%	1.00	11.59%	0.00%

圖 12-1　小型股與大型股的報酬比較，1926 年到 2012 年，分別列出包含與排除 1975 年到 1983 年期間

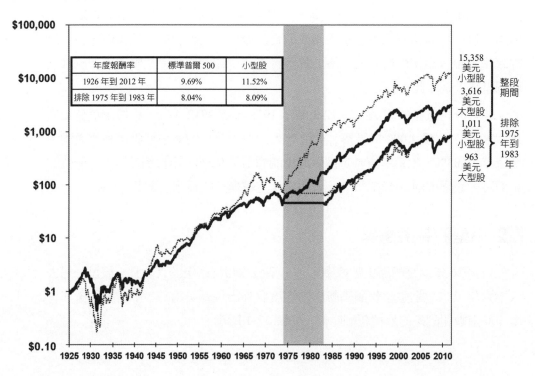

小型股，指的是以市值來說落在最後十分位的個股，在大蕭條時一敗塗地，之後則迅速復甦。然而，在 1926 年到 1960 年之間，其表現也只和大型股相當。即便到了 1974 年底，小型股的平均年複利報酬率每年也僅比大型股高 0.5%，根本不足以補償多數投資人承擔的額外風險與交易成本。

然而，從 1975 年到 1983 年底，小型股潛力大爆發。在這幾年間，小型股的平均年複利報酬率達 35.3%，比大型股的 15.7% 高了 2 倍有餘。這九年間小型股的累積報酬率超過 1,400%。但是，正如圖 12-1 顯示，如果不計入 1975 年到 1983 年這九年，大型股在 1926 年到 2006 年這段期間的總累積報酬率基本上和小型股相當。

什麼原因導致小型股在 1975 年到 1983 年間有如此亮麗的績效？在 1970 年代末期、1980 年代初期，退休金基金與法人經理人發現，在大型成長股、亦即所謂的「閃亮 50 股」(Nifty-Fifty) 崩盤之後，小型股變得很有吸引力；在之前的多頭走勢時期，大型股倍受青睞。此外，美國國會在 1974 年實施〈勞工退休收入保障法〉(Employee Retirement Income Security Act)，使得退休金基金更能輕易分散投資、涉入小型股，它們持有這些類股的部位也因此大增。

1983 年之後，小型股遭遇了長達十七年的長期成長停滯期，績效遜於大型股，在 1990 年代科技熱潮積蓄出動能之後更是如此。直到科技泡沫破裂，小型股才再度大步領先。從 2000 年 3 月的高峰期到 2012 年，即便出現重創行情的空頭市場，小型股仍享有 7.2% 的年報酬率，反觀以標準普爾 500 指數為代表的大型股，每年的報酬率不到 1%。

不論小型股竄起的理由為何，就算其報酬趨勢變異很大，也不代表投資人應該要避開這些企業。中小型股約占美國股市的 20%，特別需要警惕的是，小型股有溢價並不代表小型股每年、或是每十年都能超越大型股。

估值：「價值型」類股的報酬率高於「成長型」類股

第二種股票分類標準是估值 (valuation)，這是指股價和某些企業基本面價值指標間的相對關係，如股利、獲利、帳面價值與現金流。法馬和法蘭屈判

定，當類股股價相對於基本面來說較為廉價時，則該類股的報酬率就會高於資本資產定價模型的預測值，一如小型股。

相對於基本面而言股價顯得低廉的個股，稱為價值型 (value) 類股，相對於基本面而言股價顯得昂貴的類股，則稱為成長型 (growth) 類股。1980 年代之前，價值型類股通常也稱作景氣循環股 (cyclical stock)，因為本益比較低的個股通常都屬於獲利和景氣循環密切相關的產業。隨著風格投資 (style investing) 的風氣日趨興盛，鑽研這些類股的股票經理人不太中意「景氣循環」一詞，他們比較偏好價值型這種說法。

價值型類股通常出現在石油、汽車、金融與公用事業這類產業，投資人對這些產業的未來成長期望不高；或者說，他們認為這類產業的獲利和景氣循環關係密切。而成長型個股通常出現在科技、品牌消費性產品以及醫療保健等產業，投資人預期這些產業的獲利會快速成長，也更能耐受景氣循環的影響。

🌐 股利殖利率

正如葛拉罕與陶德於 1940 年所言，股利是重要的選股標準：

經驗會證明已經確立的股市定律：如果企業支付股利而不保留盈餘，那麼對股東來說，企業每一元的獲利便具備更高的價值。股民通常都希望公司既能保有適當的獲利能力，同時也能發放一定的股利。

後來的研究也支持兩人的說法。1978 年，克瑞希納・拉馬斯瓦米 (Krishna Ramaswamy) 和羅伯・李茲伯格 (Robert Litzenberger) 確認股利殖利率與後續報酬之間有顯著關係。更近期，詹姆士・歐邵尼西 (James O'Shaughnessy) 也證明，從 1951 年到 1994 年，50 檔高股利殖利率大型股的報酬率比大盤高了 1.7%。

標準普爾 500 指數的歷史數據分析，也支持透過股利殖利率可以得到更高報酬率的論點。

　　從 1957 年之後，我以每一年的 12 月 31 日為準，將標準普爾 500 成分股根據股利殖利率排序，從高到低分為 5 個群組（或說分為五分位），並計算每一檔股票隔年的總報酬。圖 12-2 顯示了驚人的結果。

　　高股利殖利率的投資組合，給投資者的總報酬高於低股利殖利率的投資組合。如果有一位投資人在 1957 年底當天投資 1,000 美元購買標準普爾 500 指數基金，由於其年報酬率為 10.13%，因此到了 2012 年底所累積的財富將可達201,760 美元。若以同樣的金額投資由前百名高股利殖利率個股組成的投資組合，累績的金額則可達 678,000 美元，報酬率達 12.58%。

　　股利殖利率最高的個股，其貝他係數也低於 1，代表這些股票比大盤循環更穩定，如表 12-3 所示。

　　股利殖利率最低的個股不僅報酬率最低，貝他係數值也最高。自 1957 年設

圖 12-2　標準普爾 500 成分股的報酬率（根據股利殖利率劃分），1957 年到 2012 年

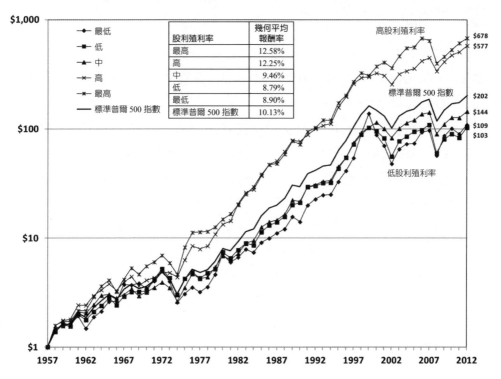

表 12-3　標準普爾 500 成分股的報酬率（根據股利殖利率劃分），1957 年到 2012 年

股利殖利率	幾何平均報酬率	算術平均報酬率	標準差	貝他係數	高於資本資產定價模型的超額報酬
最高	12.58%	14.25%	19.34%	0.94	3.42%
高	12.25%	13.42%	16.26%	0.82	3.91%
中	9.46%	10.77%	16.64%	0.92	0.18%
低	8.79%	10.64%	19.29%	1.07	−1.75%
最低	8.90%	11.62%	23.92%	1.23	−2.58%
標準普爾 500 指數	10.13%	11.55%	17.15%	1.00	0.00%

立標準普爾 500 指數以來，成分股中股利殖利率排名前百名的個股報酬率，平均每年較效率市場模型的預測值高了 3.42%，而排名最後百名的個股，平均年報酬率則低了 2.58%。

其他股利殖利率策略

許多以高股利為導向的策略都能超越大盤。有一種知名的「道瓊狗股理論」(Dogs of the Dow)、或「道瓊 10 股」(Dow 10) 選股法，就是從道瓊工業指數中挑出高股利的個股。

有些人認為，道瓊 10 股選股法是最簡單也最成功的經典投資策略。《華盛頓郵報》(*Washington Post*) 的專欄作家詹姆士 • 葛萊斯曼 (James Glassman) 宣稱，一位名叫約翰 • 史萊特 (John Slatter) 的克里夫蘭投資顧問兼作家，於 1980 年代發明道瓊 10 股選股系統。哈維 • 諾爾斯 (Harvey Knowles) 與戴蒙 • 沛帝 (Damon Petty) 在 1992 年的著作《股利投資者》(*The Dividend Investor*) 中推廣此法；麥可 • 歐希金斯 (Michael O'Higgins) 與約翰 • 道尼斯 (John Downes) 在《戰勝道瓊》(*Beating the Dow*) 中對此法同樣讚譽有加。

若奉行這套策略，投資者會在年底買進道瓊工業指數中股利殖利率排名前 10 的個股，然後持有一整年，到了每一年的年底再度重複同樣的程序。高股利殖利率個股通常都是股價下跌、不受投資人青睞的標的，這也是策略名稱「道

瓊狗股」的由來。

道瓊 10 股策略的另一種演變，是在標準普爾 500 指數前百大個股中選出股利殖利率排名的前十名。標準普爾 500 指數前百大個股在美國股市中的占比，遠高於道瓊工業指數的 30 檔個股。

確實，這兩套策略的績效都很亮眼，如圖 12-3 所示。自 1957 年以來，道瓊 10 股策略的報酬率為每年平均 12.63%，標準普爾 10 股策略更高達每年平均 14.14%，大大超越各自的基準指標。這兩套策略的貝他係數值都低於道瓊或標準普爾 500 指數，如圖 12-3 所示。

與基準指數相比，道瓊 10 股與標準普爾 10 股策略表現最糟糕的時候是 1999 年，當時高市值的科技股已經處於泡沫的高點。道瓊 10 股當年的績效比

圖 12-3　標準普爾 500、道瓊指數與其十大高股利個股的報酬率，1957 年到 2012 年

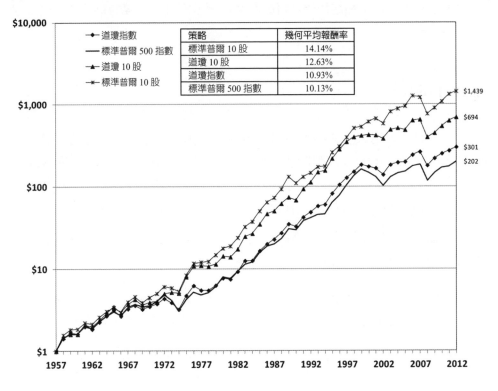

策略	幾何平均報酬率
標準普爾 10 股	14.14%
道瓊 10 股	12.63%
道瓊指數	10.93%
標準普爾 500 指數	10.13%

標準普爾 500 指數差了 16.72%，標準普爾 10 股的績效則差了 17%。多頭市場的後段，成長型股票吸引了投機客的目光，以價值型為基礎的投資策略就會遜於市值加權的選股策略。

待進入空頭市場之後，價值型的策略就扳回一城了，而且還大幅領先。在 1973 年到 1974 年的空頭期間，由 30 檔個股組成的道瓊指數下跌 26.5%，標準普爾 500 指數則跌了 37.3%。但標準普爾 10 股策略僅跌 12%，道瓊 10 股策略在這兩年甚至還賺 2.9%。

這些根據股利選股的策略也撐過 2000 年到 2002 年的空頭市場。從 2000 年底到 2002 年底，標準普爾 500 指數下跌超過 30%，道瓊 10 股策略僅跌不到 10%，標準普爾 10 股策略更跌不到 5%。在金融危機之後的空頭市場裡，道瓊 10 股與標準普爾 10 股策略並未替投資人發揮緩衝功用；高調發放股利的企業，像是通用汽車，最後也破產了。然而，在 2007 年到 2012 年的完整市場周期內，這些策略僅小幅落後於各自的基準指標，而且其長線的卓越績效也未因此大幅下滑。

本益比

另一個可以用來組成贏家策略的重要價值指標是本益比，這是股價相對於獲利的比值。本益比的相關研究始於 1970 年代晚期，桑喬‧巴蘇 (Sanjoy Basu) 以桑佛‧尼可森 (S.F. Nicholson) 在 1960 年代的研究為基礎，發現低本益比個股的報酬率大幅高於高本益比個股，就算計入風險後，上述說法仍然成立。

同樣的，身為價值型投資者的葛拉罕與陶德對這些結論毫不意外，他們在 1934 年的經典《證券分析》中就曾經說過：

> 因此，我們可以推論出一個實務上極具重要性的結論，那就是經常購買股價比每股盈餘高 16 倍以上之股票的投資人，長期可能損失慘重。

利用類似研究標準普爾成分股之股利殖利率的方法，我計算每年 12 月 31

日時，這 500 家企業的本益比，用過去十二個月的獲利除年底的價格。之後我再根據本益比高低將公司排名，並劃分成五分位，然後計算未來十二個月的報酬。這項研究的結果和我之前提到的股利殖利率研究雷同，如圖 12-4 所示。

平均而言，高本益比（或者說低盈餘收益率）的個股被高估，能為投資人創造的報酬就低了。期初時投資 1,000 美元購買由本益比最高的個股組成之投資組合，到了 2012 年底會變成 64,116 美元，年報酬率為 7.86%，而本益比最低的個股年報酬率為 12.92%，本金會變成 800,000 美元左右。

除了報酬更高之外，本益比低的個股之標準差、貝他係數值亦較標準普爾 500 指數低，如表 12-4。事實上，標準普爾 500 成分股中本益比最低的百檔個股，年平均報酬率比根據資本資產定價模型所預測的高了 6%。

圖 12-4　標準普爾 500 成分股的報酬率（根據本益比劃分），1957 年到 2012 年

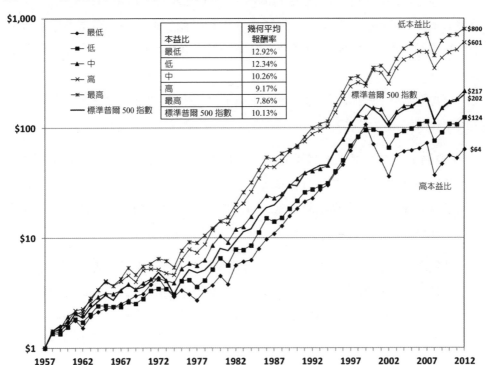

表 12-4　標準普爾 500 成分股的報酬率（根據本益比劃分），1957 年到 2012 年

本益比	幾何平均報酬率	算術平均報酬率	標準差	貝他係數	高於資本資產定價模型的超額報酬
最低	12.92%	14.20%	16.59%	0.71	6.01%
低	12.34%	13.54%	16.23%	0.65	6.05%
中	10.28%	11.45%	15.67%	0.69	3.46%
高	9.17%	10.30%	15.49%	0.73	1.85%
最高	7.86%	9.86%	19.84%	0.92	−0.78%
標準普爾 500 指數	10.13%	11.55%	17.15%	1.00	0.00%

股價淨值比

本益比與股利殖利率並非僅有的價值導向標準。從 1980 年丹尼斯 · 史塔特曼 (Dennis Stattman) 的研究，到後來法馬和法蘭屈的佐證，有很多學術論文指出在預測跨類股的未來報酬率時，股價淨值比 (price/book ratio) 比本益比更重要。

葛拉罕與陶德對帳面價值的看法，類似本益比和股利殖利率，認為這是決定股票報酬的重要因素：

（我們）強烈建議，大眾在買賣企業股票之前，至少要快速瀏覽其帳面價值……買方如果自認聰明的話，至少要能回答幾個問題：其一，他買進股票時實際上付了多少錢給這家公司；其二，他付出的成本實際上買到了多少有形資產。

法馬和法蘭屈在 1992 年的研究中發現，與股利殖利率或本益比相較之下，股價淨值比更能解釋跨類股的報酬率；但是使用帳面價值當成價值標準仍存在一些概念上的問題。帳面價值不會因資產的市值變動而調整，也不將研發費用認列為資本。事實上，我們的研究顯示，從 1987 到 2012 年，用帳面價值來解釋報酬的解釋力道不如股利殖利率、本益比或現金流。由於智慧財產在公司價

值的占比將越來越高，未來帳面價值會成為更不完備的公司價值衡量指標。

💲 結合股本大小與估值標準

　　我們依據規模和股價淨值比劃分，組合成 25 種等級分位，1958 年到 2006 年之間股票年複利報酬率摘要資訊如表 12-5 所示。

　　價值型股票的歷史報酬率超越成長型，這種情況在小型股中尤其明顯。規模最小的價值型類股平均報酬率為每年 17.73%，是我們分析的 25 個群組中最高者，而規模最小的成長型類股報酬率僅有 4.70%，是所有群組中最低者。當公司規模越大，價值型與成長型類股的報酬差異就越小。規模最大的價值型類股每年的報酬率為 11.94%，規模最大的成長型類股則約為 9.38%。

表 12-5　根據規模與股價淨值比排序的報酬率，1958 年至 2012 年

整段期間		小型股	第 2 個 五分位	第 3 個 五分位	第 4 個 五分位	大型股
				規模五分位		
股價淨值 比五分位	價值型	17.73%	16.39%	16.74%	14.15%	11.94%
	第 2 個五分位	16.24%	15.68%	15.18%	14.71%	10.67%
	第 3 個五分位	13.56%	14.84%	13.36%	12.92%	10.54%
	第 4 個五分位	12.53%	12.17%	13.14%	10.77%	10.21%
	成長型	4.70%	7.88%	8.62%	10.37%	9.38%
排除 1975 年到 1983 年		小型股	第 2 個 五分位	第 3 個 五分位	第 4 個 五分位	大型股
				規模五分位		
股價淨值 比五分位	價值型	13.83%	13.04%	13.97%	11.74%	10.71%
	第 2 個五分位	12.67%	12.28%	12.72%	13.01%	8.95%
	第 3 個五分位	9.66%	12.25%	10.64%	10.64%	9.50%
	第 4 個五分位	8.52%	8.81%	10.21%	8.78%	9.00%
	成長型	0.56%	4.55%	6.02%	8.66%	9.01%

如果排除 1975 年到 1983 年，小型股的報酬就縮水了，一如預期。然值得一提的是，小型股中的價值型與成長型報酬差異仍大，而且和整段期間幾乎沒有差異。

在 1957 年到 2012 年間，規模最小的成長型與價值型類股累積報酬的巨大差異如圖 12-5 所示。如果 1957 年投資 1,000 美元購買最小型成長股並一直持有，到了 2012 年底就可以累積到 12,481 美元。反之，小型價值股累積出的金額會讓人跌破眼鏡，高達 790 萬美元。

小型成長股與價值股績效的差異，因為風險而更加擴大，小型價值股的風險指標貝他係數約為 1，小型成長股則高於 1.5。這表示，小型價值股的歷史報酬比效率市場模型的預測值高 7.5% 以上，小型成長股的歷史報酬則比預測值低 7% 以上。

圖 12-5　規模最小的成長股與價值股報酬，1957 年到 2012 年

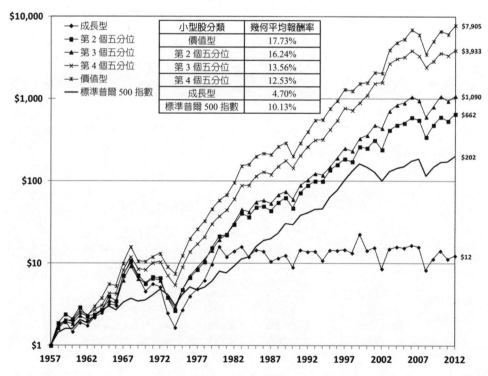

小型股分類	幾何平均報酬率
價值型	17.73%
第 2 個五分位	16.24%
第 3 個五分位	13.56%
第 4 個五分位	12.53%
成長型	4.70%
標準普爾 500 指數	10.13%

首次公開發行：令人失望的新興小型成長公司

　　某些最讓人趨之若鶩的小型股，是那些首次公開發行 (initial public offering, IPO) 的公司。創辦人用滿腔熱誠成立的新公司令投資人亢奮，他們夢想著這些新創企業會變成下一家微軟或 Google。投資人對首次公開發行股的強力需求，使得多數首次公開發行的新股一進入次級市場時，其價格就一飛沖天，讓最早認股的投資人馬上可以獲利。因此，首次公開發行的新股多半被歸類為成長型類股。

　　在首次公開發行的歷史中，顯然有一些贏家。沃爾瑪 (Walmart) 在 1970 年 10 月首度公開發行，當時如果投資 1,000 美元，到了 2012 年底會累積超過 1,380,000 美元。投資人如果在家得寶 (Home Depo) 和英特爾首次公開發行時買了 1,000 美元，如今就會成為坐擁百萬美元的富翁，惟前提是一直持有股票。思科是另一個贏家。這家網路供應商於 1990 年 2 月公開發行，一直到 2012 年 12 月，為投資人創造的平均年報酬率達 27%，但所有的利得都出現在首次公開發行之後的前十年。

　　不過，大贏家能否彌補其他的輸家？為了判斷首次公開發行個股是否為良好的長線投資標的，我檢驗了從 1968 年到 2001 年將近 9,000 檔首次公開發行個股，看看「買進後持有」策略的報酬率如何。我在計算報酬率時，分別以投資人在第一個交易月分的月底時股價，以及公開發行時的價格為基礎，然後一直持有到 2003 年 12 月 31 日。

　　無疑的，首次公開發行中表現不佳的個股數目勝過表現好的。在我檢視的 8,606 家公司中，有 6,796 家公司（占 79%）的報酬率遜於代表性的小型股指標，幾乎有半數公司每年的績效都低了 10% 以上。

　　很遺憾，像思科和沃爾瑪這些大贏家無法彌補其他幾千家首次公開發行後表現不良的個股。投資同樣金額，分別購買以特定年度之首次公開發行個股組成的投資組合與羅素 2000 小型股指數，兩者的報酬率差額如圖 12-6 所示。計算報酬時的價格有兩個起點：1. 該個股首次公開發行後的當月月底股價，以及 2. 首次公開發行的價格（通常低於前者）。

圖 12-6　買進後並持有近 9,000 檔於 1968 年至 2001 年發行的首次公開發行個股報酬

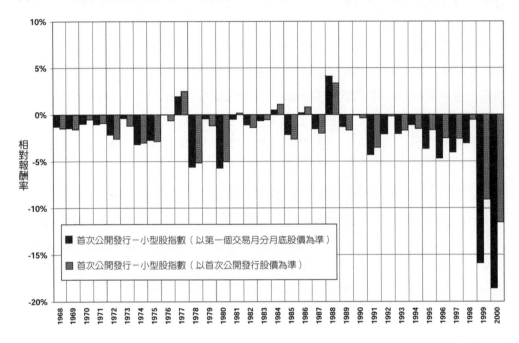

　　我們檢驗自 1968 年到 2000 年各年度首度公開發行組成的投資組合報酬率，持有時間一直到 2003 年 12 月 31 日為止。如此一來，每一種投資組合至少都有 3 年的報酬率可供計算。結果很明顯，從 1968 年到 2000 年的 33 年中，有 29 年的首次公開發行投資組合績效遜於小型股指數，不論是根據第一個月最後一天成交價或者根據公開發行價來計算都一樣。

　　1971 年有西南航空 (Southwest Airlines)、英特爾與 Limited Stores 等大贏家公開發行，但當年首次公開發行個股的投資組合直到 2003 年的報酬率，仍低於對應的小型股指數。1981 年縱有家得寶公開發行，情況仍未改變。

　　1986 年，微軟、甲骨文、奧多比 (Adobe)、易安信 (EMC) 與昇陽電腦 (Sun Microsystems) 等重量級企業公開發行，並在接下來十六年締造 30% 以上的平均年報酬率。而當年首次公開發行投資組合的績效，只剛剛好追上小型股指數。

1990 年代末期首次公開發行者以科技股居多，績效慘不忍睹。1999 年與 2000 年的首次公開發行投資組合，如果以公開發行時的價格計算，年平均績效分別比小型股指數低了 8% 和 12%；如果以第一個交易月分月底股價計算，則分別低了 17% 和 19%。

股價比發行價高了 2 倍甚至更高的個股，都是很糟糕的長線投資。設計網際網路流量管理產品的考維斯公司 (Corvis Corporation)，於 2000 年 7 月 28 日公開發行，當時這家公司還沒有賣出半樣產品，營業損失也高達 7,200 萬美元。然而，在第一個交易日收盤時，考維斯的市值為 287 億美元，足以名列全美百大高市值企業排行榜。

拿考維斯公司和十年前公開發行的思科來比較，可以打醒很多人。當思科於 1990 年 2 月公開發行時，已經是一家有能力獲利的公司，盈餘穩健，從 6,970 萬美元的年營收中賺得 1,390 萬美元。思科在首次公開發行後的第一個交易日收盤時，市值達 2.87 億美元，剛剛好是考維斯公司的百分之一，而後者在公開發行時根本沒有任何營收或獲利。思科的本益比在 1990 年高於平均水準，被歸類為「成長型」企業，考維斯公司卻是「超成長型」公司。

考維斯在 2000 年 7 月 28 日的首次公開發行價格為 360 美元（已經針對股份分割做了調整），8 月初的開盤價為 720 美元，後來漲到 1,147 美元。之後，該股在 2005 年 4 月時跌到 3.46 美元。

📊 成長型與價值型類股的特性

在面臨「成長型」或「價值型」的抉擇時，投資人須謹記，前述分類並非基於該企業所生產的產品或是其所屬的產業。分類法僅取決於市值相對於某些企業價值基本指標之比，例如獲利或股利。

因此，一般認為科技業是成長前景大好的產業，如果投資人不看好某家科技公司，其股價對照基本面指標來看顯得低廉，就可能被歸於價值型。或者，某家前途光明的汽車製造商也許屬於成長潛力有限的成熟產業，惟若投資人看

中其股票，訂出的股價對照基本面來看顯得偏高，也可能被歸於成長型。事實上，長期下來，很多公司甚至產業都會因為市價的變動而輪流被歸入「價值型」或「成長型」。

股本規模與估值效應的解釋力道

有很多人試著解釋股本規模與估值因素對股票報酬造成的影響。法馬和法蘭屈假定，價值型股票只會在極嚴重的危機時期才可能面臨不尋常的財務壓力。出現這種情況時，投資人會要求獲得溢價報酬才願意持有股票。確實，在大蕭條時期以及 1929 年到 1932 年股市崩盤時，價值型股票績效均落後於成長型股票。不過自此之後，價值型股票在空頭市場與經濟衰退時期的表現，實際上比成長型為佳，因此上述的推論讓人存疑。

價值型股票的表現之所以能超越成長型，另一個可能的理由是利用貝他係數來總結一檔股票之風險的方式太過狹隘。貝他係數出於資本資產定價理論，這套理論為靜態的定價模式，背後的環境條件是一套不會變動的投資機會。在動態經濟體中，實質利率成為投資機會組合的變動因子，股價不僅會反映獲利前景，也會因應利率變動。

約翰・坎貝爾寫過一篇〈壞貝他、好貝他〉("Bad Beta, Good Beta") 的文章，他根據歷史資料區分出和利率變動相關的貝他係數（他將這一部分稱為「好貝他」），以及和景氣循環相關的貝他係數（他將這一部分稱為「壞貝他」）。但近期的數據並不支持這套理論，因為在 1997 年到 2000 年美國實質利率走升期間，成長型股票相對於價值型股票先一步起漲，而之後實質利率下跌時，這類股票表現也跟著走弱。

另一套說明成長型股票為何落後價值型股票的策略，和行為理論有關：投資人過度青睞成長前景看好、營收快速成長的企業，因而出價過高。如英特爾或微軟這些「故事題材股」，過去創造了極高的報酬，吸引投資人的青睞；在此同時，那些獲利穩健但成長率不會令人血脈賁張的企業，往往被人忽略。

雜訊市場假說

另一套更一般性的理論可用來說明價值型股票為何績效卓越。該理論認為，和企業基本面價值無關的買賣雙方不斷影響股價。在學術論文中，這些買賣雙方被稱為「流動性交易者」(liquidity trader) 或「雜訊交易者」(noise trader)。引發他們進行交易的動機，可能是稅務、信託責任、重新調整投資組合部位或其他個人因素。為了解釋我們在歷史數據中看到的價值與規模效應，必須加入另一條假設：這些流動性交易員引發的股價波動，無法立即由根據基本面資訊做交易的人拉回。

這條假設偏離效率市場假說；效率市場假說主張，任何時候，證券價格都是企業基本面價值的無誤差最佳估計值。我把新假設稱為「雜訊市場假說」(noisy market hypothesis)，雜訊交易者或流動性交易者的買賣行為，通常模糊了企業的基本面價值。

雜訊市場假說可以為股本規模與價值效應提供解釋。流動性交易衝擊若為正面，將把股價拉抬至高於其基本價值的水準，導致該個股更可能被歸於「大型股」或「成長型股」。當此一正面衝擊消失，這些大型成長股的股價下跌，報酬也因此下滑。另一方面，負面的流動性交易衝擊會拉低股價，導致個股更可能被歸入「小型股」或「價值型股」；因此，相對於基本面，股價很可能遭到低估。當負面衝擊消失，這類價值型股票就能創造更高的報酬。

流動性投資

最近還找到另一個可解釋報酬的因素：股票的「流動性」。流動性是一種資產特性，衡量賣方一旦被迫在短期內出售該資產時，要面臨多大幅度的折價。流動性高的資產其折價幅度低，流動性低者其折價幅度高。有一個便利的指標可用來衡量股票的流動性，即該個股平均日成交量與所有在外流通股數之比，通常稱為該個股的周轉率 (turnover)。周轉率高的股票，其流動性會高於周轉率低的股票。

羅傑 · 依伯森與其他人近期判定，流動性低的股票報酬率大幅高於流動性高的股票。他們分析了紐約證交所、美國證交所與納斯達克從 1972 年至今的所有股票，判定周轉率落在最後四分位（後 25%）的股票年複利報酬率達 14.74%，比流動性落在第一四分位（前 25%）的股票幾乎高了 2 倍。他們也斷定，這種現象並不只是因為很多小型股的流動性都很低，且流動性效果和股本規模的效果並不相同。實際上，就市值規模最小的股票群組而言，流動性造成的效應更明顯。這些最小型股中流動性最低的群組，其年平均報酬率為 15.64%，相較之下，周轉率最高者僅有 1.11%。

有許多理由可以解釋流動性效應。長久以來大家都認同，若不同資產的風險報酬組合一模一樣或幾乎一模一樣，那麼，交易比較熱絡的資產可以用較高的價格售出。在美國公債市場裡，被視為基準指標且交易最活絡的「熱門」(on-the-run) 長期公債，其市價就高於基本上一模一樣、惟到期日僅有幾個月之差的債券。交易者與投資者願意為可用低交易成本大量買賣的資產支付溢價。所有的投資人都重視彈性：可以快速改變心意或因應變動的環境，當他們想要買賣資產時無須支付高額的折價或溢價。此外，很多大型共同基金不能大量購買交投相對清淡的公司股票，因為這麼做會推高該個股的股價，最後使報酬不具吸引力。

小型股有更高的流動性溢價是可以解釋的，這是因為交易熱絡的小型股很容易遭到炒作，尤其是首次公開發行的個股，或引來交易者設法進行不尋常交易活動的個股。一旦炒作期結束，這些個股的報酬率通常很難看。毫無疑問，在二次大戰結束後，IBM 比標準石油更讓投資人亢奮、引來更多交易，但就像我們在本章開頭時所說的，標準石油為投資人創造了更高的報酬。

🌐 結論

歷史研究證明，投資人可以著重在和企業估值有關的因素上，藉此賺得更高的長期報酬又無須承擔更高的風險。股利殖利率便是其中一個因素，本益比

則是另一個。近期也有人將流動性當成另一個因素。長期下來，高股利殖利率、低本益比與低流動性的股票投資組合將會超越大盤，幅度遠勝過效率市場假說所預期。

然而，投資人應瞭解，任何策略都不可能永遠超越大盤。小型股的波段漲勢，使得它們的長線績效可以打敗大型股，但小型股的表現多半時候只是和大型股相當、甚至落後。此外，價值型股票在空頭市場中大致表現良好，在上一次的衰退期中，由於價值型股票中金融股比重極高，因此表現落後成長型。這意味著投資人若決定要採行提高報酬的策略，務必要展現耐性。

第 **13** 章

全球投資

今天，讓我們來談談成長型產業。因為全球投資就是一項成長型產業。這個強力成長的產業布局國際投資組合。

——約翰・坦伯頓，1984 年

第 5 章已經證明，長期投資股票能創造出的優越報酬率，並非美國獨有。其他國家的投資人也能獲得接近、甚至超越美國投資人的收益。然而，在 1980 年代末期之前，美國以外的海外市場幾乎都是當地投資者的天下，在他人眼中太過遙遠、風險太高，難以引發其他外界人士的興趣。

現在情況不同了。金融市場的全球化並非對未來的預測，而是當下正發生的事實。一度身為無人能敵之資本市場巨人的美國，如今只是投資人可從中累積財富的諸多國家其中之一。

在二次大戰結束時，美國股市約占全球股票資本近九成；1970 年，這個比例仍高達三分之二。然而，時至今日，美國市場市值已經不到全球股市市值的一半，而且所占比例仍在不斷縮小中。圖 13-1 顯示 2013 年 5 月時各國股市在全球股市中的占比。

圖 13-1　全球股市的占比分布，2012 年

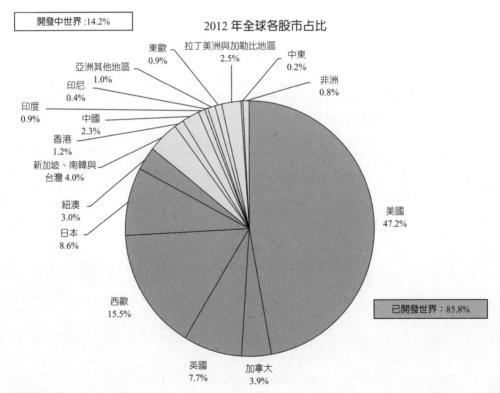

已開發國家的占比仍高，超過 85.8%，但比例正在下降中。就像我們在第 4 章看到的，現在開發中世界產出全球一半以上的國內生產毛額，這個比例在未來二十年將會擴張到三分之二。新興經濟體的股市占比一定也會快速成長。

海外投資與經濟成長

新興經濟體的資本成長很驚人，可能促使某些投資人加碼這個類別。但經濟成長前景大好並非投資人應從事全球投資的理由。事實上，若瞭解經濟成長和股票報酬率間的負相關性之後，結論很可能讓讀者大呼意外，而這個結論不僅適用於已開發世界，也適用於開發中世界。

圖 13-2A 畫出 19 個國家的人均實質國內生產毛額成長與美元計價股票報酬間的關係，這些數據都包含在狄姆森、史陶頓與馬許使用的資料庫當中。澳洲的成長率為第五低，但股票報酬率最高；南非的成長率最低，但股票報酬率次高。日本到目前為止的成長率最高，但其股市報酬率低於平均水準。

如圖 13-2B 所示，股票報酬與經濟成長率之間的反比關係，可以擴大適用到開發中國家。截至目前為止，中國是成長速度最快的國家，其股市報酬率最低。墨西哥、巴西和阿根廷同屬成長緩慢國家之列，卻為投資人創造出絕佳的報酬。

為何會發生這種事？IBM 幾乎在每一個成長指標上都勝過標準石油（紐澤西），但標準石油（紐澤西）的股票報酬率勝過 IBM，也是同樣的道理。低股價與高股利殖利率是標準石油（紐澤西）可以創造優越報酬率的重要關鍵，而投資墨西哥股市的報酬會超越投資中國的股票，其理亦同。

傳統的看法認為投資人應在成長最快速的國家買股，這是錯的，一如去買成長最快速的企業股票也是錯的。中國過去三十年來無疑是全球成長最快速的國家，但由於中國股票的估值過高，因此投資人賺得的報酬率甚低。另一方面，拉丁美洲的股價一般來說比較便宜，相對於其基本價值來說也較為低廉。有耐性的投資人會購買有價值的股票而不參與炒作，他們總是能勝出。

圖 13-2　已開發世界及開發中世界的美元計價股票報酬值與實質人均國內生產毛額成長率

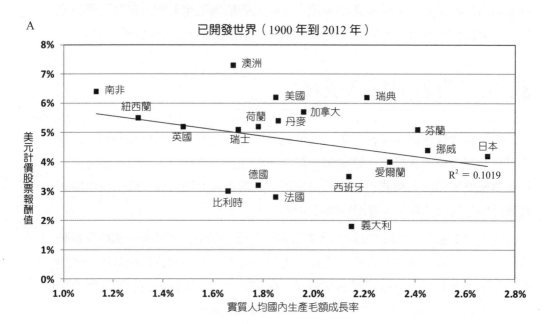

A　　　　　　　　　　已開發世界（1900 年到 2012 年）

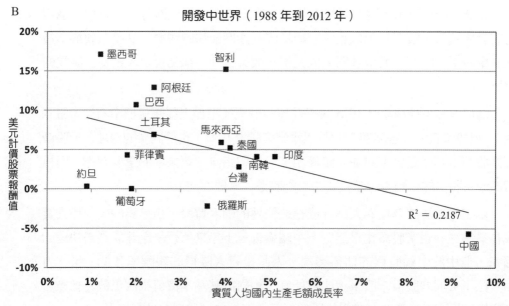

B　　　　　　　　　開發中世界（1988 年到 2012 年）

然而此結論引來一個問題：如果快速成長並非布局全球股市的理由，那理由又何在？

在全球市場裡分散投資

從事國際投資的理由，是要分散投資組合並降低風險。海外投資能帶來的分散效果，和在本國經濟體投資不同產業可帶來的分散效果一樣。把希望都寄託在單一檔個股或經濟體中的單一產業上，是很糟糕的投資策略。僅購買母國的股票，尤其當已開發經濟體在全球市場裡的占比已經越來越小時，同樣亦非明智之舉。

國際性分散投資可以降低風險，是因為不同國家的股價不會同時起漲或下跌，報酬的走勢不同步可以減緩投資組合的波動。只要兩種資產並非完全相關，亦即，其相關係數小於 1，將其組合起來就可以降低特定報酬率下的風險，或者在承受特定風險之下提高報酬率。

國際股票報酬率

表 13-1 顯示自 1970 年至今（新興市場數據則從 1988 年起），以美元為基礎貨幣的投資人在國際股市中的風險與報酬歷史數據。在這整段期間內，不同區域以美元計價的報酬值並未出現大幅差異。

投資美股者所得到的複利報酬為 9.63%，投資歐澳遠東市場（通常為美國之外的已開發市場）的投資報酬率稍高一些，有 9.74%。在這段期間內，歐澳遠東與美國市場報酬率的相關性為 65%，代表對以美元計價的投資人而言，在美國投資八成、在歐澳遠東市場投資兩成的投資組合風險為 0.175，比光持有美國股票的風險低了 2%。

自 1970 年以來，歐洲的報酬率稍高於美國，而日本股市的報酬率則稍微低一點。各新興市場報酬值則從 1988 年才有相關紀錄。新興市場的報酬在這段期

表 13-1　國際股市的美元計價風險與報酬，從 1970 年到 2012 年

國家或地區	以美元計價的報酬率		國內風險	匯率風險	總風險	相關係數 *
	1970 年到 2012 年	1988 年到 2012 年				
全球	9.39%	7.23%	17.48%	4.79%	18.17%	87.50%
歐澳遠東	9.74%	5.49%	20.00%	9.62%	22.61%	65.27%
美國	9.63%	9.83%	17.80%	—	17.80%	—
歐洲	10.33%	8.83%	20.73%	10.75%	22.13%	76.06%
日本	9.15%	−0.14%	28.08%	12.52%	33.29%	35.19%
新興市場 **	—	12.73%	68.77%	17.87%	35.89%	52.37%

* 指美國股市以美元計價的報酬率和海外股市以美元計價的報酬率之間的相關性
** 新興市場的數據來自 1988 年到 2012 年

間內每年達到 12.73%，比美國股市的報酬值高了將近 3%，而美國股市報酬率和新興市場股市報酬率之間的相關性，也小於和歐澳遠東市場的關係。應該注意的是，自 1988 年以來，歐澳遠東市場的報酬率已經落後美國了，這幾乎可歸咎於日本市場從 1988 年到 2012 年之間的負報酬值。

日本股市泡沫

在二十世紀最後的二十五年，日本股市出現史上最可觀的泡沫之一。在 1970 與 1980 年代，日本股市報酬率超越美國股市達 10% 以上，而且傲視各國。日本的多頭市場演變非常戲劇化，到了 1989 年底時，美國股市的市值已非全球之冠，也是 1900 年代初期以來首見。而日本，這個經濟基礎在二次大戰中完全毀於一旦的國家，人口只有美國的一半，土地面積僅是美國的 4%，竟然一躍成為全球規模最大的股市。

日本股市在大多頭期間讓人驚豔的報酬，吸引數以幾十億美元計的海外投資流入。在 1980 年代末期，許多日本股票的估值都已經到了天價的水準。日本電話電信公司 (Nippon Telephone and Telegraph, NTT)，是美國昔日壟斷性電話供應商 AT&T 的日本版，其誇張的本益比高達 300 倍。光是這家公司的市值，就

比好幾個國家的股市市值加總還高。日本股票的估值已經達到 2000 年美國科技股大泡沫的水準（有些甚至超越），遠高於美國或歐洲股市曾出現的數據。

芝加哥商業交易所 (Chicago Mercantile Exchange) 的總裁李奧‧梅拉梅德 (Leo Melamed) 曾於 1987 年遊歷日本，他問接待他的東道主們，日本股票的估值高到誇張，當中到底有多少是合理的？「您不瞭解，」他們回答，「我們在日本已經改用另一種全新的方法來估計股票的價值。」就像馬丁‧梅爾 (Martin Mayer) 報導的，就在當時，梅拉梅德知道日本股市氣數已盡。已由投資人拋在腦後的歷史教訓，此時又回過頭來糾纏他們了。

日經 225 指數 (Nikkei Dow Jones Stock Average) 在 1989 年 12 月漲破 39,000 點，之後幾年乃大幅崩落，日本股市的神祕魔法就此失靈。日經指數在 2008 年跌至 7,000 點，還不到二十年前多頭市場高峰期的 20%。

許多人指出，理論主張長線布局股市永遠都是最出色的投資，日本股市正好是反證。但日本的泡沫為世人留下很多強而有力的警示。在市場高峰期，日本的股票交易價格超過每股盈餘的 100 倍以上，比起 2000 年美國股市大泡沫下的科技與網路股，還高了 3 倍有餘。兩相對照，日本股市在 1970 年的股價與每股盈餘之比，和世界其他股市相似，而 1970 年起日本股市的報酬率也和其他國家的股市報酬率相當。

納斯達克指數在 2000 年 3 月達到泡沫高點，和日本股市的情況大同小異。高科技市場的本益比最高達 100 倍，股利殖利率掉到接近零的水準。不令人意外的是，在 2013 年，離高峰期大約過了十年之後，納斯達克指數就像日經 225 指數一樣，仍大幅低於高點水準。

股票風險

以美元為基礎貨幣的投資人如果投資海外股票，其風險是用每年以美元計價的報酬率標準差來計算。這裡有兩個風險因子：以當地貨幣計價的股價波動，以及美元和當地貨幣之間的匯率波動。在表 13-1 中，這兩個項目分別以國

內風險和匯率風險來表示。

就美國之外的已開發國家（歐澳遠東）而言，當地風險為 20%，匯率風險幾乎是該值的一半，為 9.62%。但以美元計價的總風險僅比當地風險高了 13%，為 22.61%。這是因為，匯率風險通常和當地風險成反向走勢。對於以美元為基礎貨幣的投資人來說，日本股票的風險在某種程度上比歐洲股票的風險高一些。

要解釋新興市場的匯率風險，須要特別費神。原始數據顯示，匯率波動實際上抵銷了一半的國內風險。如果進一步檢視這些數據，會發現這樣的結果主要來自過去數據中的高通膨率，高通膨導致匯率快速貶值，使得以當地貨幣計價的報酬飆高。自 2000 年起，當多數開發中國家把通膨壓到更低水準時，匯率變動實際上提高了本地股票的風險，在某些情況下甚至是大幅提高。

◪ 是否應該針對匯率風險避險？

一般而言，匯率風險會提高本地風險，投入海外市場的投資人很可能從事避險以避開貨幣的波動。貨幣避險 (currency hedging)，指的是簽訂外幣期貨契約，或者購買可以自動規避匯率波動的證券。

但規避外匯風險不必然是適當的策略。避險成本取決於外國貨幣與美元的利率利差；而且，如果一國的貨幣預計將會貶值（通常都是因為通膨很高），避險的成本可能極為高昂。

比方說，英鎊在過去一世紀從 4.80 美元貶到大約 1.60 美元，要規避其貶值的風險成本非常高，超過英鎊貶值的損失。因此，如果投資人不針對英鎊貶值做避險，所能賺得以美元計價的英國股市報酬反而優於有避險者。

對於長線投資者來說，在海外股市進行貨幣避險，可能沒這麼重要。長期來說，匯率走勢主要是由兩國間的通膨差異來決定，這種現象稱為購買力平價 (purchasing power parity)。由於股票是對實質資產的主張權，其長期報酬會彌補投資人承受的通膨變動，因此可使投資人避免因外國通膨嚴重而產生的貶值風險。

短期內，進行匯兌避險或許會降低投資人以美元計價報酬之風險。通常，不利於一國經濟的壞消息會壓制其股市及幣值，投資人可以透過避險來規避後者的風險。此外，如果央行的政策是要讓貨幣貶值以刺激出口和經濟，有避險的投資人既可以享有經濟成長的好處、又無須承受貨幣貶值的損失。舉例來說，如果投資人於 2012 年底在日本股市持有貨幣避險部位，當日本首相安倍晉三主張日圓貶值以刺激經濟時，這些人獲得的報酬會大幅高於沒有針對日圓走貶避險的投資人。

分散投資：類股還是國家？

資本市場越來越全球化，惟國際投資中卻有一個面向恰恰妨礙了這股趨勢。現今國際投資的資產配置，是以企業總部的所在國來區分，就算該公司不在其總部所在國銷售或製造商品也沒關係。為了符合現況，1990 年代初期，標準普爾宣布總部不在美國的企業不得納入標準普爾 500 指數內。2002 年，標準普爾從指數中剔除了剩下 7 家總部設在海外的公司，其中包括一些大型企業如皇家荷蘭石油以及聯合利華。

支持以總部為標準的人主張，特定國家的政府規範與法律架構關係重大，就算該公司的大部分銷售額、盈餘與生產都來自海外時也一樣。但是，隨著全球化的腳步不斷向前邁進，母國的影響力很可能消失。根據該企業屬於哪一個產業類別來配置資產、不理會其總部設在何處，應是更合理的投資方法。

類別投資策略在美國股市很普遍，在國際上卻沒那麼風行。但我相信情況一定會改變。事實上，我預見未來將會出現國際註冊公司 (international incorporation)，企業會選擇接受一套由幾個國家達成協議的國際規範管制，企業總部設在何處，已經沒那麼重要或根本不重要。國際註冊公司的標準將會類似國際會計準則理事會 (International Accounting Standards Board) 所推廣、越來越風行的會計準則，超越以國家為基礎的準則。如果國際註冊公司蔚為主流，「總部所在國」將毫無意義，投資的配置將會以全球的產業類別或生產與經銷地區為準。屆時，僅包含美國企業的投資組合將會變得非常狹隘，以產業類別來配置國際投資的作法將會勝過以國家別為準的作法。

📉 全球類股配置

　　且讓我們進一步根據地區別與國家別來檢視產業類別的重要性。表 13-2 是以全球產業分類標準 (GICS) 為依據，找出前十大產業在五大地區（美國、歐澳遠東、歐洲、日本以及新興市場）所占之比重。總部設在美國國內與國外的市值排名前二十大企業，則如表 13-3 所示。

　　雖然金融產業在 2008 年的金融風暴之後大舉崩壞，但仍是全世界規模最大的產業，幾乎是次大產業資訊科技的 2 倍。在美國，金融業是次大企業，占了16.7% 的市值，僅次於資訊科技產業，但比重已經低於金融危機之前的 22%。在新興市場，金融業的市值占比最大。以市值來看，中國前四大銀行皆擠入前二十大非美國企業排行榜。近來被標準普爾 500 指數納入的波克夏·海瑟威(Berkshire Hathaway)，是金融業裡規模最大的公司。這家公司被歸在金融業，是因為該公司握有極高的保險公司股份。以美國來說，在巴菲特的波克夏·海瑟威公司之後，緊跟著富國銀行與摩根大通。匯豐控股（總部位在英國）與澳洲聯邦銀行 (Commonwealth Bank of Australia) 是歐澳遠東規模最大的金融機構。

　　在非必需消費品方面，日本到目前為止在每個地區都占有最高比重，主要是因為豐田汽車的布局，它是全球前十大非美國企業之一。在美國，華特迪士尼 (Walt Disney) 與家得寶是此類產業中規模最大的企業，至於歐澳遠東，緊跟

表 13-2　標準普爾 500 與各地區之產業類別的分布，2013 年 6 月

	標準普爾 500	歐澳遠東	日本	新興市場	歐洲	全球
非必需消費品	11.8%	11.4%	21.4%	8.2%	9.6%	11.4%
必需消費品	10.6%	11.9%	6.6%	9.3%	14.6%	10.6%
能源	10.6%	7.1%	1.2%	11.6%	9.7%	10.1%
金融	16.7%	25.2%	20.7%	27.9%	21.4%	21.2%
醫療保健	12.6%	10.4%	6.3%	1.3%	12.8%	10.2%
工業	10.1%	12.5%	18.9%	6.4%	11.4%	10.5%
資訊科技	18.0%	4.4%	10.9%	14.6%	2.8%	12.2%
原物料	3.3%	8.3%	6.0%	9.7%	8.4%	6.1%
電信服務	2.8%	5.1%	4.9%	7.6%	5.3%	4.3%
公用事業	3.2%	3.7%	3.0%	3.5%	4.0%	3.3%

表 13-3　美國及海外市值前二十大的企業，2013 年 6 月

排名	美國企業	所屬產業	市值 （10 億美元）	排名	美國之外的 海外企業	所屬 國家	所屬產業	市值 （10 億美元）
1	蘋果	資訊科技	415	1	中國石油天然氣	中國	能源	243
2	埃克森美孚	能源	407	2	中國工商銀行	中國	金融	237
3	微軟	資訊科技	298	3	雀巢	瑞士	必需消費品	218
4	Google	資訊科技	291	4	羅氏	瑞士	醫療保健	213
5	波克夏‧海瑟威	金融	284	5	荷蘭皇家殼牌	荷蘭	能源	211
6	奇異電子	工業	247	6	匯豐控股	英國	金融	205
7	嬌生	醫療保健	239	7	中國移動	香港	電信服務	204
8	雪弗龍	能源	236	8	中國建設銀行	中國	金融	196
9	IBM	資訊科技	229	9	諾華	瑞士	醫療保健	194
10	富國銀行	金融	218	10	豐田汽車	日本	非必需消費品	194
11	寶僑	必需消費品	213	11	三星	南韓	資訊科技	188
12	摩根大通	金融	205	12	必和必拓	澳洲	原物料	160
13	輝瑞	醫療保健	200	13	安海斯布希	比利時	必需消費品	152
14	美國電話電報	電信服務	191	14	Vodafone	英國	電信服務	145
15	可口可樂	必需消費品	184	15	中國農業銀行	中國	金融	143
16	花旗集團	金融	157	16	賽諾菲	法國	醫療保健	142
17	菲利普莫里斯	必需消費品	151	17	英國石油	英國	能源	136
18	默克	醫療保健	146	18	中國銀行	中國	金融	129
19	威訊	電信服務	144	19	葛蘭素史克	英國	醫療保健	127
20	美國銀行	金融	144	20	道達爾	法國	能源	119

著豐田汽車之後的是戴姆勒集團 (Daimler AG)。

　　必需消費品產業中占比最高的是歐洲，瑞典的雀巢 (Nestle) 和比利時的安海斯布希 (Anheuser-Busch)，都名列市值前二十大非美國企業的排行榜。在美國，寶僑 (Procter & Gamble)、可口可樂 (Coca-Cola) 和菲利普莫里斯國際都是市值前二十大的美國企業。專營軟性飲料的巴西企業美洲飲料 (AmBev)，是新興市場規模最大的必需消費品企業。

　　在能源產業，埃克森美孚 (Exxon Mobil) 是全球市值最大的能源公司。而同樣以市值來說，中國石油天然氣則是市值最大的非美國能源公司。美國的雪弗

龍 (Chevron)、歐洲的荷蘭皇家殼牌、英國石油 (BP) 和道達爾 (Total)，均為市值前二十大的非美國公司。

在資訊科技產業，經常和埃克森美孚彼此競爭全球市值最大寶座的蘋果拔得頭籌，緊接著是微軟、Google、IBM 和南韓的三星電子 (Samsung Electronics)，思愛普 (SAP) 則是歐洲規模最大的資訊科技公司。在醫療保健產業，嬌生 (Johnson & Johnson) 的全球市值最大，接下來是瑞士的羅氏控股 (Roche Holdings) 和諾華 (Novartis)，以及美國的製藥大廠輝瑞和默克 (Merck)。在工業產業，奇異電子獨占鰲頭，之後是德國的西門子 (Siemens)。在原物料產業，只有澳洲的必和必拓 (BHP Billiton) 擠進全球前二十大，市值最高的美國原物料公司則是孟山都 (Monsanto)。在電信服務產業，美國電話電報公司與威訊 (Verizon) 擠進美國市值前二十大公司的榜單內，中國移動和英國的 Vodafone 集團則是市值前二十大的非美國企業。最後，無論是美國或非美國企業，沒有任何一家公用事業上榜，美國規模最大的公用事業是杜克能源 (Duke Energy)，在歐澳遠東則是英國國家電力公司 (British National Grid)。

📈 民營資本與公營資本

埃克森美孚或許是全世界市值數一數二的企業，擁有最大的石油與天然氣儲量（2011 年時預估有 250 億桶），超過任何民營企業。但如果把國營事業算進來，這家美國企業鉅子的排名就會大幅下滑。沙烏地阿拉伯國家石油公司 (Saudi Aramco) 和伊朗國營石油公司 (National Iranian Oil Company, NIOC) 兩者的預估儲量相加，超過 6,000 億桶！如果以每桶 10 美元來估價，這兩家公司的價值超過 6 兆美元。這不過是全球各政府擁有之資產中的一小部分而已。在很多國家，天然氣、電力和水力事業仍由政府擁有、營運，政府在其他許多企業中，就算沒有足以掌控企業的股權，也持有相當多的股份。

即便是強調民營化的國家如美國，聯邦政府、州政府和當地政府仍擁有數以兆美元計的財富，形式包括土地、天然資源、道路、水壩、學校和公園。關於這些財富中有多少應該民營化（如果有的話），目前歧見甚深。不過有相當的

證據指出，民營化的公司通常會提升效率。全球股本的成長，不僅來自於民營企業，也來自於許多國有資產的民營化。

🌐 結論

全球各經濟體與市場無法阻擋的整合趨勢，在新的千禧年中勢將持續下去。任何一國都無法在每一個市場坐大，地球的任何一個角落也都有可能冒出產業領導者。世界經濟體的全球化，意味著管理優勢、產品線和行銷會是越來越重要的成功因素，超越企業總部設在何處。

投資人若只著重於美國股票，是很危險的策略。任何顧問都不會建議投資人僅從特定的公司中挑選投資標的。只投資美國股票就好像是一種賭注，因為總部位於美國的個股在全球市場的占比將越來越小。投資人唯有持有分散得宜的全球投資組合，才能以最低的風險賺取最豐盈的報酬。

第三部

經濟局勢如何
影響股市

第 **14** 章

黃金、貨幣政策與通貨膨脹

股市一如賽馬，有錢就能讓馬兒向前跑。貨幣條件對股價大有影響。

——馬丁・茲維格 (Martin Zweig)，1990 年

即使聯準會主席艾倫・葛林斯班 (Alan Greenspan) 悄聲對我說未來兩年他要採取哪些貨幣政策，也不會改變我的投資策略。

——華倫・巴菲特 (Warren Buffett)，1994 年

1931 年 9 月 20 日，英國政府宣布英國將脫離金本位制，英國央行的準備金或國家通貨（即英鎊）不再兌換成黃金。英國政府堅持此舉僅為「一時之計」，並非永遠放棄可用貨幣兌換黃金的承諾。然而，這是英國與全球終結金本位制的起點；金本位制已經存在超過兩世紀了。

由於擔心貨幣市場發生混亂，英國政府下令關閉倫敦證券交易所。紐約證交所的官員決定仍開放美國的交易所，但也防範出現恐慌性賣壓。英國是當時的第二大工業國，暫停兌換黃金引起了世界恐慌，擔心其他工業國是否被迫放棄金本位制。各國央行將本次暫停兌換稱之為「史無前例的全球金融危機」。紐約證交所有史以來第一次禁止賣空，努力穩定股價。

出乎紐約證交所意外的是，美股在短暫下跌之後大幅攀升，多檔個股當天都收高。顯然，英國政府暫停兌換黃金一事對美股來說並非利空。

這樁「史無前例的金融危機」對英國股市來說也不是問題。當英國股市於 9 月 23 日重啟交易時，股價一路飆漲。美聯社為倫敦證交所重新開張寫了一篇生動的報導：

> 成群的股票經紀人就像小學生一樣歡笑喝采，在交易所被迫關閉兩天後的今天大舉湧入證交所交易，而他們的歡欣鼓舞也反映在多檔個股的價格上。

撇開政府官員的悲觀預言，股民認為脫離金本位制對整體經濟來說是好事，對股市來說更是好上加好。暫停金本位制後，英國政府可以將準備金借給銀行體系以擴張信用，英鎊貶值也可帶動海外對英國出口品的需求。此舉震撼了全球保守的金融業者，卻獲得股市的大力支持。事實上，1931 年是英國股市的低點，美國與其他仍維持金本位制的國家也持續衰退。這當中的歷史教訓是：流動資金與寬鬆信用可助長股市，央行能自主提供流動資金的能力，是股市另一項重要的加分因素。

一年半之後，美國加入英國的行列放棄金本位制，最後各國也都實施了紙本通貨制。雖然紙本通貨制會出現通膨偏差，但是全世界很快就適應了新制，股市也和決策者一樣享有更多的彈性。

貨幣與物價水準

1950 年，杜魯門 (Harry S. Truman) 總統的國情咨文讓全美大吃一驚，因為他預測一般的美國家庭年收入在 2000 年之前將達到 12,000 美元。當時美國中產階級家庭的平均收入為 3,300 美元，讓 12,000 美元看來高不可攀，也暗示美國在二十世紀後半葉將要創下前所未見的經濟成長。後來的事實證明，杜魯門總統的預言客氣了。2000 年，中產之家的收入為每年 41,349 美元。然而，以 1950 年的價格換算，2000 年之收入所能買的東西不及當時的 6,000 美元，這證明了二十世紀後半期的通膨相當高。在這五十年間，中產之家的所得增加 12 倍以上（從 3,300 美元增至 41,349 美元），但實質收入只有倍增（從 3,300 美元增至 6,000 美元），其他都被通膨吃掉了。

通膨和通縮向為經濟史的特色，在經濟學家能收集到數據的時期都可以看出這一點。自 1955 年以來，美國沒有任何一年的消費者物價指數是下跌的。過去六十餘年來究竟發生了哪些變化，使得通膨成為常態？答案很簡單：貨幣供給的控制機制已經從黃金移轉到政府。隨著這項變化，政府得以提供足量的流動性，因此物價不會下跌。

我們曾在第 5 章分析英美兩國過去 210 年來的整體物價，在二次大戰之前並無全面性通膨，戰後則出現了長期通膨。大蕭條之前，只有在發生戰爭、農作物歉收以及其他危機時才會出現通膨。而戰後價格的變動模式則大不相同。物價水準幾乎從未下滑，只有上漲幅度高低的問題。

經濟學家很早就知道決定物價的最重要因素：流通的貨幣數量。有證據支持貨幣與通膨之間確實存在穩定關係。來看看圖 14-1，圖中顯示自 1830 年以來美國貨幣與物價之間的關係。物價的整體趨勢，非常貼近貨幣供給的水準（已針對產出水準進行標準化調整）。

貨幣供給和消費者物價指數之間存在密切關係，舉世皆然。若非不斷創造貨幣，就不可能發生持續的通膨，歷史上每一次惡性通膨，都和貨幣超量供給有關。許多證據顯示，貨幣供給成長率高的國家，通膨亦高，而貨幣供給成長有限的國家，通膨也低。

圖 14-1　美國貨幣與物價，1830 年到 2012 年

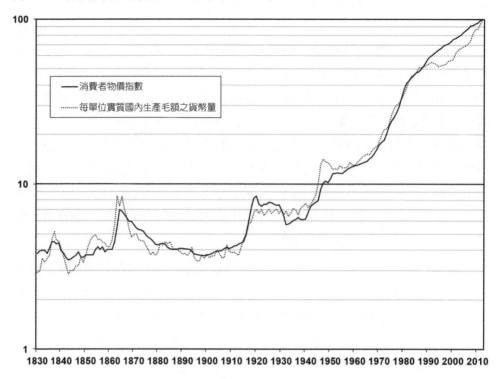

　　為何貨幣數量和物價水準如此緊密連結？這是因為貨幣的價格和其他貨物的價格一樣，是由供需決定。貨幣供給由央行密切控制，而貨幣需求則來自複雜經濟體中交易著數十億商品和服務之家庭與企業的需求。如果貨幣供給量超過產出的財貨服務數量，就會導致通膨。有一個典型的說法可傳神地描述通膨過程，即「大量金錢追著少量商品跑」，這句話至今仍然適用。

　　或許會有人問，為何美國聯準會（以及其他國家的央行）自貨幣危機以來大舉擴張貨幣供給，卻未引發嚴重通膨。米爾頓・傅利曼 (Milton Friedman) 在《美國貨幣史》(The Monetary History of the United States) 中判定，和通膨連動性最高的是存款加上通貨（他將這種貨幣定義為 M2）而非貨幣基數 (monetary base)，後者指的是準備和通貨的總數。美國的貨幣基數從 2007 年到 2013 年增加了 3 倍，但幾乎所有多出來的部分都變成銀行系統裡借不出去的超額準備，

因此無法創造存款。可以確定的是，聯準會必須密切監督準備，以防範過度擴張信用演變成通膨。然而全球各央行都採行貨幣擴張策略且通膨仍低的情況，並未牴觸過去貨幣和物價之間的相關性。

🌐 金本位制

在大蕭條之前，多數工業國家有將近兩世紀的時間採用金本位制。這表示，各國央行有義務回應貨幣持有人的要求，將發行的紙本貨幣兌換成定額黃金。要履行義務，美國與各國政府必須保有足額的黃金準備，才能向持有者保證政府一定能履行兌換承諾。由於全球黃金的總數成長緩慢（與全球黃金供給總量相較之下，新發現的黃金礦藏相對稀少），商品物價也保持穩定。

金本位制僅會在危機時刻暫停運作，比方說戰爭。英國在拿破崙戰爭與第一次世界大戰期間均暫停金本位制，之後便恢復舊制，回到原本的兌換率。美國在南北戰爭期間也曾暫時中止金本位制，但戰爭結束就恢復了。

堅守金本位制，是全球在十九世紀與二十世紀初並未出現全面性通膨的原因。但要維持整體物價穩定也必須付出代價。由於流通貨幣必須等於政府持有的黃金數量，因此央行基本上無法控制貨幣環境。這表示央行無法在經濟或金融危機期間提供額外的貨幣。在 1930 年代，美國堅守金本位制，受到限制的政府無法祭出會引發通膨的金融政策，這套系統乃成為政府想卸下的枷鎖。

🌐 聯邦準備制的建立

由於嚴守金本位制會不時引發流動性危機，促使美國國會在 1913 年通過〈聯邦準備法〉(Federal Reserve Act)，建立聯邦準備系統。聯準會的職責在提供「具有彈性」的貨幣，這表示，若銀行系統發生危機，聯準會將成為最終的借款人。銀行發生困難時，聯準會將提供貨幣，讓存款人可以提領存款，無須強迫銀行清算貸款與其他資產。

長期來說，聯準會創造的貨幣仍會受限於金本位制，因為美國政府仍承諾紙本貨幣（亦即聯準會發行的美元）可兌換定額的黃金。但在短期，聯準會可自由創造貨幣，惟前提是不可危及聯準會發行美元的兌換性，並維持大蕭條前通行的價格，每 20.67 美元可換得 1 盎司黃金。而聯準會在執行貨幣政策與決定適當的貨幣數量時，從未得到國會或〈聯邦準備法〉的指引。

🌐 金本位制的瓦解

由於貨幣政策缺乏指引，二十年後便出現嚴重後果。在 1929 年股災之後，全球各國的經濟嚴重衰退。資產價格下滑加上企業接連倒閉，使存款人對銀行的資產存疑。一旦傳出某幾家銀行不太能應付存款人提領，就會引發銀行擠兌。

聯準會在此時表現出來的無能讓人驚訝。根據〈聯邦準備法〉賦予的明確權力，聯準會可以提供更多的準備以抑制銀行恐慌並防範金融系統崩解，但它並未出手。此外，把錢拿回來的存款人為求得更大的保障，就把錢拿到財政部，要求兌換黃金。這使美國政府的黃金準備承受極大壓力，銀行恐慌也迅速從美國蔓延到英國與歐陸。

為防止黃金急速流失，英國政府開了第一槍，在 1931 年 9 月 20 日放棄金本位制，暫停用英鎊兌換黃金。十八個月後，在 1933 年 4 月 19 日，隨著大蕭條與金融危機越演越烈，美國也暫停金本位制。

投資人樂見政府取得貨幣政策的彈性，而美國股市對廢除金本位制的反應，甚至比英國還熱烈。政府脫離金本位制當天，美股漲了 9% 以上，隔天又上漲近 6%。這連續兩天的大漲在美國股市歷史上留下紀錄。投資人認為政府可以提供必要的流動性，將有助於穩定商品價格並刺激經濟，對股市而言乃是一大利多。至於債市則下跌了，因為投資人擔心脫離金本位制會導致通膨。《商業週刊》(Businessweek) 以正面的社論評述這次的暫停行動：

〔羅斯福 (Franklin Delano Roosevelt) 總統〕展現強勢，把所有以「捍衛美元」為名的精心把戲都拋到九霄雲外。他破除了古老的迷信，並堅定立場

支持貨幣必須加以管理……現在的任務，就是要高效、明智且自制地管理本國的貨幣。這是做得到的。

美元貶值後的貨幣政策

諷刺的是，在美國人民無權用美元兌換黃金的同時，其他國家的央行卻很快取回以美元兌換黃金的權利。惟美元貶值了，要以 35 美元換 1 盎司黃金。二次大戰後制定了規範國際匯率準則的〈布列頓森林協定〉(Bretton Woods agreement)，根據本協定，美國政府承諾海外央行可用 35 美元兌換 1 盎司黃金的固定價格兌換所持有的美元，而前提是這些國家的貨幣要以固定匯率兌換美元。

戰後期間，隨著通膨升高與美元貶值，黃金對於美國以外的人士來說更具吸引力。美國的黃金準備開始減少，但官員宣稱美國仍無計畫改變以 35 美元兌換 1 盎司黃金的政策。1965 年，詹森 (Lyndon Baines Johnson) 總統在《總統經濟報告》(*Economic Report of the President*) 明白宣示：「無須質疑我們將金價維持在每盎司 35.00 美元的能力與決心。我們將投入全國所有資源以達目的。」

然結果並不如預期。隨著黃金準備減少，國會在 1968 年廢除美國貨幣必須以黃金作為擔保的規定。在隔年的《總統經濟報告》中，詹森總統宣稱：「關於黃金的迷思會慢慢消失。我們仍會繼續向前邁進，過去所做的一切在在證明了這一點。1968 年，國會已終結以黃金擔保美元的陳舊規定。」

關於黃金的迷思？黃金擔保美元的陳舊規定？還真是政策大轉彎啊！美國政府最後終於承認本國貨幣政策無須受制於黃金擔保的規則，而指引國際財政與貨幣政策近兩世紀的原則，最後被斥為陳舊思維的遺留。

雖然廢除了黃金擔保的規定，但美國政府持續以每盎司 35 美元的價格兌換海外央行的美元，而一般人在民間市場上付出的價格已經超過 40 美元。海外央行看出這項兌換機制不久就會結束，於是加速把美元換成黃金。美國在二次大戰結束時握有將近 300 億美元的黃金，到了 1971 年夏天僅剩下 110 億美元，而

且每個月都有人來兌換好幾億。

這樣下去，一定得採行某些激烈的手段才能解決。1971 年 8 月 15 日，尼克森 (Richard Milhous Nixon) 總統大刀闊斧，堪稱羅斯福總統 1933 年宣布放銀行日假期 (Bank Holiday) 以來的最大動作：他公布一套「新經濟政策」(New Economic Policy)，凍結薪資與物價，並關閉供外國人以美元兌換黃金的「黃金窗口」。黃金和貨幣之間的連結至此中斷，而且無法回復。

雖然保守派對此舉感到震驚，但少有投資人為金本位制感到惋惜。股市熱烈回應尼克森總統的公告（其他的措施包括控制薪資與物價，還有調漲關稅），大漲近 4%，成交量也創下紀錄。歷史學家對此結果毫不訝異。暫停金本位制與貨幣貶值，掀起了歷史上幾次極大的股市漲幅。投資人都認同黃金對貨幣體系來說已經過時了。

金本位制廢除後的貨幣政策

隨著金本位制瓦解，不管是美國或其他國家，擴張貨幣已不再受限。1973 年到 1974 年出現了首次引發通膨的石油危機，讓多數工業化國家措手不及。各個政府試圖透過擴大貨幣供給來抵銷下跌的產出，卻是徒勞無功，此後每個國家都承受了更高的通膨。

因為擔心聯準會的貨幣政策可能引發通膨，美國國會在 1975 年設法通過決議，強制聯準會宣告貨幣政策成長目標，藉此控制貨幣擴張。三年後，國會通過〈韓福瑞—霍金斯法〉(Humphrey-Hawkins Act)，強制聯準會每年要到國會舉行兩次聽證，報告貨幣政策，並且要訂定政策目標。自通過〈聯邦準備法〉以來，這是國會第一次指示聯準會要控制貨幣存量。時至今日，金融市場密切監督聯準會主席每年兩次到國會舉行聽證的談話，各安排在 2 月和 7 月。

遺憾的是，聯準會大致上忽略了 1970 年代訂下的貨幣政策目標。1979 年通膨高漲，讓聯準會倍感壓力，認為應該要改變政策，強力控制通膨。1979 年 10 月 6 日星期六，保羅・符爾克〔Paul Volcker，他在當年 4 月被任命接下威

廉‧米勒 (G. William Miller) 的職位，成為聯準會主席〕宣布，未來在執行貨幣政策時將改弦易轍。聯準會不再訂下利率目標作為政策指引，反而開始在不顧利率波動之下控制貨幣供給。市場明白這意味著利率將快速攀升。

流動性嚴重受限的局面，對金融市場是一大震撼。尼克森總統在 1971 年公布凍結物價與關閉黃金窗口的新經濟政策時，有大量的媒體專文報導；相形之下，符爾克於星期六晚上發表的聲明（後來稱之為「週六夜大屠殺」）並未立即成為各大報頭條，卻已動搖金融市場。股市陷入混亂，在消息宣布之後的兩天半內跌了近 8%，成交量也創下新紀錄。想以急漲的利率來制伏通膨，讓股民不寒而慄。

符爾克任內實施的緊縮貨幣政策，最後終於打破通膨循環。歐洲各國與日本央行也加入聯準會的行列，點名通膨是「人民頭號公敵」，不斷把貨幣政策導向穩定物價的方向。最後證明，限制貨幣成長是唯一真正能控制通膨的解決方案。

聯邦準備制度與貨幣創造

聯準會改變貨幣供給並控制信用條件的過程，乃是直截了當。聯準會若想要增加貨幣供給，就在公開市場裡購買公債；公開市場裡每天交易幾十億美元的債券。聯準會的獨特之處，是當它買進公債時〔稱為公開市場買進 (*open market purchase*)〕，其付款方式為增加債券賣方銀行在聯準會準備帳戶的準備金，故能創造貨幣。準備帳戶 (*reserve account*) 是各銀行在聯準會開設的存款帳戶，用以達成準備要求並便於票據結算。

若聯準會想要減少貨幣供給，便出售投資組合中的公債。公債的買方指示其往來銀行，透過買方的帳戶付款給賣方（聯準會）。而銀行會指示聯準會從該行的準備帳戶中扣掉這筆款項，這筆錢就不在經濟體系內流通了。這稱為公開市場賣出 (*open market sale*)。政府買賣公債稱為公開市場操作 (*open market operations*)。

ⓢ 聯準會的行動如何影響利率

我們已經看到，聯準會買賣公債時會影響銀行體系中的準備金額。銀行之間有一個活絡的準備金拆借市場，每天買賣幾十億美元。該市場稱為**聯邦基金市場** (*federal funds market*)，借貸這些資金的利率稱為**聯邦基金利率** (*federal funds rate*)。

雖然稱之為聯邦基金市場，但並非由政府經營，也不交易政府公債。聯邦基金市場是銀行間的私人借貸市場，這個市場的利率由供需決定。然而，聯準會對聯邦基金市場有絕大的影響力。如果聯準會買公債，準備金的供給就會增加，由於可以出借的準備金相當充裕，聯邦基金的利率就會下滑。反之，若聯準會賣公債，準備金的供給就減少，由於銀行競奪僅存的供給，聯邦基金利率就會拉高。

雖然聯邦基金只借隔夜，因此利率也是隔夜利率，但聯邦基金利率是其他各類短期利率的指標，包括多數消費性貸款的基準指標利率——基本放款利率 (prime rate)、短期商業貸款的基礎利率——倫敦銀行同業拆款利率 (London Interbank Offered Rate, LIBOR)，以及短期國庫券利率。聯邦基金利率基本上是數以兆計的貸款及證券利率基準。

利率對股價影響極大，因為利率會將股票未來的現金流折現。利率攀升會使債券比較具吸引力，因此投資人會出售股票，直到股票與債券的報酬率同樣誘人為止。當利率下滑，情況則完全相反。

ⓢ 股價與央行政策

在貨幣政策會對股價造成極大影響的前提下，順著央行政策行事可為投資人創造優越報酬，是很合理的想法。確實，從 1950 年代中期到 1980 年代，情況正是如此。在聯邦基金利率調降之後 3 個月、6 個月和 12 個月的股票報酬率都會高於利率調升之後的報酬率，而且幅度相當大。投資人可以在聯準會緊縮

圖 14-2 標準普爾 500 指數與聯邦基金利率，1990 年到 2013 年

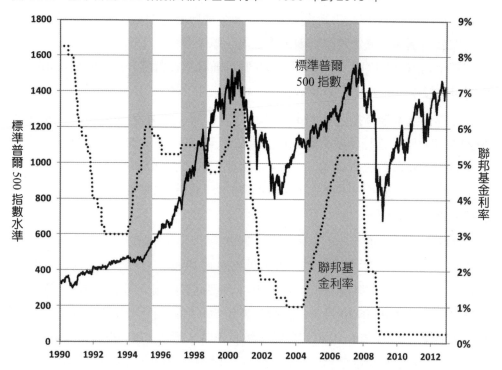

貨幣政策時減少持股、寬鬆貨幣時提高部位，創造出優越的報酬值。

　　不過自 1990 年代之後，這樣的模式就不再那麼可靠了。圖 14-2 顯示 1990 年至 2012 年期間標準普爾 500 指數與聯邦基金利率之間的關係。在 1990 年至 1991 年的衰退期間，聯準會持續寬鬆貨幣，到了 1994 年 2 月 4 日，當時標準普爾 500 指數為 481 點，聯準會反手調升聯邦基金利率目標值。債市與股市乃立即反應，股市下跌 2.5%，之後直到 4 月初又陸續跌了 7%。債券價格亦重挫，10 年期美國公債殖利率在 1994 年時跳升將近 150 個基點，使價格出現多年來最大的跌幅。在 4 月之後，股市逐漸穩定，雖然聯準會加速緊縮，美國股市仍見上漲。1995 年 7 月 6 日，聯準會終於為了因應疲弱的經濟而調降利率，但在這之前，標準普爾 500 指數穩守 554 點，比聯準會開始升息那天還高了 15%。

隨著美國經濟復甦，通膨威脅再度來襲，聯準會在 1997 年 3 月 25 日又緊縮利率 25 個基點；但股市持續上漲。亞洲金融風暴再加上 1998 年 8 月長期資本管理公司倒閉，導致美國公債市場混亂，聯準會便在 1998 年 9 月 29 日調降聯邦基金利率以為因應。不過，與十八個月前聯準會首度升息時的情況相比，此時美國股市已經上漲了 33.0%。

在美國經濟漸漸擺脫亞洲金融風暴的陰影時，聯準會再度於 1999 年 6 月 30 日緊縮貨幣，當時標準普爾 500 指數已升至 1,373 點。惟股市仍持續上漲，標準普爾 500 指數於 2000 年 3 月 24 日來到歷史高點 1,527 點，比前年 6 月還高了 12%。在以上所有事件中，當聯準會升息時即退出股市的投資人，將白白放掉大筆的股市報酬。

2000 年初，多頭牛市的高峰過後，聯準會一直沒有調降聯邦基金利率，直到 2001 年 1 月 3 日才出手；那一天，股市回到 1999 年 6 月（聯準會再次升息之起點）的水準。如果投資人在 2001 年 1 月便回到股市，那就太早了，因為股市持續下挫至 2002 年 10 月，當時標準普爾 500 指數觸及五年來的新低 776.76 點。聯準會於 2004 年 6 月 30 日開始緊縮貨幣時，標準普爾 500 指數來到 1,141 點。同樣的，這時候就退出股市也太早了，因為多頭市場又持續三年多，最後在 2007 年 10 月達到高峰 1,565 點，比聯準會開始緊縮貨幣時高了 37%。當金融風暴開始打擊經濟時，聯準會在 2007 年 9 月 18 日首次施行量化寬鬆政策，那是市場達到高點之前的三個星期，顯然也非大量買進股票的好時機。

總和來看，如果從聯準會執行放寬貨幣政策直到反手緊縮之前都持有股票，從 1994 年 2 月到 2012 年底這段期間，將可從股市獲得 55% 的累積報酬（不含股利）。而買進後持有的投資人則可以獲得高達 212% 的報酬率，幾乎比前者高了 4 倍。

美國股市之所以一反過去態勢，不再對聯準會的政策有相同的反應，背後有其理由。投資人的適應力已然強化，能監看並預測聯準會的政策，市場已經先折算其緊縮與放寬貨幣政策所造成的影響。如果投資人預料到聯準會將出手穩定經濟，那麼早在聯準會開始採取穩定機制之前，相關影響就已經被計入股票價格中了。

股票是通膨避險工具

央行有能力調節（但無法消除）景氣循環，惟其政策造成的最大影響還是在通膨。正如之前所述，1970 年代由於貨幣供給擴張而引發通膨；聯準會擴張貨幣，是期望可以緩和石油輸出國組織限制石油供給量所造成的衝擊，但成效不彰。這套擴張政策使多數工業國家經歷了兩位數的通膨，美國最高時達每年13%，英國更超過 24%。

有壓倒性的歷史證據顯示，股票的長線報酬率和通膨走勢亦步亦趨，這和固定收益資產的報酬率完全不同。股票是對實質資產獲利的所有權，而實質資產的價值本來就和生產出來的商品與服務價格有關，因此我們可以預期，股票的長線報酬不會被通膨吃掉。舉例來說，二次世界大戰之後這段期間，是美國史上通膨最高的時期，但股票的實質報酬率和之前的 150 年大致相當。有些資產可以在通膨期間仍保有購買力，就像股票，因此能成為通膨避險 (*inflation hedge*) 工具。

確實，將股票作為不斷上漲之消費者物價的避險工具，在 1950 年代效果絕佳。正如第 11 章中所述，雖然當時股票的股利殖利率低於長期債券的利率，但很多投資人仍持有股票。到了 1970 年代，股票依舊難逃通膨魔掌，將股票視為有效的通膨避險工具，也成為非主流的看法。

既有數據如何驗證將股票當成通膨避險工具的效果呢？從 1871 年到 2012 年以來，分別以美國股票、債券和國庫券當成通膨避險工具，持有期為 1 年與30 年的績效，如圖 14-3 所示。

數據顯示，不管是股票、債券或國庫券，短期均非良好的通膨避險工具。這些金融資產的報酬率在低通膨時期最高，並隨著通膨上漲而下降。如果時間拉長，股票的實質報酬基本上就不受通膨影響。反觀債券，不管持有期是長還是短，報酬率皆落後股票。

這也是艾德嘉・羅倫斯・史密斯 (Edgar Lawrence Smith) 在其 1924 年著作《長期投資普通股》(*Common Stocks as Long Term*) 中的主要結論。史密斯以

圖 14-3　持有期的報酬與通膨，1871 年到 2012 年

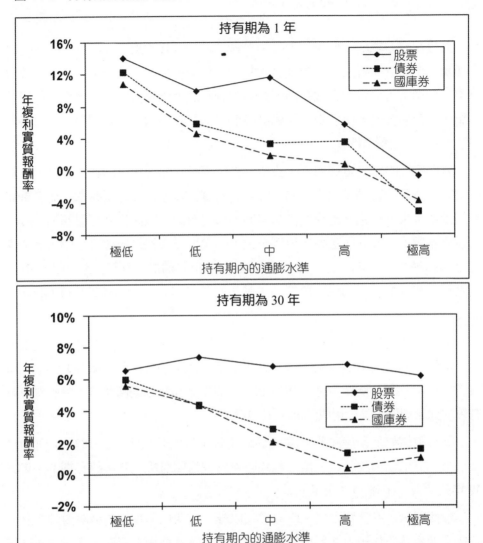

美國南北戰爭後至十九、二十世紀之交為驗證期，證明無論物價漲跌，股票的
績效都超越債券。史密斯得到的結論很紮實，接下來九十年的數據也支持他的
論點。

為何股票的短期通膨避險效果不佳

利率提高

如果說股票代表了實質資產，為何短期的通膨避險效果不佳？常見的解釋是，通膨會拉高債券的利率，債券利率高將會壓低股價。換言之，通膨必須把股價拉低到一定程度，好拉高股利殖利率或是獲利殖利率，才能和債券的高利率相抗衡。確實，這正是第 11 章談過的聯準會模型原理。

然而，這樣的解釋並不正確。當然，預期物價上漲確實會拉高利率。二十世紀初著名的美國經濟學家厄文 • 費雪 (Irving Fisher) 注意到，放款人會保護自己免受通膨影響，把預期通膨值計入他們向借款人收取的實質利率當中。這個論點被稱為費雪方程式 (Fisher equation)，以提出主張的費雪為名。

然而通膨較高，股東也會預期未來能收到較高的現金流。股票是對實質資產獲利的所有權，不論這些資產是來自機器、勞力、土地還是概念的產出。通膨會提高生產投入要素的成本，繼而提高產品的成本（而事實上，這些價格就是衡量通膨的基礎）。故爾，未來的現金流會隨著物價提升而提高。

我們可以看到，當通膨對投入與產出的價格造成同等影響時，股票未來現金流的折現值就不會因通膨而受到不利衝擊，就算利率攀升亦然。未來現金流高，會抵消利率升高的效果，因此長期來說，股價（以及獲利和股利）會和通膨以同樣的速度成長。理論上，股票的報酬是理想的通膨避險。

不自然的通膨：供給面效應

股價和通膨的同步變動，僅當通膨純粹因貨幣而起、且對成本和營收的影響完全相同時才成立。不過很多時候獲利無法追上通膨。股市在 1970 年代走跌，就是因為石油輸出國組織限制石油產量，使得能源成本大幅上漲。而企業拉抬產品價格的幅度卻未能跟上能源成本上漲的幅度。

本章曾提到，1970 年代的通膨是不當貨幣政策造成的結果，當時聯準會試圖要抵銷石油輸出國組織造成的油價高漲效應。然而油價上漲對美國企業獲利的衝擊仍不容小覷。美國的製造業多年來拜價格能源低廉之賜而欣欣向榮，當時完全沒有做好應付高油價的準備。石油輸出國組織第一次減產之後引發的經濟衰退，導致美股重挫，生產力亦大幅下降。到了 1974 年底，以道瓊工業指數衡量的實質股價自 1966 年以來跌了 65%，這是美國自 1929 年股災之後最大的跌幅。民眾十分悲觀，1974 年 8 月時有近半數美國人認為經濟即將再次陷入蕭條，就像 1930 年代美國所經歷過的。

通膨時期，投資人對於央行將提高短期利率以設下防線的憂慮，將會使股價下跌。這些限制性的政策通常會引發經濟衰退，並且抑制股價。

在很多經濟體中，通膨和政府高額的預算赤字與揮霍無度的施政密切相關，低度開發國家尤其如此。因此，通膨通常也是一種信號，暗示政府在經濟體中扮演了吃重的角色，這往往導致低成長率、低企業獲利以及低股價。簡而言之，股價在面對通膨高漲時為何會下跌，背後有很多實質的經濟面理由。

企業盈餘稅賦

股票並非良好的短期通膨避險工具，並非僅基於經濟面的理由。美國稅法在通膨期間會懲罰投資人，因為其在兩大重要面向上不利於投資人：企業盈餘與資本利得。

一般公認會計原則並未適切考慮通膨對企業盈餘造成的效應，因而扭曲了獲利。此情況主要發生在處理折舊、存貨估價與利率成本時。

廠房設備與其他資本投資的折舊，是以歷史成本為基礎。資本財的價格在資產的生命周期中或出現變化，惟折舊時不會跟著調整。通膨會提高資本成本，但財報的折舊不會針對通膨做任何調整，因此折舊額度被低估，應稅獲利被高估，讓企業必須繳交更多稅金。

　　然而，使財報盈餘出現偏差的因素並不只有折舊。在計算銷貨成本時，企業必須使用歷史成本法，存貨會計法中的「先進先出法」(first-in-first-out) 或「後進先出法」(last-in-first-out) 可擇一適用。在通膨環境下，歷史成本與實際售價差距甚大，膨脹了企業的獲利。這些「獲利」並不意味著企業的實質獲利能力有所增加；反之，只是代表企業的部分資本（亦即存貨）轉手並實現獲利而已。會計上處理存貨的方式不同於處理廠房、設備等資產，不會為了計算獲利而持續重估。

　　美國商務部 (Department of Commerce) 是負責收集經濟數據的政府機構，它很清楚上述偏差確實存在，在計算國民所得與產出帳時，會計算折舊調整值與存貨估價調整值。但美國國稅局不同意在稅賦上應用以上任何調整項。企業必須根據財報獲利支付稅金，不管獲利是否因為通膨而膨脹。這些偏差乃有效拉高了適用的資本稅率。

📉 利息成本中的通膨偏差

　　企業獲利中還有一項政府統計數字裡不會提報的通膨扭曲，源自於通膨對利息成本造成的影響。它和折舊與存貨不同的是，在通膨期間，這會導致企業的財報盈餘出現低估偏差。

　　多數企業透過發行債券等固定收益資產籌資，或者向銀行貸款。借款是以公司的資產作為槓桿，凡是高於負債的獲利就歸於股東。在通膨環境下，名目利息成本增加，但實質利息成本不變。不過，企業在計算獲利時扣除的是名目利息成本，等於高估了企業的實質利息成本，導致企業的財報盈餘被低估。

　　事實上，企業在通膨時期是以貶值的貨幣償還債務，雖然名目利息費用提高，但企業的債券與貸款實質價值卻是下跌的，後者足以抵銷前者。然而，在企業發布的任何盈餘報表上，都不會看到債務實質價值下跌。槓桿倍數高的企業，此種偏差很容易勝過存貨與折舊造成的偏差。遺憾的是，這類槓桿操作造成的誤差難以量化，因為很難把通膨造成的利息成本與實質利率的利息成本區分開來。

資本利得稅

在美國，資本的成本與售價差額是資本利得稅的課稅基礎，不會因通膨對實質利得造成影響而進行任何調整。所以，如果資產價值因通膨而提高，不論投資人是否實現了實質報酬，在出售資產時便要支付資本利得稅。這表示，就算資產價值升值幅度不及通膨（投資人實際上的獲利遭到侵蝕），出售時仍然要支付稅金。

第9章說明了稅賦對於投資人的已實現稅後實質報酬影響深遠。如果通膨較溫和，比方說3%，平均持有期為5年的投資人稅後實質報酬率，與通膨為零時能實現的稅後實質報酬率相比，就少了60個基點（1個基點為0.01%）。如果通膨漲到6%，報酬率的減損就會超過112個基點。

短期持有時，通膨對於已實現稅後實質報酬率造成的效果，比長期持有時更嚴重。這是因為投資人越常買賣資產，政府就能針對名目資本利得徵收更多稅金。然而，就算是長線投資人，通膨時期的資本利得稅也會降低實質報酬。

結論

本章說明了貨幣在經濟體與金融市場中扮演的角色。二次大戰之前，美國與其他工業國家都沒有持續性通膨。各國在大蕭條期間廢除金本位制，控制貨幣的權力就回到各國央行手上。隨著貨幣不再釘住黃金，通膨就成為各國央行戮力以對的大問題，而非通縮。

本章要傳達的訊息是，股票在短期並非良好的通膨避險工具。不過，其他金融工具也難以做到通膨避險。長期來說，股票能有效對抗通膨，債券則否。如果擔心通膨飛漲，股票也是最好的金融資產，因為很多高通膨國家的股市即便算不上蓬勃，也還運作得宜。而當政府過度發行貨幣時，固定收益資產並無法保護投資人。

對投資人來說還算幸運的是，全球各國央行都努力壓低通膨，大致上也很成功。但是，如果通膨再度發威，投資人投資股市的報酬率會比投資債市更高。

第 15 章

股票與景氣循環 [1]

過去發生的五次經濟衰退，股市預測到九次。

——保羅・薩謬爾森 (Paul Samuelson)，1966 年

我當然樂於正確預測出股市行情並預見衰退，但這是不可能的，因此我只要能像巴菲特一樣，找出能獲利的企業就滿意了。

——彼得・林區 (Peter Lynch)，1989 年

[1] 本章改編自我的論文："Does It Pay Stock Investors to Forecast the Business Cycle?" in *Journal of Portfolio Management*, vol.18 (Fall 1911), pp.27-34。內容大部分受惠自與保羅・薩謬爾森教授的對談。

有一位備受尊崇的經濟學家要發表演說，對象是一大群金融分析師、投資顧問與股民。聽眾顯然心事重重。股市幾乎每天都創新高，股利殖利率落至低點，本益比則高到天邊。這種多頭走勢合理嗎？聽眾想知道經濟表現是不是好到足以支持高昂的股價。

經濟學家的演說無比樂觀。他預測，美國的實質國內生產毛額在未來四個季度都會以超過 4% 的速度成長，狀況極佳。未來至少三年都不會出現衰退，就算之後發生了，也將為時甚短。企業獲利是帶動股價的重要因素之一，至少未來三年都會以每年兩位數的速度成長。此外，他預測共和黨在隔年的總統大選中將能輕鬆入主白宮，這樣的說法顯然安撫了現場絕大多數的保守派聽眾。這一群人相當喜歡這場演說。群眾的焦慮平息了，很多顧問已經蓄勢待發，準備建議客戶增加持股部位。

這場演講的時間在 1987 年夏天，美股正要經歷史上最劇烈的跌勢，包括 1987 年 10 月 19 日，當天跌幅是破紀錄的 23%。短短幾個星期後，多數個股的成交價都只有演講時的一半。然而，最為諷刺的是，這位經濟學家提出的每一項樂觀經濟預測，全都說中了。

這告訴我們，股市和經濟經常未同步發展。很多投資人在規劃股市戰略時往往對經濟預測值嗤之以鼻，並不讓人意外。本章一開頭引用的薩謬爾森名言，其本質在經過四十五年之後仍然成立。

不過，在檢驗投資組合時，不要太快把景氣循環拋開。股市仍會強力回應經濟活動的變化。標準普爾 500 指數自 1871 年以來對景氣循環的反應，如圖 15-1 所示。股市通常在衰退期（以陰影區表示）之前開始下跌，出現即將復甦的經濟信號時便強力反彈。若你能預測景氣循環，就可以打敗本書通篇主張的「買進後持有」策略。

然而，這並不容易。想靠預測景氣循環來獲利，必須能在經濟活動的波峰與波谷出現之前先辨識出來，就算有任何經濟學家確實擁有這項技能，人數也是少之又少。華爾街一向努力預測景氣循環，倒不是因為它已能成功預測（多半預測錯誤），而是它如果真能找到經濟循環的轉折點，就可以贏得豐厚報酬。

圖 15-1　股價、盈餘、股利和經濟衰退，1871 年到 2012 年

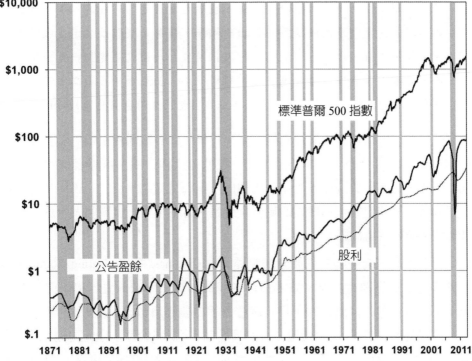

誰決定景氣循環？

　　景氣循環的時點並非由眾多收集經濟數據之政府機構決定，這一點讓許多人感到意外。此項任務乃是落在美國國家經濟研究院頭上，它是一個成立於 1920 年的民間機構，目的在記錄景氣循環並發展出一系列的國民所得帳。研究院成立初期，院內人員編製全面性的長期數據，記錄許多工業經濟體的經濟條件變化。特別的是，研究院整理出一系列英美兩國的每月商務活動，最早可回溯到 1854 年。

　　該局的創辦人之一衛斯理 · 米契爾 (Wesley C. Mitchell)，以及知名的景氣循環專家、後來擔任聯準會主席的亞瑟 · 伯恩斯 (Arthur Burns)，在他們 1964

年的著作《測量景氣循環》(*Measuring Business Cycles*) 中提出景氣循環的定義:

> 景氣循環是指,在各國總體經濟中,主導企業活動的一種波動:一個完整
> 的循環首先是許多經濟活動同時出現擴張,接著是整體性衰退或收縮,之
> 後又恢復生氣,進入下一次循環的擴張階段;此種次序變動一再出現,但
> 並不定期;景氣循環期甚為多變,短則一年,長至十年或十二年不等,而
> 且每一次的景氣循環周期內,無法再分成具備同樣特色且更為短期的循環。

　　一般假設,當包容性最強的經濟產出指標(即實質國內生產毛額)連續下
跌兩季,即出現衰退,惟非必然如此。雖然這是適合用來辨識衰退的合理原
則,但國家經濟研究院並不以單一的規則或指標來判定。反之,該局利用四種
不同的系列來決定經濟體發展的轉折:就業、工業生產、實質個人所得以及實
質製造業與貿易銷售額。

　　國家經濟研究院的景氣循環測定委員會 (Business Cycle Dating Committee)
負責確認景氣循環時間點。該委員會的成員為經濟學家,他們和研究院密切
合作,一旦關鍵的經濟條件出現,就會著手檢驗經濟數據。從 1802 年到 2012
年,美國共經歷了 47 次的衰退,每次衰退期平均近 19 個月,擴張期則平均持
續 34 個月。這表示,在這 210 年裡,美國約有三分之一的時間都處於衰退。然
而,自二次大戰後,只發生 11 次衰退,平均為期 11.1 個月,而擴張期則平均
長達 58.4 個月。因此,在戰後期間,美國經濟的衰退期約占六分之一,遠低於
戰前平均值。

　　景氣循環的時間點也很重要。一國的經濟究竟是處於衰退期或擴張期,有
其政治與經濟意涵。比方說,當國家經濟研究院宣稱美國 1990 年的衰退始於 7
月而非 8 月,就惹來許多華府人士質疑。這是因為布希政府已經告訴人民,伊
拉克入侵科威特以及油價走高,是導致經濟衰退的兩項主因。當研究局把衰退
期開始的時間往前拉一個月後,這些說法就不成立了。同樣的,2001 年的衰退
期始於 3 月企業科技支出下大幅下滑之際,遠遠早於九一一恐怖攻擊事件。

景氣循環測定委員會並不急著決定循環周期的轉折點。其決定的時間，從未因為獲得新數據或修訂後的數據而修正，國家經濟研究院也希望繼續保持這項優良紀錄。目前景氣循環測定委員會由七位委員組成，主席是羅伯特 · 豪爾(Robert E. Hall)，他指出：「國家經濟研究院會等到不再出現更新的數據導致必須修正先前的看法之後，才會宣布經濟循環的波峰或波谷時間點。」

國家經濟研究院最近訂下的景氣循環基準時間點，正好可作為說明範例。1991 年 3 月出現的波峰，在過了 21 個月、亦即到了 1992 年 12 月才確認。而2001 年的衰退在 11 月觸底，直到 2003 年 7 月才確認。至於 2002 年到 2007 年的擴張高峰期，等到 2008 年 12 月才確認，整整晚了一年，更遠遠落後於雷曼兄弟危機癱瘓金融市場導致股市重挫的時間點。顯然，若要善加利用景氣循環來掌握市場，等待研究院宣布確認景氣循環基準點就太遲了，完全派不上用場。

景氣循環轉折點上的股票報酬

幾乎毫無例外，股市會在經濟衰退前走跌，在復甦之前起漲。事實上，在美國自 1802 年以來經歷的 47 次衰退裡，其中有 43 次是股市總報酬指數事先（或同時）下跌 8% 或以上，比例超過九成。其中有 2 次例外出現在二次大戰後：1948 年到 1949 年以及 1953 年的衰退，當時股市的跌幅還不到 8%。

二次大戰後 11 次的股市跌幅摘要如表 15-1。從中可以看出股票指數的高點都出現在衰退開始之前 0 到 13 個月之間。始於 1980 年 1 月以及 1990 年 7 月的衰退，是 2 次股市沒有事先走跌、預告經濟即將走下坡的例外。

一如薩謬爾森名言所指，股市也常常發出假警報，其次數在二次大戰後顯著增加。戰後道瓊工業指數跌幅超過 10% 且之後未出現衰退（亦即假警報）的概要如表 15-2。1987 年 8 月到 12 月初美股跌了 35.1%，是 210 年的股市報酬歷史中，未見經濟衰退追隨其後的最大跌幅。

國家經濟研究院訂出的景氣循環波峰與波谷如表 15-3，可供比較。

表 15-1 股價與景氣循環高點，1948 年到 2012 年

衰退期	股票指數的高點時間 (1)	景氣循環的高點時間 (2)	兩高點相差月數 (3)	從 (1) 到 (2) 的股票指數跌幅	12 個月內股市最大跌幅
1948 年到 1949 年	1948 年 5 月	1948 年 11 月	6	−8.91%	−9.76%
1953 年到 1954 年	1952 年 12 月	1953 年 7 月	7	−4.26%	−9.04%
1957 年到 1958 年	1957 年 7 月	1957 年 8 月	1	−4.86%	−15.32%
1960 年到 1961 年	1959 年 12 月	1960 年 4 月	4	−8.65%	−8.65%
1970 年	1968 年 11 月	1969 年 12 月	13	−12.08%	−29.16%
1973 年到 1975 年	1972 年 12 月	1973 年 11 月	11	−16.29%	−38.80%
1980 年	1980 年 1 月	1980 年 1 月	0	0.00%	−9.55%
1981 年到 1982 年	1980 年 11 月	1981 年 7 月	8	−4.08%	−13.99%
1990 年到 1991 年	1990 年 7 月	1990 年 7 月	0	0.00%	−13.84%
2001 年	2000 年 8 月	2001 年 3 月	7	−22.94%	−26.55%
2007 年到 2009 年	2007 年 10 月	2007 年 12 月	2	−4.87%	−47.50%
		平均值	5.4	−7.90%	−20.20%

表 15-2 股市發出的衰退假警報，1945 年到 2012 年

股票指數的高點時間	股票指數的低點時間	跌幅百分比
1946 年 5 月 29 日	1947 年 5 月 17 日	−23.2%
1961 年 12 月 31 日	1962 年 6 月 26 日	−27.1%
1966 年 1 月 18 日	1966 年 9 月 29 日	−22.3%
1967 年 9 月 25 日	1968 年 3 月 21 日	−12.5%
1971 年 4 月 28 日	1971 年 11 月 23 日	−16.1%
1978 年 8 月 17 日	1978 年 10 月 27 日	−12.8%
1983 年 11 月 29 日	1984 年 7 月 24 日	−15.6%
1987 年 8 月 25 日	1987 年 12 月 4 日	−35.1%
1997 年 8 月 6 日	1997 年 10 月 27 日	−13.3%
1998 年 7 月 17 日	1998 年 8 月 31 日	−19.3%
2002 年 3 月 19 日	2000 年 10 月 9 日	−31.5%
2010 年 4 月 26 日	2010 年 7 月 2 日	−13.6%
2011 年 4 月 29 日	2011 年 10 月 3 日	−16.8%

二次大戰之後道瓊工業指數下跌幅度達 10% 或以上，且之後 12 個月並未出現衰退

表 15-3　股價與景氣循環谷底，1948 年到 2012 年

衰退期	股價觸底 (1)	景氣循環谷底 (2)	兩谷底相差 月數 (3)	股價指數從 (1) 到 (2) 的漲幅
1948 年到 1949 年	1949 年 5 月	1949 年 10 月	5	15.59%
1953 年到 1954 年	1953 年 8 月	1954 年 5 月	9	29.13%
1957 年到 1958 年	1957 年 12 月	1958 年 4 月	4	10.27%
1960 年到 1961 年	1960 年 10 月	1961 年 2 月	4	21.25%
1970 年	1970 年 6 月	1970 年 11 月	5	21.86%
1973 年到 1975 年	1974 年 9 月	1975 年 3 月	6	35.60%
1980 年	1980 年 3 月	1980 年 7 月	4	22.60%
1981 年到 1982 年	1982 年 7 月	1982 年 11 月	4	33.13%
1990 年到 1991 年	1990 年 10 月	1991 年 3 月	5	25.28%
2001 年	2001 年 9 月	2001 年 11 月	2	9.72%
2007 年到 2009 年	2009 年 3 月	2009 年 6 月	3	37.44%
		平均值	4.6	23.81%
		標準差	1.80	9.51%

　　股市和經濟分別觸底的時間差，平均為 4.6 個月，在 11 次衰退當中，有 8 次的時間差極短，僅有 4 到 6 個月。相較之下，股市的高點與景氣循環高點之間的時間差則為 5.4 個月。股市和經濟高峰的時間差，相較於兩個谷底之間的時間差，變異性更大。

　　有個必須一提的重點是，當經濟觸及衰退谷底時，股市的平均漲幅為 23.8%。因此，若有投資者想等具體的證據證明景氣循環已經觸底，就會錯失一大段的股市漲幅。正如前述，國家經濟研究院會一直等到經濟反轉好幾個月之後才確認衰退的時間。

🌐 準確掌握景氣循環的好處

　　我的研究證明，如果投資人可以事先預測衰退何時開始、何時結束，就可

以比「買進後持有」型的投資人賺得更亮麗的報酬。尤其是，如果投資人能在衰退開始前四個月把股票變現（或投入短期國庫券），再於衰退結束前四個月投入股市，能賺得的風險調整後報酬率平均比「買進後持有」的投資人高了近5%。而其中約有三分之二的報酬歸功於準確預測出衰退結束時間，如表 15-3 所示，股市會在經濟衰退結束前四到五個月觸底；另外的三分之一，則來自於在高峰期之前的四個月先行出售股票。如果投資人轉換股票與債權的時間，只比國家經濟研究院確認衰退開始與結束早了幾個月（亦即，實際上已經開始或結束衰退了），那就只能比「買進後持有」型的投資人多賺 0.5%。

🌐 預測景氣循環有多困難？

如果有人能事先預測何時會衰退，將可賺得豐厚報酬。這或許是讓人們願意耗費幾十億美元的資源去預測景氣循環的原因。但是從紀錄上來看，預測景氣循環轉折點的成功率非常低。

波士頓聯邦準備銀行副總裁史蒂芬・麥克尼斯 (Stephen McNees) 做了大量研究，探討經濟預測的準確度。他宣稱，決定預測是否準確的關鍵因素，是研究人員究竟針對哪一段時間做預測，而以景氣循環轉折點來說，所截取出來的研究期間乃是「錯誤百出」。然而，如前所述，能讓預測者成功掌握市場機先的，正是找出轉折點。

預測 1974 年到 1975 年的衰退期尤其難倒了許多經濟學家。1974 年 9 月，福特 (Gerald Ford) 總統在華盛頓舉辦反通膨研討會，邀請二十餘國的頂尖經濟學家，但幾乎沒有任何人察覺到當時美國經濟正處於戰後最嚴重的衰退中。麥克尼斯研究五位傑出經濟學家所發表的預測，發現預測的中位數高估了國民生產毛額 6%，低估了通膨 4%。由於幾乎沒有人及早發現 1974 年的衰退，因此很多經濟學家瞄準了下一次，惟直到 1980 年才再次出現衰退。不過，多數經濟學家所認定的衰退起始時間都早了，他們認為衰退始於 1979 年。

從 1976 年到 1995 年，羅伯特・艾格特 (Robert J. Eggert) 以及後來的藍德

爾．摩爾 (Randell Moore)，記錄並摘要一群傑出的經濟與景氣專家所做的經濟預測。他們編纂這些數值，並發表在《藍籌經濟指標》(*Blue Chip Economic Indicators*) 月刊。

1979 年 7 月，《藍籌經濟指標》的報告指出，絕大多數的預測人士相信經濟已經開始衰退──1979 年第 2、第 3 與第 4 季的國民生產毛額成長率預測值皆為負。然而，國家經濟研究院宣布，景氣循環的高點一直到 1980 年 1 月才出現，美國經濟在 1979 年仍持續擴張。

1981 年到 1982 年的衰退相當嚴重，當時美國的失業率來到戰後的高點 10.8%，但此次預測也沒有比較精確。1981 年 7 月號的《藍籌經濟指標》刊載〈經濟可望在 1982 年走向繁榮〉("Economic Exuberance Envisioned for 1982")，但現實正好相反，1982 年是一場大災難。在 1981 年 11 月之前，預測者已經發現美國經濟停滯不前，氣氛由樂觀轉為悲觀。多數人認為，美國經濟已步入衰退（事實上衰退在幾個月前就發生了），七成的人預料衰退將會在 1982 年第 1 季告終（並沒有，本次衰退反而寫下了戰後最長衰退時期的紀錄，直到當年 11 月才結束），九成的人預料會是溫和衰退，大概是 1971 年的程度，不會太過嚴重──又錯了！

1985 年 4 月，美國經濟處於擴張期，預測者開始預測榮景還會持續多久。他們的答案平均值是還有二十個月，亦即景氣循環的高峰會落在 1986 年 12 月，比景氣實際反轉的時間早了三年半。即便是最樂觀的預測者，都認為衰退將會在 1988 年春天開始。從 1985 年到 1986 年，不斷有人在問這個問題，沒有任何一位預測者想到 1980 年代的擴張居然能持續這麼久。

接下來，1987 年股市崩盤，預測者降低國民所得毛額成長率的預測值，認為 1988 年成長率將為 1.9%，1987 年則有 2.8%，這是該項預測十一年來的最大跌幅。然而實際情況卻相反，1988 年的經濟成長率將近 4%，即便股市崩盤，整體經濟仍強勢成長。

隨著擴張持續，本來認為衰退不遠的想法，轉變成繁榮將常駐的信念。持續的擴張讓越來越多人相信，人為的努力或許可以打破景氣循環的周期。比

方說透過政府政策，或是以服務業為主之美國經濟所培養出的「防衰退」特質。培基證券 (Prudential-Bache Securities) 的資深經濟學家艾德 • 亞德尼 (Ed Yardeni) 在 1988 年底撰寫〈新浪潮宣言〉("New Wave Manifesto")，指出在 1980 年代剩下的這兩年內，自我修復的成長型經濟模式將會持續下去。就在全球即將爆發二次大戰以來最嚴重之衰退的前夕，《紐約時報》的資深財經編輯李奧納德 • 希爾克 (Leonard Silk)，在 1990 年 5 月刊載的〈景氣循環真的存在嗎？〉("Is There Really a Business Cycle ?") 宣稱：

> 多半的經濟學家預測 1990 或 1991 年都不會出現衰退，而 1992 年是總統大選年，美國很可能極力避免衰退。日本、西德以及歐亞其他多數資本主義國家也都處於長期成長的局面，看不到盡頭。

然而，《藍籌經濟指標》在 1990 年 11 月便提出報告，指出團隊裡多數人認為美國經濟已經下滑、或者正要下滑進入衰退。不過在 11 月的時候，美國經濟不僅已經衰退了四個月，股市也已觸底，正要開始反彈。假定投資人在確定衰退之際抱持著普遍的悲觀心態，就會在股市低點出售股票，而當時股市才正要走向為期三年的強勢反彈。

從 1991 年 3 月到 2001 年 3 月是美國經濟史上創紀錄的擴張期，時間長達十年，再一次醞釀出「新時代經濟學」與「無衰退經濟學」的言論。即便到了 2001 年初，多數的預測者還是看不出有衰退的跡象。事實上，在 2001 年 9 月的恐怖攻擊之前，在接受《藍籌經濟指標》調查的經濟學家中，只有 13% 相信美國經濟正處於衰退。而之後國家經濟研究院卻指出，美國的衰退早在 3 月、也就是六個月之前就開始了。在 2002 年 2 月以前，不到兩成的經濟學家認為衰退在 2001 年就會結束，但是國家經濟研究院測定的衰退結束時間是 2001 年 11 月。同樣的，經濟學家也要一直等到事情發生了，才能決定景氣循環的轉折點。

面對 2007 年到 2009 年的大衰退，預測者的表現也沒有長進。國家經濟研究院一直到 2008 年 12 月才測定衰退起始時間，那已經是衰退開始一年以後的事了，標準普爾 500 指數已跌了超過 40%。聯準會確實在 2007 年 9 月開始放寬

利率,那是衰退發生的三個月之後,但當時聯準會也不認為衰退即將到來。在 2007 年 12 月 11 日的聯準會公開市場操作委員會會議上(美國經濟當時已經處於衰退),聯準會的經濟學家戴夫 · 史多克頓 (Dave Stockton) 對該會的預測值做出以下的摘要說明:

> 顯然我們的預測並不認為景氣循環已經出現高峰。因此,在預測中,我們還不能說目前美國的經濟處在景氣循環的下坡。我們的預測認為現在出現的是「成長的衰退」(意指經濟成長減緩),就這樣而已。

 ## 結論

股票的價值以企業獲利為本,景氣循環是決定獲利的主要因素。若能預測經濟循環的轉折點,將可賺得豐厚報酬,但任何學派的經濟學家都無法精準預測。

投資人最糟糕的行動,是對經濟活動人云亦云。這會使投資人在情勢大好、每個人都樂觀看待的時候買在高點,之後賣在低點。

本章對投資人的啟示很明確。要靠分析實質經濟活動來打敗股市,必須具備連預測人士們都不具備的先見之明。

國際事件對金融市場的衝擊

我可以預測天體的運行,卻猜不透群眾的瘋狂舉止。

——牛頓 (Isaac Newton)

2001 年 9 月 11 日是個美麗的星期二，陽光在紐約市升起，交易員預期今天的華爾街將平淡如昔。本日華府不會發布任何經濟數據，也沒有企業發布盈餘報告。上個星期五的就業報告數據很難看，讓市場重摔一跤，不過星期一的時候，市場已經稍稍反彈了。

美國各股市還沒開盤，標準普爾 500 指數期貨的合約如常在電子平台全球交易所 (Globex) 裡交易了整夜。期貨市場上揚，代表華爾街可望在星期二開紅盤。然而，8 點 48 分發出一則新聞快報，說有一架飛機衝撞世貿中心的北塔，而這一天也成為全球歷史上極為關鍵的一天。在接下來的 27 分鐘到市場收盤前的交易動態，如圖 16-1 所示。

飛機衝撞世貿中心的消息快速傳播，但少有人想像得到究竟發生了什麼事。是大飛機還是小飛機？是意外嗎？還是發生了其他更嚴重的災難？雖然沒人有答案，但股價指數期貨市場應聲下跌，這是情況不明朗時常會出現的狀

圖 16-1　標準普爾 500 指數期貨市場 2001 年 9 月 11 日星期二早上的動態

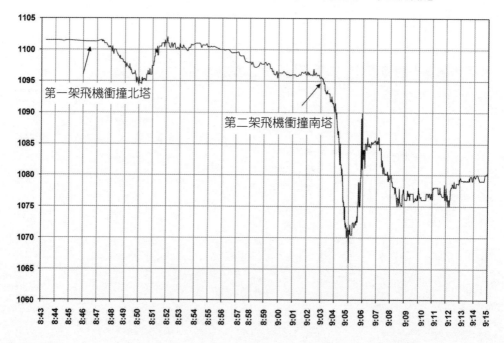

況。只是幾分鐘之內，買家又回來了，指數回到之前的水準，大部分的交易員便認為剛剛發生的事應該沒什麼大不了。

15 分鐘之後，也就是 9 點 3 分，攝影機又對準了世貿中心，全世界幾百萬人都在關心，因為有第二架飛機衝進南塔。一時間全世界風雲變色。美國人最擔心的事終於發生了，這是一次恐怖攻擊。自二次世界大戰以來，美國人第一次在本土遭受攻擊。

到了 9 點 5 分、也就是第二次攻擊的 2 分鐘之後，標準普爾 500 指數期貨已經下跌 30 點（約 3%），這代表當時交易所如果已經開盤，美國股市就會蒸發將近 3,000 億美元。不過，買盤卻奇蹟似地出現了。雖然發生如此嚴重的災難，但是有些交易者下了賭注，認為市場對攻擊事件反應過度，並判定此時正是進場買股的好時機。期貨市場隨即穩定下來，於 9 點 15 分結束了交易，下跌約 15 點，跌幅較之前收斂了一半。

即使期貨市場回穩，此次攻擊的破壞力道仍很快地滲入各地。所有股票、債券與商品交易所先是延後開盤，之後更取消當天的交易活動。事實上，美國各股票交易所在當週接下來幾天都關閉，是自羅斯福總統 1933 年 3 月宣布放「銀行日假期」、試著恢復美國崩潰的銀行系統以來，關閉最久的一次。

不過，美國境外的股票交易所仍然開放。兩架飛機攻擊時，是倫敦下午 2 點、歐陸下午 3 點。德國 DAX 指數立刻下跌超過 9%，最後大約就收在這個價位，英國股市倒沒傷得那麼重。當時有一種氛圍，認為身為全球金融中心的美國很容易遭受攻擊，有些企業很可能會遷至英國。英鎊反彈，歐元兌美元也上揚。出現國際危機時，通常會漲的貨幣是美元，只是這一次，由於攻擊瞄準紐約，美國境外的投資人就不確定該往哪裡走了。

當紐約證交所在隔週的週一、也就是 9 月 17 日再度開盤後，道瓊工業指數跌了 685 點，跌幅達 7.13%，是史上第 17 大跌幅。道瓊工業指數在當週續跌，9 月 21 日星期五收盤時為 8,236 點，比起 9 月 10 日收盤時下跌超過 14%，相較於 2000 年 1 月 14 日的歷史高點 11,723 點少了將近 30%。

🌐 推動市場走勢的因素

發生恐怖攻擊之後股市會下挫，是再明顯不過的。惟讓投資人意外的是，在多數時候，市場的大幅震盪並未伴隨著任何足以解釋股價變動的重大消息。自 1885 年道瓊工業指數成立至 2012 年，該指數單日變動幅度達 5% 或更高的天數總共有 145 天。其中 15 次的震盪發生在 2008 年 9 月到 2009 年 3 月之間，當時全球經濟都陷入金融危機之中；另外有 1 次發生在 2011 年 8 月 8 日，當時標準普爾公司調降了美國公債的評等。

在這 145 天的大幅震盪中，只有 35 天和全球重要財經事件有關，例如戰爭、政治變動或政府政策轉向。在 2008 年金融危機期間以及緊接危機之後，總共有 15 天出現大行情，其中只有 4 天和特定事件有關。自 1885 年以來，和具體全球性事件明顯相關的市場大波動不到四分之一。波動幅度前五十四名如表 16-1 所示，漲幅超過 5% 而且和特定事件有關的排名如表 16-2 所示。

貨幣政策是引發市場大喜或大憂的最大單一因素。在二十世紀中，市場有 5 次因為明顯可辨的因素而嚴重震盪，其中 4 次都與貨幣政策變動有關。和消息面有關的變動幅度首推 1931 年 10 月 6 日，單日漲了 14.87%，當時胡佛 (Herbert Clark Hoover) 總統提議籌資 5 億美元協助銀行系統；其次是 2008 年 10 月 13 日，漲了 11.08%，當時聯準會為海外央行提供無限制的流動資金，以利美元兌換。

若把焦點放在 1885 年以來前十大單日變動幅度，會發現其中只有 2 次可以歸因於特定消息。1987 年 10 月 19 日，股市創下單日跌幅達 22.61% 的紀錄，卻無涉於任何已知消息。從 1940 年直到近期的金融危機，只有 4 天的大幅變動可以找到原因：2001 年 9 月 17 日下跌 7.13%，當時是市場在經歷恐怖攻擊之後重新開盤；1997 年 10 月 27 日下跌 7.18%，當時外匯投資客正炒作港幣；1989 年 10 月 13 日下跌 6.91%，當時聯合航空 (United Airline) 融資購併破局；1955 年 9 月 26 日下跌 6.54%，當時艾森豪 (Dwight David Eisenhower) 總統心臟病發。

表 16-1 單日市場變動幅度前五十四名，1888 年到 2012 年

排名	日期	變動幅度	排名	日期	變動幅度
1	1987 年 10 月 9 日	−22.61%	28	2008 年 12 月 1 日	−7.70%
2	1933 年 3 月 15 日	15.34%	29	2008 年 10 月 9 日	−7.33%
3*	1931 年 10 月 6 日	14.87%	30*	1939 年 9 月 5 日	7.26%
4	1929 年 10 月 28 日	−12.82%	31*	1917 年 2 月 1 日	−7.24%
5	1929 年 10 月 30 日	12.34%	32*	1997 年 10 月 27 日	−7.18%
6	1929 年 9 月 29 日	−11.73%	33	1932 年 10 月 5 日	−7.15%
7	1932 年 9 月 21 日	11.36%	34*	2001 年 9 月 17 日	−7.13%
8*	2008 年 10 月 13 日	11.08%	35	1931 年 6 月 3 日	7.12%
9	2008 年 10 月 28 日	10.88%	36	1932 年 1 月 6 日	7.12%
10	1987 年 10 月 21 日	10.15%	37	1931 年 9 月 24 日	−7.07%
11	1929 年 11 月 6 日	−9.92%	38	1933 年 7 月 20 日	−7.07%
12	1932 年 8 月 3 日	9.52%	39*	2008 年 9 月 29 日	−6.98%
13*	1932 年 2 月 11 日	9.47%	40*	1989 年 10 月 13 日	−6.91%
14*	1929 年 11 月 14 日	9.36%	41*	1914 年 7 月 30 日	−6.90%
15	1931 年 12 月 18 日	9.35%	42	1988 年 1 月 8 日	−6.85%
16	1932 年 2 月 13 日	9.19%	43*	2009 年 3 月 23 日	6.84%
17*	1932 年 5 月 6 日	9.08%	44	1932 年 10 月 14 日	6.83%
18*	1933 年 4 月 19 日	9.03%	45	1929 年 11 月 11 日	−6.82%
19	1899 年 12 月 18 日	−8.72%	46*	1940 年 5 月 14 日	−6.80%
20	1931 年 10 月 8 日	8.70%	47	1931 年 10 月 5 日	−6.78%
21	1932 年 8 月 12 日	−8.40%	48*	1940 年 5 月 21 日	−6.78%
22	1907 年 3 月 14 日	−8.29%	49	1907 年 3 月 15 日	6.70%
23	1987 年 10 月 26 日	−8.04%	50	2008 年 11 月 13 日	6.67%
24	1932 年 6 月 10 日	7.99%	51*	1931 年 6 月 20 日	6.64%
25	2008 年 10 月 15 日	−7.87%	52	1933 年 7 月 24 日	6.63%
26	1933 年 7 月 21 日	−7.84%	53*	1934 年 7 月 26 日	−6.62%
27	1937 年 10 月 18 日	−7.75%	54	1895 年 12 月 20 日	−6.61%

* 表示和消息面有關

表 16-2　道瓊工業指數單日與消息面有關的最大震盪幅度，1888 年到 2012 年

排名	日期	變動幅度	事件
3	1931 年 10 月 6 日	14.87%	胡佛總統促籌資 5 億美元協助銀行渡過危機
8	2008 年 10 月 13 日	11.08%	聯準會提供「無限流動資金」給海外央行
13	1932 年 2 月 11 日	9.47%	聯準會推出貼現政策自由化
14	1929 年 11 月 14 日	9.36%	聯準會提案調降貼現率／稅率
17	1932 年 5 月 6 日	9.08%	美國鋼鐵業協議減薪 15%
18	1933 年 4 月 19 日	9.03%	美國廢除金本位制
30	1939 年 9 月 5 日	7.26%	第二次世界大戰在歐洲開打
31	1917 年 2 月 1 日	−7.24%	德國宣布發動無限制潛艇攻擊
32	1997 年 10 月 27 日	−7.18%	港幣遭到炒作
34	2001 年 9 月 17 日	−7.13%	世貿中心遭恐怖攻擊
39	2008 年 9 月 29 日	−6.98%	眾議院否決 7,000 億美元的紓困方案
40	1989 年 10 月 13 日	−6.91%	聯合航空融資購併案破局
41	1914 年 7 月 30 日	−6.90%	第一次世界大戰爆發
43	2009 年 3 月 23 日	6.84%	美國財政部宣布 1 兆美元購買銀行壞帳之政府民間合作計畫
46	1940 年 5 月 14 日	−6.80%	德國入侵荷蘭
48	1940 年 5 月 21 日	−6.78%	同盟國在法國失利
51	1931 年 6 月 20 日	6.64%	胡佛總統倡議外債延期償付
53	1934 年 7 月 26 日	−6.62%	奧地利戰事；義大利動員
56	1955 年 9 月 26 日	−6.54%	艾森豪總統心臟病發
60	2002 年 7 月 24 日	6.34%	摩根大通否認涉入恩隆醜聞
63	1893 年 7 月 26 日	−6.31%	伊利鐵路宣告破產
77	1929 年 10 月 31 日	5.82%	聯準會調降貼現率
78	1930 年 6 月 16 日	−5.81%	胡佛總統簽署關稅法案
79	1933 年 4 月 20 日	5.80%	各國陸續放棄金本位制
87	1898 年 5 月 2 日	5.64%	杜威擊潰西班牙艦隊
91	1898 年 3 月 28 日	5.56%	派遣專使與西班牙休戰
93	2011 年 8 月 8 日	−5.55%	標準普爾調降美國政府公債評等
100	1916 年 12 月 22 日	5.47%	國務卿蘭辛否認美國將參戰
103	1896 年 12 月 18 日	−5.42%	參議院投票解放古巴
105	1933 年 2 月 25 日	−5.40%	馬里蘭金融整頓
109	1933 年 10 月 23 日	5.37%	羅斯福總統放手讓美元貶值
111	1916 年 12 月 21 日	−5.35%	國務卿蘭辛暗示美國即將參戰
120	1938 年 4 月 9 日	5.25%	國會通過法案針對美國公債利息課稅
139	2008 年 11 月 5 日	−5.05%	民主黨贏得國會與總統大選
144	1931 年 10 月 20 日	5.03%	洲際商業委員會調高鐵路票價
145	1932 年 3 月 31 日	−5.02%	眾議院提案課徵證券交易所得稅

在 2008 年到 2009 年的金融危機期間，其他幾次和消息面有關的波動（除了前述的聯準會提供無限流動資金以外），是 2009 年 3 月 23 日跳漲 6.84%，當時歐巴馬政府宣布推出 1 兆美元的政府民間合作計畫，買下商業銀行的「有毒」資產；2008 年 9 月 29 日跌近 7.0%，當時美國眾議院駁回 7,000 億美元的不良資產紓困計畫，這是當時布希政府中的財政部長鮑爾森 (Henry M. Paulson) 與聯準會主席貝南克 (Ben Bernanke) 聯手推動的計畫；在標準普爾調降美國公債評等之後，8 月 8 日跌了 5.55%；民主黨在 2008 年贏得國會與總統大選，之後股市在 11 月 5 日大跌 5.05%。

戰爭通常是引發市場動盪的一大因素。但在恐怖攻擊之後，2001 年 9 月 17 日的市場跌幅比珍珠港受攻擊當天的跌幅還多了 3.5%，也比美國參戰期間的任何一天單日跌幅還大。

有時候一天之中消息不斷，但究竟是哪些新聞導致市場波動，各家的意見也大不相同。1991 年 11 月 15 日，當天道瓊跌了 120 點以上，跌幅將近 4%，《投資者財經日報》(*Investor's Business Daily*) 刊出〈出現恐慌性賣壓，道瓊指數重挫 120 點：生技類股、電腦下單、選擇權到期與國會均是罪魁禍首〉("Dow Plunges 120 in a Scary Sell-Off : Biotechs, Programs, Expiration and Congress Get the Blame") 一文。相反的，倫敦的《金融時報》(*Financial Times*) 頭版刊出一位紐約作家的文章〈擔心俄羅斯動向，華爾街下挫 120 點〉("Wall Street Drops 120 Points on Concern at Russian Moves")。有趣的是，這篇報導中的消息，尤其是俄羅斯政府暫停發放石油執照與接管黃金供應，《投資者財經日報》隻字未提！某家大報強調的「理由」在另一家報紙上卻完全不見，說明了想找到基本面的理由來解釋市場動態有多麼困難。

🌐 不確定性對市場的影響

股市痛恨不確定性，若有任何事件讓投資者感到震撼、偏離他們慣用的分析架構，都會造成嚴重後果。九一一恐怖攻擊便是最好的典範。美國人民不確定這些恐怖攻擊對未來而言意味著什麼。航空旅遊或任何形式的旅遊之衰退幅

度會有多大？對於美國每年近 6,000 億美元的觀光市場將造成何種衝擊？無解的問題會引發焦慮並拉低股價。

　　美國總統的職務若有任何不確定性，將會是另一個拉低股價的因素。當總統一職忽然間發生任何意外的變化，股市幾乎是以下跌回應。就像之前提過的，艾森豪總統於 1955 年 9 月 26 日心臟病發，導致道瓊工業指數重挫 6.54%，在戰後的大震盪中排名第五。股市下跌是一個明顯信號，代表投資人喜歡艾森豪。甘迺迪 (John F. Kennedy) 總統在 1963 年 11 月 22 日星期五遭刺，使得道瓊工業指數下跌 2.9%，並讓紐約證交所提前兩小時收盤以防出現恐慌性賣壓。直到下一個星期一的 11 月 25 日仍然暫停交易，因為當天是甘迺迪總統的喪禮。到了隔天，副總統詹森繼任總統，股市飆漲了 4.5%，這是戰後幾次大漲的其中一次。

　　1901 年 9 月 14 日，威廉・麥金利 (William McKinley) 總統遭槍擊，市場跌了 4% 以上，但在下一個交易日就全部漲回來了。1923 年華倫・哈定 (Warren Harding) 總統逝世，股市小幅下挫，但很快就船過水無痕。這類賣壓通常是投資人買股的好機會，因為市場一般會在國家領導人事底定後快速自我修正。不過也有些政治人物不入投資人的眼。小羅斯福總統的死訊傳出之後，股市在接下來一個星期漲了 4% 以上；這位總統從來不受華爾街的青睞。

🌐 民主黨和共和黨

　　眾所周知，美國股民通常偏愛共和黨超過民主黨。多數企業高階主管與股票交易員都是共和黨，許多共和黨的政策也被視為有利於股市和資本形成。民主黨在眾人眼中則比較不支持資本利得與股利的稅賦優惠、比較偏愛規範與所得重分配。但事實上，股市在民主黨執政時期的績效優於共和黨執政時期。

　　自 1885 年民主黨的葛洛夫・克里夫蘭 (Grover Cleveland) 贏得選戰以來，道瓊工業指數在每一任總統執政期間的表現如圖 16-2 所示。歷史上最嚴重的空頭熊市發生在民主黨的胡佛總統任內，雖然全美的企業與券商常把矛頭對準民主黨，但股市在民主黨的小羅斯福總統任內表現不錯。就股市的即時反應（即

圖 16-2　道瓊工業指數在各任總統任期內（陰影部分代表民主黨）的表現，1985 年到 2012 年

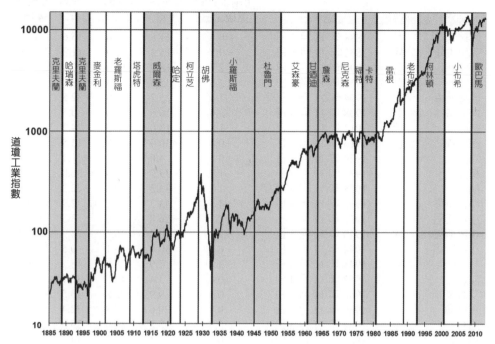

選舉前、後一日）來看，確實符合投資人偏愛共和黨勝過民主黨的事實。自1888 年以來，如果是民主黨獲勝，隔天股市的平均跌幅為 0.6%；如果是共和黨勝選，則平均上漲 0.7%。然而，市場對於共和黨順利贏得總統大選的熱烈反應，自二次世界大戰之後就緩和了。市場偶爾還是會因為共和黨選勝而上漲，比方說柯林頓 (Bill Clinton) 總統順利連任時，雖然總統是民主黨人，但共和黨控制了國會。

　　總統任期第 1 年、第 2 年、第 3 年與第 4 年的股市報酬率，如表 16-3 所示。一般來說，總統任期的第 3 年股市報酬率最佳。這個結果很驚人，因為其中包含曾重挫 43.3% 的 1931 年，當時是胡佛政府命運多舛的第 3 年，也是超過120 年以來績效最糟糕的一年。但是，第 3 年也不見得永遠都是幸運年。歐巴馬 (Barack Obama) 總統首任第 3 年的股市報酬，是自卡特總統任內的 1979 年之後，表現最糟的第 3 年。

表 16-3 美國總統大選期間與總統任內的股市報酬，1888 年到 2012 年

總統	政黨	選舉日	選前 1 日到選後 1 日	任期第 1 年	任期第 2 年	任期第 3 年	任期第 4 年
哈瑞森	共	1888 年 11 月 6 日	0.4	11.8	−6.6	16.6	13.5
克里夫蘭	民	1892 年 11 月 8 日	−0.5	−15.3	11.9	11.3	−4.5
麥金利	共	1896 年 11 月 3 日	2.7	18.9	11.0	9.9	−1.3
麥金利	共	1900 年 11 月 6 日	3.3	35.3	0.3	−18.1	28.5
老羅斯福	共	1904 年 11 月 8 日	1.3	25.2	2.0	−32.5	39.0
塔虎特	共	1908 年 11 月 3 日	2.4	16.6	−0.6	0.5	11.7
威爾森	民	1912 年 11 月 5 日	1.8	−13.0	−2.5	24.2	3.7
威爾森	民	1916 年 11 月 7 日	−0.4	−30.9	−5.8	13.5	−19.3
哈定	共	1920 年 11 月 2 日	−0.6	4.0	53.4	−11.1	21.5
柯立芝	共	1924 年 11 月 4 日	1.2	33.3	15.8	36.0	36.5
胡佛	共	1928 年 11 月 6 日	1.2	33.2	−29.6	−32.3	−13.6
小羅斯福	民	1932 年 11 月 8 日	−4.5	43.3	−4.1	7.2	43.6
小羅斯福	民	1936 年 11 月 3 日	2.3	−26.8	18.6	3.3	−11.8
小羅斯福	民	1940 年 11 月 5 日	−2.4	−10.2	−6.1	28.9	12.4
小羅斯福	民	1944 年 11 月 7 日	−0.3	30.6	−19.1	−0.5	4.3
杜魯門	民	1948 年 11 月 2 日	−3.8	7.9	28.8	18.2	8.1
艾森豪	共	1952 年 11 月 4 日	0.4	3.4	42.3	35.7	11.5
艾森豪	共	1956 年 11 月 6 日	−0.9	−9.9	25.8	13.5	−3.8
甘迺迪	民	1960 年 11 月 8 日	0.8	29.6	−15.8	32.4	18.5
詹森	民	1964 年 11 月 3 日	−0.2	8.8	−16.0	25.0	6.8
尼克森	共	1968 年 11 月 5 日	0.3	−10.1	−13.1	14.7	12.1
尼克森	共	1972 年 11 月 7 日	−0.1	−4.3	−41.1	24.0	13.2
卡特	民	1976 年 11 月 2 日	−1.0	−9.7	3.6	−2.4	16.2
雷根	共	1980 年 11 月 4 日	1.7	−12.2	11.6	28.4	−1.4
雷根	共	1984 年 11 月 6 日	−0.9	14.2	30.1	16.3	−1.6
老布希	共	1988 年 11 月 8 日	−0.4	23.8	−13.9	26.5	6.5
柯林頓	民	1992 年 11 月 3 日	−0.9	12.5	0.2	25.4	19.4
柯林頓	民	1996 年 11 月 5 日	2.6	35.2	8.6	24.3	4.6
小布希	共	2000 年 11 月 7 日 *	−1.6	−23.1	−20.9	21.2	6.0
小布希	共	2004 年 11 月 2 日	1.1	4.0	14.9	11.0	−37.9
歐巴馬	民	2008 年 11 月 4 日	−1.3	13.7	10.6	1.4	19.0
歐巴馬	民	2012 年 11 月 6 日	−1.5				
從 1888 年到	民主黨		−0.6	5.0	0.9	16.1	8.1
2012 年 6 月的	共和黨		0.7	9.6	4.8	9.4	8.3
平均值	整體		0.1	7.7	3.0	13.0	8.4
從 1848 年到	民主黨		−0.7	12.3	2.5	15.5	11.6
2012 年 6 月的	共和黨		0.0	−1.6	4.0	21.2	0.5
平均值	整體		−0.3	5.2	3.5	19.7	6.1

* 正式選舉結果一直到 2000 年 12 月 13 日才出爐

STOCKS FOR THE
長線獲利之道 LONG RUN

　　總統任期第 3 年的股市報酬率為何表現傑出，原因尚不明朗。有人認為，政府可能會在總統任期第 4 年增加支出，或對聯準會施壓要求刺激經濟，以利之後的選舉，因此第 4 年應該是股市表現最好的一年。雖然第 4 年的股市表現不錯，但顯然不是最好。這也許是因為市場預見大選年會出現不少利多政策，導致股價在前一年先行起漲。

　　近年來民主黨主政時期的股市卓越表現，如表 16-4 所示。本表記錄了股市在民主黨與共和黨執政下的實質與名目總報酬，和通貨膨脹率。自 1888 年以來，以名目值來看，市場在民主黨執政時的表現比共和黨執政時更好，但由於共和黨入主白宮時通膨較低，因此不管哪一黨當家，股票的實質報酬率都差不多。然而，過去六十年的情況就不是這樣了，市場在民主黨當政時績效較佳，無論是否考慮通膨。也許這就是市場對於民主黨勝選不如過去那麼反感的理由。

📊 股市與戰爭

　　自 1885 年以來，美國約有五分之一的時間都處於交戰狀態或介入世界大戰。不論戰時或平時，美國股市的名目報酬都一樣亮麗。惟戰爭期間通膨水準平均近 6%，平時則不到 2%，因此承平時期的股市實質報酬率遠遠優於戰時。

　　雖然承平時期的報酬率較高，但若以道瓊工業指數的每月標準差來衡量美股波動，承平時期的變動卻比戰時更高。美股震盪最嚴重的時候在 1920 年代末期與 1930 年代初期，美國投入二次大戰之前；另外則是在 2008 年到 2009 年之間，這是最近的金融危機。美股的波動幅度僅在第一次世界大戰與波斯灣戰爭期間高於歷史平均值。

　　理論上來說，戰爭應該會對股價造成深遠的負面影響。政府掌管絕大多數的資源，高稅率與政府大額借貸都壓縮了投資人對股票的需求。所有產業都成為國有，以利戰事。此外，如果有可能戰敗，勝利國會對戰敗國施以懲罰，股市也可能下滑。不過，德國和日本的經濟在二次大戰後很快復甦，兩國的股市也隨之出現榮景。

表 16-4　美國各總統任內的股市報酬，1888 年到 2012 年

總統	政黨	執政期間	執政月數	年化名目股市報酬	年化通膨	年化實質報酬
哈瑞森	共	1888 年 11 月 -1892 年 10 月	48	5.48	−2.73	8.43
克里夫蘭	民	1892 年 11 月 -1896 年 10 月	48	−2.88	−3.06	0.19
麥金利	共	1896 年 11 月 -1901 年 8 月	58	19.42	3.69	15.18
老羅斯福	共	1901 年 9 月 -1908 年 10 月	86	5.02	1.95	3.01
塔虎特	共	1908 年 11 月 -1912 年 10 月	48	9.56	2.59	6.80
威爾森	民	1912 年 11 月 -1920 年 10 月	96	3.55	9.26	−5.23
哈定	共	1920 年 11 月 -1923 年 7 月	33	7.43	−5.16	13.28
柯立芝	共	1923 年 8 月 -1928 年 10 月	63	26.99	0.00	26.99
胡佛	共	1928 年 11 月 -1932 年 10 月	48	−19.31	−6.23	−13.96
小羅斯福	民	1932 年 11 月 -1945 年 3 月	149	11.42	2.37	8.83
杜魯門	民	1945 年 4 月 -1952 年 10 月	91	13.84	5.49	7.91
艾森豪	共	1952 年 11 月 -1960 年 10 月	96	15.09	1.38	13.52
甘迺迪	民	1960 年 11 月 -1963 年 10 月	36	14.30	11.11	13.06
詹森	民	1963 年 11 月 -1968 年 10 月	60	10.64	2.76	7.66
尼克森	共	1968 年 11 月 -1974 年 7 月	69	−1.39	6.02	−6.99
福特	共	1974 年 8 月 -1976 年 10 月	27	16.56	7.31	8.62
卡特	民	1976 年 11 月 -1980 年 10 月	48	11.66	10.01	1.50
雷根	共	1980 年 11 月 -1988 年 10 月	96	14.64	4.46	9.75
老布希	共	1988 年 11 月 -1992 年 10 月	48	14.05	4.22	9.44
柯林頓	民	1992 年 11 月 -2000 年 10 月	96	18.74	2.59	15.74
小布希	共	2000 年 11 月 -2008 年 10 月	96	−2.75	2.77	−5.38
歐巴馬	民	2008 年 11 月 -2012 年 12 月	50	12.10	1.41	10.54
從 1888 年到 2012 年 12 月的平均值	民主黨		674	10.80	3.86	6.80
	共和黨		816	8.47	1.90	6.45
	整體		100%	9.53	2.78	6.61
從 1952 年到 2012 年 12 月的平均值	民主黨		290	14.20	3.47	10.48
	共和黨		432	8.37	3.80	4.45
	整體		100%	10.71	3.67	6.87

〽️ 世界大戰時的股市

　　股市在一次大戰期間的波動性高於二次大戰。在一次大戰的早期階段美股上漲近 100%，美國投入戰爭之後下跌 40%，大戰結束後又漲了回來。反之，在二次大戰的六年內，美股的漲跌幅度與戰前的差距從未高於 32%。

　　一次大戰爆發引來恐慌，歐洲的投資人急著逃出股市，投奔黃金與現金。1914 年 7 月 28 日奧匈帝國對塞爾維亞宣戰，各歐洲主要交易所都因此關閉。歐洲的恐慌散播到紐約，7 月 30 日星期二，道瓊工業指數重挫將近 7% 作收，是自 1907 年「金融大恐慌」(Panic of 1907) 崩跌 8.3% 以來最大的跌幅。在星期五紐約證交所開盤幾分鐘前，交易所投票決定無限期關閉。

　　美股一直到當年 12 月才再度開市。過去紐約證交所未曾如此長期關閉，之後也沒有。這段期間允許從事緊急交易，但僅限於特別委員會核准者，而且僅能以等同或高於交易所關閉之前的價格交易。而當時也有人違反禁止交易的禁令，在交易所外非法交易〔稱之為場外交易 (on the curb)〕，價格一路跌到 10 月。到了當年秋天，非官方的股價據說已經比 7 月收盤時跌了 15% 到 20%。

　　諷刺的是，這次長期關閉紐約證交所，乃是唯一一次美國並未參戰或未遭遇任何金融、經濟危機的關閉行動。事實上，當紐約證交所關閉時，交易者已發現美國將成為歐洲衝突下最大的經濟獲利者。當投資人明白美國在為交戰雙方製造軍火與提供原物料時，大眾就對股票興致勃勃。

　　當紐約證交所在 12 月 12 日重新開盤後，股價快速飆漲。這天是星期六，道瓊工業指數收盤時創下歷史新高，比 7 月的收盤價高了 5%。此後美股漲勢持續，1915 年是道瓊指數史上成績最好的一年，股市漲幅創下紀錄，達 82%。1916 年股市續漲，11 月觸及高點，股價比起兩年半前戰事剛剛開打時，漲了 2 倍有餘。然而，當 1917 年 4 月 16 日美國正式參戰時，股價回檔 10%，之後直到 1918 年 11 月簽訂休戰協議時，又再跌了 10%。

　　1915 年股市因大戰而走多頭，投資人將它牢記在心。二次大戰爆發後，投資人想起過去世界大戰剛開打時發生的景況，把它當成投資線索。英國在 1939

年 9 月 3 日對德國宣戰，結果全球股市的漲勢一發不可收拾，東京證交所因此被迫提早收盤。紐約開市時，瘋狂買盤也出現了。道瓊工業指數漲幅達 7% 以上，歐洲各證券交易所後來再度開放交易時也相當強勢。

二次大戰爆發之後出現的買股熱潮很快便消退。羅斯福總統下定決心，不讓一次大戰的歷史重演，不再放任企業賺國難財。這些利潤都是人民批評的箭靶，美國人民認為，年輕人戰死海外，卻讓企業賺得大把鈔票，戰爭的代價和股票的利潤同樣高到難以接受。參議院在二次大戰時徵收高額的證券交易所得稅，使得投資人預期從戰爭中賺到的戰時溢價化為烏有。

在日本攻擊珍珠港前一天，道瓊工業指數從 1939 年的高點跌落 25%，還不到 1929 年高點的三分之一。珍珠港遭襲隔天股市下跌 3.5%，由於美國在太平洋戰爭前幾個月出師不利，導致股市一路下跌，直到 1942 年 4 月 28 日觸底方休。

等到局勢有利同盟國，股市也開始走高。當德國在 1945 年 5 月 7 日簽署無條件投降書，道瓊工業指數已經比戰前的水準高了 20%。美國在廣島投下原子彈，是戰爭史上的重大事件，股市的反應是上漲 1.7%，這是因為投資人認為戰爭就要結束了。但二次大戰並不像一次大戰那樣，為投資人帶來豐厚獲利，從德國入侵波蘭到日本投降這六年期間，道瓊工業指數只漲了 30%。

二次大戰後的衝突

韓戰的爆發讓投資人大為意外。當北韓於 1950 年 6 月 25 日入侵南韓，道瓊指數跌了 4.65%，跌幅比珍珠港事變隔日還大。但市場對日漸增溫的兩韓衝突反應有限，與戰前的水準相比，股價跌幅從未超過 23%。

越戰是所有美國戰事中歷時最長且最不受歡迎的戰役之一。美國參與越戰的時間點或可說是 1964 年 8 月 2 日，據報當天有兩艘驅逐艦在東京灣遭到襲擊，因而觸發戰爭。

東京灣事變過了一年半之後，道瓊指數來到歷史新高 995 點，比攻擊事件

之前還高了 18%。但在聯準會緊縮信用以抑制通膨之後，美股掉了將近 30%。等到駐越美軍陣容在 1968 年初達到極盛，市場也隨之復甦。兩年後，尼克森總統派遣軍隊進入柬埔寨，加上升息與衰退迫在眉睫，市場再度下挫，比戰前低了近 25%。

北越與美國於 1973 年 1 月 27 日在巴黎簽署和平協議。在越戰八年期間，投資人的獲利很少，主要是因為高漲的通膨和利率抑制了股市，另外也還有一些和越戰並無直接相關的問題。

如果說越戰是美國經歷過最長的戰爭之一，1991 年在中東對付伊拉克的波斯灣戰爭便是歷時最短的戰事。1990 年 8 月 2 日，伊拉克入侵科威特，使得石油價格一飛衝天，並促使美軍集結在沙烏地阿拉伯。油價上漲加上當時經濟發展的腳步已經放慢，使美國深陷衰退。此局勢導致股市重挫，10 月 11 日時，道瓊指數比起戰前的水準已經低了 18% 以上。

美國於 1991 年 1 月 17 日採取攻勢。自從石油、黃金與美國公債日以繼夜在全球交易，於東京、新加坡、倫敦與紐約等地輪番上陣以來，這是全世界首場大戰。各國股市判斷輸贏只是幾小時之間的事。在傳出美國轟炸巴格達的消息之後幾分鐘，東京出現債券拋售潮，後來美國與其盟軍傳來令人興奮的捷報，債市與日本股市便在接下來幾分鐘扶搖直上。而在遠東交易的石油價格卻崩盤了，布蘭特原油 (Brent crude) 從戰前的每桶 29 美元跌到 20 美元。

隔天，全球股市都在漲。道瓊工業指數跳漲 115 點，漲幅有 4.4%，歐洲與亞洲各地也大有斬獲。在美國布署地面部隊攻進科威特之前兩個月，市場就知道大勢已經底定。2 月 28 日戰爭結束，在 3 月的第一個星期，道瓊工業指數相較於戰爭剛開打時，已經漲了 18% 有餘。

就像本章一開始所說的，美國對上恐怖主義的戰爭，始於 2001 年 9 月 11 日紐約與五角大廈遭到恐怖分子攻擊之時。道瓊工業指數比 9 月 10 日收盤的 9,606 點低了 16%，9 月 21 日星期五的盤中交易出現低點 8,062 點。惟隔週股市便快速反彈，等到美國於 10 月 7 日在阿富汗對塔利班 (Taliban) 展開攻擊，道瓊已經回到 9,120 點。

之後市場漲勢持續，於 2002 年 3 月 19 日來到 10,673 點，但在兩年前起步的熊市仍未告終。疲弱的美國經濟，再加上恩隆 (Enron)、世界通訊 (WorldCom) 以及其他企業的財務醜聞，使股市再次狂瀉，一直到 2002 年 10 月 10 日才止穩，當日道瓊工業指數的盤中低點已觸及 7,197 點。從 2000 年 1 月 14 日的盤中高點 11,750 點，到 2002 年 10 月 10 日的低點，道瓊工業指數跌了將近 39%，跌幅還不及因科技類股價格過高而被衝高的標準普爾 500 指數。

股市後來反彈到 9,000 點以上，但市場擔憂美國將會二度在伊拉克採取軍事行動，導致五個月後、也就是 2003 年 3 月 11 日，道瓊又跌至 7,524 點，當天正是美國入侵伊拉克的前夕。但股市的反應就像十二年前波斯灣戰爭剛開打時，在傳出入侵消息後開始反彈，即便伊拉克境內出現越來越多暴動，使得這場戰爭不得民心，美股仍然持續上漲。

儘管 2006 年 11 月共和黨在參議員選舉中挫敗，但股市仍在 2007 年夏天站上歷史新高，反彈幅度比 2000 年到 2002 年空頭期間的跌幅還大。從 2003 年 3 月底、也就是入侵伊拉克的第一個月開始，直到 2007 年 6 月，美股的年度報酬率極為搶眼，平均每年為 17.5%，不過等到金融危機出現，所有的報酬又蒸發了。

結論

在研究引發市場波動的主因時，發現市場的震盪僅有不到四分之一和重大政經消息有關，確實有振聾發聵之效。這確認了市場不可預測，要事先知道市場動向是非常困難的事。在一次世界大戰爆發時慌張賣股的投資人，錯失了 1915 年的豐厚報酬，那是股市有史以來績效最好的一年。而在二次大戰開打時搶著買股、相信這一次將重演一次大戰行情的投資人，卻要失望了；因為美國政府這次下定決心限制人民賺取國難財。國際事件在短期上或許會震動市場，卻無損於長線報酬，而這正是長線投資股票的特色。

第 16 章　國際事件對金融市場的衝擊

第 17 章

股票、債券與經濟數據

每件事都對股市影響深遠。

——詹姆士‧帕里斯德‧伍德 (James Palysted Wood)，1966 年

那是 1996 年 7 月 5 日星期五，美東日光節約時間上午 8 點 28 分。就美國而言，夾在大節日與週末之間的交易日通常交投清淡，價量都少有波動。但是這天不一樣。全世界的交易員都神經緊繃地盯著電腦螢幕，目光集中在每天發出幾千條新聞的跑馬燈上。整個星期以來，所有股票、債券與貨幣交易員都在等今天。再過 2 分鐘就要發布當月最重要的消息了：美國就業數據。道瓊工業指數的成交價格，一直在 5 月底的歷史高點附近徘徊，差不了太多。利率走升讓交易員更為擔憂。時間一秒一秒過去，8 點 30 分一到，跑馬燈跑出以下文字：

就業人數增加 239,000 人，失業率來到近六年的新低 5.3%，時薪增加 9 美分，是三十年來最大增幅。

柯林頓總統為此消息歡欣鼓舞，他說：「我們擁有這一代最穩健的美國經濟；美國勞工的薪資終於再度上漲。」

然而金融市場嚇壞了。長期債券價格立刻大跌，因為交易員預期聯準會將會採行緊縮政策，而利率也漲了將近 1 碼 (0.25%)。雖然股市要再等一個小時才開盤，但對於標準普爾 500 指數走勢而言極具指標意義的標準普爾 500 指數期貨（下一章將詳談），已下跌約 2%。已經開盤幾個小時的歐洲各股市，也隨之出現賣壓。德國的 DAX、法國的 CAC 與英國的 FTSE 等基準指標指數立即下挫約 2%。幾秒鐘內，全球股市蒸發了 2,000 億美元，債市的跌幅至少與股市相當。

這段情節說明一件事，一般人認為的好消息，通常是華爾街的壞消息。這是因為會撼動股價的不光是獲利而已，還有利率、通膨等等，而聯準會貨幣政策的未來走向也影響深遠。

經濟數據與市場

消息擾動市場。消息何時會出現，很多時候都難以預測，戰爭、政治局勢

發展與天災等等皆然。反之，以數據為憑的經濟相關消息，則會按照一年前或更早之前設定好的公告時間發布。在美國，每年要發布幾百種事先排定的經濟數據，多半都由政府機構負責，不過也有越來越多民間企業參與。基本上，所有發布的資訊都和美國經濟有關，尤其是經濟成長率和通膨，而且全都可能引發市場嚴重震盪。

經濟數據不僅是交易者檢視經濟狀況的基礎架構，也會使交易者對於聯準會將執行哪些貨幣政策產生不同的預期。經濟成長強勁或通膨高漲，聯準會緊縮貨幣或停止寬鬆政策的機率就會提高。所有數據都會影響交易者對未來利率、經濟走向的預期，最終影響股價。

🏦 市場反應原則

市場會針對預期值與實際值之間的差異做出反應，而不是針對所發布的消息。不論發布的消息對經濟是好是壞，都不重要。如果市場預期上個月就業市場會失去 200,000 份工作，但數據證實僅失去 100,000 份，這就會成為金融市場眼中「優於預期」的經濟數據。而且，這個消息造成的效果，和市場預期會多創造出 100,000 份職務、但實際上創造出 200,000 份時一樣。

市場僅針對預期值和實際值之間的差異有反應，是因為證券的價格中已經計入了所有預期資訊會造成的影響。如果市場預期某家公司將公告其獲利不佳，市場會及早將這項負面資訊的影響計入股價當中。如果到頭來財報獲利不如預期中這麼糟糕，發布消息時股價便會上漲。同樣的原理，也適用在債券價格與匯價對經濟數據的反應。

因此，為瞭解市場何以出現某些走勢，必須知道發布數據的市場預期值是多少。市場預期通常也稱為共識預估值 (*consensus estimate*)，新聞報導與研究機構都會彙總整理。它們會調查經濟學家、專業預測人士、交易員和其他市場參與者對政府或民間即將發表之數據的看法。調查的結果會發送給財經媒體參考，並在網路及眾多訊息管道上廣為發布。

公布數據之內容

　　分析經濟數據，是要找出這些數值對未來經濟成長、通膨與央行政策有何意義。以下的原則摘要說明債市如何回應和經濟成長有關之數據的發布：

優於預期的經濟成長會導致長短期利率走升。遜於預期的經濟成長會導致利率走跌。

　　快過預期的經濟成長腳步之所以會導致利率走揚，有幾個理由。第一，經濟活動熱絡使消費者更有信心，有未來的收入可以依靠，他們會更願意借貸，導致貸款需求增加。而高於預期的經濟成長率也會促使企業擴大生產規模。因此，企業界和消費者都很可能提高對信貸的需求，推動利率上漲。

　　利率會和高於預期之經濟數據一起上揚的第二個理由，是因為成長很可能造成通膨，在接近經濟擴張期的終點時尤其如此。出於生產力提高的經濟成長，多半發生在景氣擴張的前期與中期，很少會引發通膨。

　　回到章首的範例，美國勞工部 (Labor Department) 在 1996 年 7 月 5 日發布就業報告，隨之帶動了利率上漲，其原因正是擔心通膨。交易員憂慮勞動市場緊俏與失業率下滑會導致薪資上漲，因而引發通膨，這對股市和債市來說都是不利的。

　　就各國央行的未來動向而言，與經濟成長相關的數據報告意義深遠。經濟過熱帶來的通膨威脅，更可能使央行緊縮信貸。如果總和需求擴張的速度相對快於商品與服務供給的速度，主管貨幣的機構便會升息，以防經濟過熱。

　　當然，如果就業數據比預期糟糕，債市則會上漲，因為利率面對疲弱的信貸需求與較低的通膨壓力時將會下滑。請記住，債券價格和利率呈現反向走勢。

　　有一個重要原則是，當幾項數據都出現同向趨勢時，市場的反應會越來越激烈。舉例來說，如果本月通膨數據高於預期，下個月的數值同樣高於預期，市場的反應就會更強。這是因為，個別報告中會有很多雜訊，後續的數據很可能會調整上個月的單月觀察值。惟後續數據若和之前相似，就更有可能形成新趨勢，市場也將隨之變動。

經濟成長與股價

如果經濟數據強勁股市卻走低，則會讓一般大眾甚至財經媒體大感意外。不過，優於預期的經濟成長對股市來說有兩個意義，且各自影響的方向不同。經濟強力成長會提升企業未來的獲利，是股市的利多。但是經濟成長快速也會拉高利率，這代表用來折現未來獲利的折現率提高了。同樣的，疲弱的經濟數據會拉低預期獲利，然而利率如果也跟著走低，股市很可能上漲，因為利潤的折現率也變低了。以資產定價來說，這是分子（未來的現金流）與分母（現金流的折現率）之間的取捨。

究竟利率變動與企業利潤變化兩者，何者的影響力較大，端看當時經濟體處於景氣循環的哪個階段。近來的分析顯示，衰退時，優於預期的經濟成長數據會拉抬股價，因為在此階段，優於預期暗示著企業獲利，其重要性高於利率變動。反之，比預期疲弱的成長數據則會壓低股價。在經濟擴張期、尤其是擴張快結束時，利率變動的效果通常較強，因為此時通膨已成威脅。

許多股票交易者監看債市動態以作為操盤參考。積極根據利率變動與股票預期報酬值配置股債的經理人，尤其如此。當疲弱的經濟數據導致利率走低，這類投資人會馬上提高持股比例，因為股債的相對報酬動態在此時轉而對股票有利。反之，認為就業數據不佳代表著未來企業獲利將降低的投資人，可能會賣出股票。隨著投資人各自琢磨多種數據對獲利與利率有何意義，股市通常是整天在上下震盪。

就業報告

就業報告由美國勞工統計局 (Bureau of Labor Statistics, BLS) 發布，是美國政府每月發布數據中最重要的一項。為了衡量就業狀況，勞工統計局會進行兩種完全不同的調查，一種衡量就業，另一種衡量失業。薪資調查 (*payroll survey*) 計算企業薪資帳冊上有多少職務，家戶調查 (household survey) 則計算

一家有幾個人工作、幾個人正在找工作。薪資調查，有時候也稱為機構調查 (*establishment survey*)，調查將近 400,000 家公民營企業、涵蓋將近 5,000 萬名員工的薪資資料，約占美國總勞動人口的 40%。多數預測人士使用這項調查來判斷未來美國經濟的走勢。對交易員來說，最重要的是非農就業人口 (*non-farm payroll*) 的變化；這是不含農業就業人口的數據，因為農業人口變動極大，而且和經濟循環趨勢無關。

失業率 (*unemployment rate*) 根據其他調查判定，完全有別於薪資調查。失業率數據非常重要，常常成為晚間新聞的頭條。失業率是根據家戶調查結果計算，這項調查收集約 60,000 個美國家庭的數據。調查會問許多問題，其中之一是詢問家中是否有人在過去四個星期「積極」尋找工作。回答有，將被視為失業。以失業人口除以總勞動人口，就得到失業率。美國勞動人口的定義是受雇人口加上失業人口，占總成年人口的三分之二。此比率因女性在 1980 年代與 1990 年代成功覓得工作而持續攀升，惟最近已滑落。

勞工統計局的統計數字頗為弔詭，得費一番心思解讀。由於薪資調查和家戶調查數據是以兩種完全不同的調查為基礎，就業人口增加且失業人口也增加的情況並不少見，反之亦然。原因之一是薪資調查計算職務，而家戶調查則計算人頭，因此，擁有兩份工作的人在家戶調查中僅被算到一次，但在薪資調查中會被算到兩次。此外，自雇者不會被計入薪資調查，但會算在家戶調查裡。最後，在經濟復甦早期階段，找工作的人可能會增加，而失業率也可能提高，因為有更多想找工作的人湧入已然改善的勞動市場。

基於種種理由，許多經濟學家與預測人士在預測景氣循環時，都降低了失業率的比重，然無損於該數值在政治上的意義。失業率是一個很容易懂的數字，代表全體勞動人口中有多少人正待業中。一般人在判斷經濟健全度時，對該統計數字的重視度勝過其他。此外，聯準會主席貝南克在金融危機與大衰退之後決定聯準會何時升息時，也把失業率數值當成一個門檻。因此，失業率現在是交易員與市場觀察家眼中非常重要的數值。

自 2005 年以來，自動資料處理公司 (Automatic Data Processing Corporation,

ADP) 也推出自己的薪資調查數據，稱之為《自動資料處理公司國家就業報告》(*ADP National Employment Report*)，會在勞工統計局發布數據前兩天公布。自動資料公司衡量民間非農就業人口的基礎，為該公司 500,000 家美國企業客戶及其將近 2,300 萬名員工。美國每六位民間企業的員工就有一位是透過自動資料處理公司處理薪資，其中涉及各種產業的每一種付薪周期、企業規模與地區。因此，自動資料處理公司的數據是極為精準的指標，可以指出政府即將發布的勞動數據走勢。

🌐 經濟數據公布周期

每個月都會發布幾十種經濟數據，就業報告僅是其中之一。以一個月的常態時程來說，當月會發布的各種經濟數據可能如圖 17-1 所示。星號越多，代表其對金融市場越重要。

自動資料處理公司薪資報告，是月初就會公布的重要經濟成長相關數據。而在每個月的第一個工作日，前身為全美採購經理人協會 (National Association of Purchasing Managers) 的供應管理協會 (*Institute of Supply Management, ISM*) 會發布一項調查，稱之為採購經理人指數 (*purchasing managers index, PMI*)。

該協會調查 250 位製造業採購經理人，詢問訂單、生產、就業或其他指標是漲是跌，最後根據這些數據編製成一個指數。數值若為 50，代表有一半的經理人指出生產活動增加，而另一半則認為減少。若為 52 或 53，通常代表經濟正在擴張。60 代表有六成的經理人都提報成長，經濟成長強勁。數值低於 50，表示製造業在收縮，低於 40 則幾乎代表衰退。兩天之後、即每個月的第三個工作日，供應管理協會也會公布類似的指標，檢視經濟體中服務業的情況。

還有其他針對製造業活動定期發布的數據。每個月最後一個工作日會公布芝加哥採購經理人報告 (Chicago Purchasing Managers report)，剛好在公布全國採購經理人指數報告的前一天。芝加哥地區有各式各樣的製造業，因此，芝加哥採購經理人指數有三分之二的時間都和美國的全國性指數同向變動。

圖 17-1　每個月經濟數據發布時間

星期一	星期二	星期三	星期四	星期五
1 10:00 採購經理人指數 **	2 汽車銷售量 *	3 8:15 自動資料處理公司就業預估 ** 10:00 服務業採購經理人指數 **	4 8:30 申領失業救濟金人數 ** 貿易數據 *	5 8:30 就業報告 ****
8	9	10	11 8:30 申領失業救濟金人數 **	12 8:30 生產者物價指數 **** 9:55 密西根大學消費者信心指數
15 8:30 紐約聯邦準備銀行報告 * 零售業銷售額 ***	16 8:30 消費者物價指數 *** 9:15 工業生產 * 10:00 房屋市場指數 **	17 8:30 新屋開工率 *** 核發建築執照數目 ***	18 8:30 申領失業救濟金人數 ** 10:00 費城聯邦準備銀行報告 *	19
22 10:00 中古屋銷售量 **	23 8:30 耐久財訂單 **	24 10:00 新屋銷售量 *	25 8:30 申領失業救濟金人數 ** 耐久財 **	26
29	30 8:30 季度經濟成長率 *** 9:00 房價指數 * 10:00 經濟諮商會消費者信心指數 *	31 8:30 企業雇用成本指數 * 個人消費支出平減後的收入、支出 9:45 芝加哥採購經理人指數		

＊代表對市場的重要性（＊＊＊＊＝非常重要）

自 1968 年以來，每個月第三個星期四都會公布費城聯邦準備銀行製造業報告 (Philadelphia Fed Manufacturing Report)，這是每個月最早發布的製造業報告。但近年來紐約聯邦準備銀行不落人後，會早幾天發布紐約製造業報告 (Empire State report)。自 2008 年以來，總部位在倫敦的馬基特集團有限公司 (Markit Group Limited) 是一家金融資訊服務公司，發布多國的採購經理人報告（包括美國），這份報告會比供應管理協會的報告先出爐。

消費者信心指標也同樣重要：其中一種出自密西根大學，另一種則由商業貿易協會經濟諮商會 (Conference Board) 編製。這些調查詢問消費者對於自身目前財務狀況的想法以及對未來的預期。經濟諮商會在每個月最後一個星期二發表調查結果，被視為判讀消費者支出的良好前期指標。多年來，密西根大學的每月消費者信心指數都要等到經濟諮商會公布調查後才會發表，後來由於各方施壓要求及早公布，便說服校方在經濟諮商會之前先發表初步報告。

🌐 通膨報告

就業報告是經濟成長相關消息的基石，不過市場明白聯準會對於通膨數據同樣深感興趣，不下於對就業的關心。這是因為通膨是聯準會長期可以掌控的基本變數。每個月月中都會發布一些和通膨有關的統計數字，這是顯示是否有通膨壓力的最早期信號。

每個月最早公布的通膨數據是生產者物價指數 (*producer price index, PPI*)，它在 1978 年之前稱為「躉售物價指數」(wholesale price index)。1902 年首次公布的生產者物價指數，是美國政府公布的各種持續統計數據中最古老的項目之一。

生產者物價指數衡量生產者大批買進貨物的批發價；在這個階段，貨物還沒有轉手出售給一般大眾。生產者物價指數中約有 25% 是賣給製造業的資本財價格，15% 和能源相關。生產者物價指數中未包含服務的部分。發布生產者物價指數的同時，也會發布各種中間商品與原物料的物價指數，通常統稱為「通

路通膨」(pipeline inflation)，這兩類物價指數都是追蹤生產早期階段的通膨。

第二種每月公布的通膨，會在公布生產者物價指數之後一天左右發布，就是最重要的消費者物價指數 (consumer price index, CPI)。消費者物價指數涵蓋服務與商品。服務中包括租金、房價、交通運輸與醫療服務，目前在消費者物價指數中占一半以上的權重。

消費者物價指數被視為衡量通膨的基準指標。在比較物價水準時，不管是歷史資料還是國際之間的對比，幾乎都會選擇消費者物價指數。消費者物價指數也是許多民間與公家合約中所使用的價格指數，更是社會安全與政府制定稅級的參考依據。

金融市場看重消費者物價指數的程度，或勝過生產者物價指數，因為消費者物價指數被廣泛用來訂定各種指數，在政治上也甚為重要。然而，很多經濟學家認為生產者物價指數對於價格趨勢的早期變化較為敏感，因為通膨往往先出現在批發端，之後才出現在零售端。

核心通膨

對市場來說，整體通膨以及排除高波動性的食物與能源類別後之通膨都很重要。由於氣候會對食物價格造成嚴重影響，單月食物價格的漲跌對於整體通膨趨勢而言並無太大意義。同樣的，因天氣因素、短期供給干擾以及炒作交易所引發的石油與天然氣價格變動，也未必會延續到往後幾個月。為了取得能衡量長久持續趨勢的通膨指數，政府也計算核心消費者物價指數與核心生產者物價指數，衡量排除食物與能源之後的通膨。

對各國央行來說，核心通膨率比整體物價指數（後者包含食物與能源）更重要，因為前者更能點出基本的物價趨勢。預測人士預測核心通膨時會比預測整體通膨更準確，因為後者極容易受高波動的食物與能源類別影響。市場對於按月變化之通膨率所做的共識預測值如果差了 0.3%，或許不太嚴重；但是若以核心通膨來說，這就是很大的誤差了，可能會大幅衝擊金融市場。

聯準會使用的主要通膨指標稱之為個人消費支出平減指數 (*personal consumption expenditure deflator, PCE deflator*)，此物價指數是用來計算國內生產毛額帳內的消費項。個人消費支出平減指數和消費者物價指數不同，前者使用更即時的加權算法，並納入雇主以及員工支付的醫療保險成本。個人消費支出平減指數通常比消費者物價指數低 0.25% 到 0.5%，當聯準會表示其通膨目標為 2% 時，指的就是這個指數。

雇用成本

其他和通膨有關的數據便是勞動成本。美國勞工統計局發布的每月就業報告包含時薪資料，從中可以看出勞動市場的成本壓力增減。勞動成本平均約占公司生產成本的三分之二，如果時薪上漲的幅度高於生產力提高的幅度，將會拉高生產成本，造成通膨威脅。每一季，政府也會發布就業成本指數。這個指數包括了福利和薪資的成本，被視為最全面的勞動成本數據。

對金融市場的衝擊

以下的說法摘要說明通膨對金融市場的衝擊：

低於預期的通膨會拉低利率、拉抬債券與股票的價格。高於預期的通膨會拉高利率、壓低股票與債券的價格。

通膨不利於債券，應無須意外。債券是固定收益投資，創造出來的現金流不會隨著通膨調整。當通膨上漲時，債券持有人就會要求獲得更高的利率，以保障自己的購買力。

高於預期的通膨對股市來說也不好。正如第 14 章所述，股票短期並非良好的抗通膨風險工具。股民知道，通膨惡化會提高營利事業所得稅與資本利得稅的實質稅率，導致聯準會緊縮信用，並提高利率。

央行政策

央行政策對金融市場來說無比重要。知名的資產管理經理人馬丁・茲維格如此描述兩者之間的關係：

> 股市一如賽馬，有錢就能讓馬兒向前跑。貨幣條件對股價大有影響。確實，貨幣環境（主要是利率趨勢與聯準會的政策），是引領股市大方向的決定性因素。

第 16 章提到，在華爾街歷史上前五大單日最大變動幅度中，有四次和貨幣政策有關。調降短期利率與提供更多信貸供銀行使用，是普遍受到股市投資人歡迎的行動。央行放鬆信用時會調降利率，股票未來現金流的折現率因此降低，同時也會刺激需求，有助於企業未來的獲利。

聯準會每年會安排八次聯準會公開市場委員會會議，每一次都會發表會後聲明。聯準會會在每一季的最後一次會議結束後舉辦記者會，其重要性不言可喻。聯準會為參議院所做的報告也非常重要，尤其是每年 2 月和 7 月的兩場參眾兩院說明會。由於聯準會主席會拋出線索暗示政策方向的變化，因此其任何言論都可能撼動市場。

第 14 章指出，從 1950 年代到 1980 年代，聯準會的緊縮政策都會導致隔年股市報酬不佳，寬鬆政策有助於提振市場。目前市場會事先預測到聯準會的貨幣政策動向，故以利率變化來預測股市乃越來越不可靠。然而，聯準會意外召開期中會議後的結論，仍和過去一樣威力無窮。2001 年 1 月 3 日聯準會將聯邦基金利率無預期調降 0.5%，從原本的 6.5% 降到 6%，標準普爾 500 指數因此上漲 5%，以科技股為重的納斯達克則創下 14.2% 的歷史漲幅。聯準會主席貝南克在 2013 年 6 月 19 日宣布聯準會正規劃結束量化寬鬆，股市與債市都出現近兩年來最大的跌幅。

股市不會對央行的寬鬆政策冷漠以對，除非這個主管貨幣的機關寬鬆過了

頭，引發市場擔心通膨飆漲。如果過度寬鬆，投資人會選股市、棄債市，因為無預警的通膨對固定收益資產的衝擊遠大於股票。

🌐 結論

　　金融市場對於各種經濟數據的反應並不是隨機的，而是可以透過經濟分析事先預測的。經濟成長強勁必會拉高利率，但高利率對股價的影響卻不一定，當經濟體處於擴張後期階段時尤其如此，因為高利率會衝擊企業獲利。高通膨對股市和債市而言都是利空，而央行的寬鬆政策對股市來說則是一大利多，從歷史數據來看，它激發了幾次最強勁的漲勢。

　　本章強調金融市場對經濟數據的短期反應。觀察並理解市場的反應確實讓人著迷，但根據這些公布的數據來操作則很危險，就留給可以容忍短期波動的投機客吧。對多數投資人來說，比較好的辦法是從旁觀察，並堅守長線投資的策略。

第四部

短期股價波動

第 18 章

指數股票型基金、股價指數期貨和選擇權

當我還是菜鳥、在美林證券 (Merrill Lynch) 擔任週薪 25 美元的跑單員時，就曾聽老鳥說：「最棒的交易就是做股票期貨——但你不能做，因為那是賭博。」

——李奧・梅拉梅德 (Leo Melamed)，1988 年

華倫・巴菲特 (Warren Buffett) 認為股票期貨與選擇權應被列為非法投資工具，我也同意。

——彼得・林區 (Peter Lynch)，1989 年

如果要問 2012 年美國各交易所裡交易量最大的證券是哪一檔，你猜答案是什麼？蘋果 (Apple)、Google 還是埃克森美孚 (Exxon-Mobil)？答案讓人意外，這檔交易量最大的證券於 1993 年之前並不存在，它也不是哪一家公司。該檔出大量的證券被稱為蜘蛛 (spider)，這個綽號取自標準普爾 500 存託憑證 (S&P 500 Depository Receipt) 的英文縮寫「SPDR」，是一檔代表標準普爾 500 指數的指數股票型基金。2012 年，交易量超過 500 億股，交易額超過 7 兆美元。

🌐 指數股票型基金

指數股票型基金 (exchange-traded fund, ETF) 是自二十年前初創股價指數期貨契約以來最創新、最成功的新金融工具。ETF 是由一家代表標的投資組合的投資公司所發行之股份，其於交易所交易，價格由供需決定。多數在 1990 年代發行的 ETF 都追蹤知名的股價指數，但最新的 ETF 則追蹤新型的客製化指數，甚至是主動管理型的投資組合。

ETF 的發展可以用爆炸性成長來形容。圖 18-1 顯示 1995 年以來共同基金與 ETF 的成長概況。2012 年底，ETF 總值超過 1.3 兆美元，僅有一般共同基金總值 13.4 兆美元的十分之一，但自 2002 年以來已經成長了 13 倍。

1993 年發行的「蜘蛛」，是第一批、也是最成功的 ETF。其他類似產品很快加入「蜘蛛」的行列，包括一檔因交易代碼為「QQQ」而被取名為立方 (cube) 的納斯達克 100 指數 (Nasdaq-100 Index)，以及一檔因代號為「DIA」而被暱稱為鑽石 (diamond) 的產品，追蹤道瓊工業指數。

這些 ETF 密切追蹤各自的指數。稱為獲授權參與者 (authorized participant) 的委任機構、造市者與大型投資人，可以購買指數中的成分股，把股份交割給證交所的發行機構以換取 ETF 的單位，也可以用 ETF 的單位換取標的股份。交易所規定的最小單位稱之為創造單位 (creation unit)，通常為 50,000 股。舉例來說，假設有一家獲授權的參與者交割 50,000 股的「蜘蛛」給道富銀行 (State Street Bank & Trust)，將會取得標準普爾 500 指數中的各成分股，各股股數由指

圖 18-1　共同基金與 ETF 的成長概況，1995 年到 2012 年

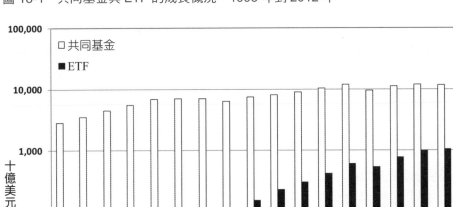

數中的權重比例決定。在這些獲授權的參與者操作之下，ETF 的價格極為貼近指數的價格。以交易熱絡的「蜘蛛」或「立方」等 ETF 為例，買賣價差僅有 1 美分。

　　與共同基金相比，ETF 有很多好處。和共同基金不同的是，ETF 在交易日中的任何時間均可買賣。第二，投資人可以賣空 ETF，待價格跌落時買進以獲利。如果投資人擔心市場可能走跌，這是很方便的避險方式。最後，ETF 的節稅效率很高；ETF 幾乎不會因為其他投資人賣股或是指數的投資組合改變而有股票資本利得。這是因為，ETF 和標的股份之間的交換是**實物交易** (*exchange-in-kind*)，並非應稅項目。本章稍後會有列表，比較 ETF 和其他投資指數方式的優劣。

🌐 股價指數期貨

　　自 1980 年代初期發展出股價指數期貨以來，就過去五十年最重要的幾種交易創新來說，ETF 確實是其中成長飛快的一種。雖然這些新型態的 ETF 極受歡迎，但是與指數期貨的交易量相比仍是小巫見大巫，後者最初在芝加哥交易，目前則在多個電子交易所交易。整體市場信心的變化，通常會先影響指數期貨市場，然後才影響在紐約交易所交易的股票。

　　若想瞭解指數期貨在 1980、1990 年代對股價來說有多重要，我們得先來看看 1992 年 4 月 13 日發生了什麼事。那天本來是一個再尋常不過的交易日，然而在早上 11 點 45 分左右，由於芝加哥河 (Chicago River) 流經金融區下方隧道時發生嚴重漏水，導致大規模停電，使得期貨交易所 (Board of Trade) 和商業交易所 (Mercantile Exchange) 等兩大芝加哥期貨交易市場只能關閉。當天道瓊工業指數與標準普爾 500 指數期貨的盤中波動如圖 18-2 所示。芝加哥的期貨停止交易之後，股市幾乎毫無動靜。

　　少了芝加哥的領頭作用，紐約證交所就像「腦死」一般。芝加哥期貨市場關閉當天，紐約的交易量少了 25% 以上；有些交易員說，如果期貨交易所繼續關閉下去，將會引發流動性問題，並使紐約方面難以執行某些交易。凱萬投資公司 (Oppenheimer & Co.) 的市場策略專家麥可・梅茲 (Michael Metz) 宣稱：「這真是太讓人愉快了；一切如此平靜。讓我想起程式交易商主導大局之前的華爾街太平歲月。」

　　投資人常常聽到的 *程式交易商* (*program trader*) 是誰，它們又做了些什麼？紐約證交所的交易大廳總是擠滿人，他們來去匆匆，忙著傳遞交易單並達成交易。在 1980 年代中期、也就是引進指數期貨的短短幾年後，人聲鼎沸的交易大廳中便夾雜著噠噠噠的聲音，幾十台自動化機器正不斷列印著大量買單與賣單。這些單幾乎都是股票期貨交易 *套利者* 所下的，這些人就是在芝加哥交易之股價指數期貨與紐約交易之成分股兩者間，進行價差套利的程式交易商。

　　這些聲音象徵芝加哥的期貨市場快速波動，而紐約的股價也會迅速隨之漲

圖 18-2　1992 年 4 月 13 日股價指數期貨停止交易後的股市動態

標準普爾 500 指數 6 月分期貨

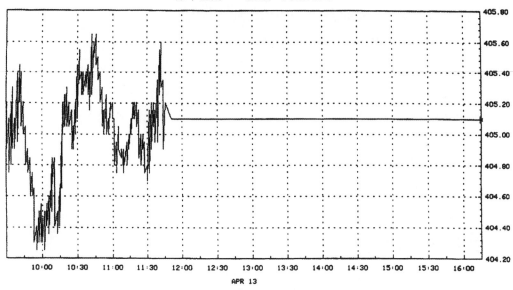

道瓊工業指數

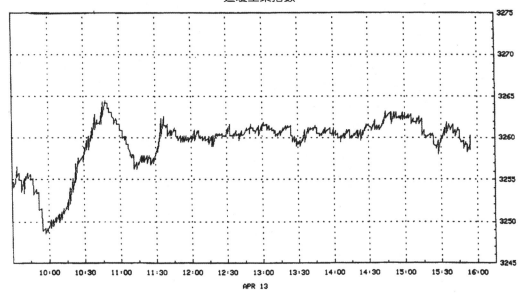

跌。這些聲音是一種神祕的警示，就像聖經十災中蝗蟲來襲時的嗡嗡聲，預告著穀物歉收與飢荒。在 1980 年代與 1990 年代初期，伴隨電腦印出期貨市場交易單而來的幾次股價崩盤，還真有如大飢荒的慘況。

在當時，大盤的變動大部分並非由華爾街決定，而是取決於芝加哥瓦克街 (Wacker Drive) 的商業交易所。紐約證交所的*專業經紀商 (Specialist)* 以及被指定替特定個股造市並監督市場的交易商，總是緊盯著期貨市場，看看其所負責的股票要往哪個方向走。這些交易商從經驗中學到，當指數期貨快速變動時，千萬別和它作對。如果硬要擋路，很可能會被捲進交易狂潮裡，就像 1987 年 10 月 19 日的大崩盤，把市場裡幾家專業經紀商都淹沒了；在這可怕的一天，道瓊工業指數重挫將近 23%。

期貨市場原理

多數投資人認為指數期貨與 ETF 是神祕難懂的證券，和實際買賣股票的市場沒有太大關係。很多投資人交易股票得心應手，卻完全不瞭解這類新式金融工具。但是如果不瞭解指數期貨與 ETF，將無法掌握市場的短期波動。

期貨交易可以追溯到幾百年前。*期貨 (future)* 一詞出自於承諾在未來某個時候以特定價格買進或交付某種商品。最初發展出蓬勃期貨交易的是農作物市場；農民希望能以保證價格賣出他們日後收穫的農作物。當買家和賣家都想避開不確定性，就能形成市場，讓雙方得以針對未來要交付的商品價格達成協議。履行這些協議的承諾稱之為*期貨合約 (futures contract)*，可自由轉讓，而在期貨合約熱絡交易的地方便發展出市場。

1982 年，堪薩斯市期貨交易所 (Kansas City Board) 推出股價指數期貨，當時採用由約 1,700 檔股票組成的價值線股價指數 (Value Line Index)。兩個月後，芝加哥商業交易所以標準普爾 500 指數為基礎，推出全世界最成功的股價指數期貨。到了 1984 年，這檔指數期貨的交易價值已經超過紐約交易所的所有股票交易額。如今，標準普爾 500 指數期貨每日交易的股票價值已經超過 1,000 億

美元。

所有股價指數期貨的建構方式都很類似。以賣方而言，標準普爾指數期貨是一個承諾，要在未來某個特定日期交割等於標準普爾 500 指數價值固定倍數的金額，這天稱為**交割日** (*settlement day*)。以買方而言，標準普爾指數期貨也是一個承諾，可在未來某個特定日期得到等於標準普爾 500 指數價值固定倍數的金額。標準普爾指數期貨的倍數是 250，因此，如果指數值為 1,700，一份合約的價值就是 425,000 美元。1998 年推出了稱為**電子迷你指數期貨** (*E-mini*) 版的**迷你版合約**，倍數為指數的 50 倍，在電子市場裡交易。這些迷你版合約的交易金額，已經超越標準的大型合約。

每年有四個交割日，分別為 3 月、6 月、9 月和 12 月的第三個星期五。每一份合約都對應一個交割日。如果你購買一份期貨合約，就有權收取（如果最後結果為**正數**）或有義務支付（如果最後結果為**負數**）；而收取和支付的額數，是交割日時間標準普爾 500 指數值與購買時的數值差再乘以 250 倍。

舉例來說，如果你在 1,700 點買了一份 9 月到期的標準普爾 500 指數期貨合約，等到 9 月的第三個星期五，指數漲到了 1,710 點，你就賺到 10 點，轉換出來的獲利為 2,500 美元（250 乘以 10 點）。當然，如果指數在交割日跌到 1,690 點，你就損失 2,500 美元。標準普爾 500 指數每漲跌一點，你的每一份合約就賺賠 250 美元。

另一方面，標準普爾 500 指數期貨合約的賣方，其報酬則和買方完全相反，指數跌則賣方獲利。就前例來說，在 1,700 點賣掉標準普爾 500 指數期貨的賣方，如果交割日指數漲到 1,710 點，就會損失 2,500 美元，如果跌到 1,690 點則賺得同樣金額的報酬。

股價指數期貨之所以受歡迎，其獨特的交割程序為其中一項理由。如果你買入一份標準合約，就有權在交割日收取你訂約購入的特定數量商品；若你為賣方，就必須要履行交割。在很多茶餘飯後的閒聊中，不時會聽見某交易商因忘了把合約部位平倉，而於交割日發現自家門口堆滿了小麥、玉米或冷凍五花肉。

如果標準普爾 500 指數期貨合約也適用商品交割規則，那麼在交割時就要交付指數內 500 檔成分股的特定數量股份。當然，這麼做非常麻煩，而且成本極高。為免麻煩，設計股價指數期貨合約者明訂可用現金交割，只要計算出交易時的合約價格與交割日指數數值的差額即可，無須以實質股票交割。如果交易者未在交割日前平倉，交割日就會有現金轉入或轉出他的帳戶。

以現金結算期貨合約並非易事。在美國多數的州，尤其是大型期貨交易所的所在地伊利諾州，以現金交割期貨合約被視為一種對賭行為；而除了在某些特殊情況下，對賭是違法的。1974 年，參議院設立聯邦政府機構商品期貨交易委員會 (Commodity Futures Trading Commission)，規範所有期貨交易。由於期貨交易受新的聯邦政府機構監管，而且沒有任何聯邦法律禁止對賭，各州也就廢除了禁止用現金交割的法律。

🌐 指數套利

期貨市場裡的商品（或者金融資產）價格，並非和標的商品的價格無關。如果期貨合約的價格大幅上漲，遠遠超過可以在公開市場裡馬上買進該商品並立即交付〔通常稱為現貨市場（*cash market* 或 *spot market*）〕的價格，交易者可以先買進商品，等到交割日時用實物交割以賺取價差利潤。如果期貨合約的價格跌到與現貨價格相差甚遠的地步，擁有商品的人可以先將商品賣掉並買進期貨合約，然後在日後以較低的價格買進商品交割；基本上，就是利用存貨來賺取報酬。

這種針對期貨合約來買賣商品的操作方式，就是一種套利。套利中的交易者稱為套利者 (arbitrageur)，他們專門利用貨物或資產價格本來應該一致、卻暫時出現歧異來賺取報酬。套利交易在股價指數期貨與 ETF 市場都很常見。如果期貨合約的價格大大超越身為標的之標準普爾 500 指數，套利者買進標的股票並出售期貨合約就有賺頭。如果期貨價格大幅低於指數，套利者就會出售標的股票並買進期貨。在交割日當天，期貨價格必須等於合約條件中的標的指數，因此，合約價格與指數的差異是一個賺取利潤的好機會；若利潤為正值稱為溢

價 (premium)，若為負值則稱為折價 (discount)。

ETF 市場的套利行為與前述相類，差別僅在於套利者必須買進或賣出指數裡的所有成分股現貨，同時在公開市場利用 ETF 進行對沖交易。當投資人買進 ETF 成分股的價格低於其基金賣價時，便可從中獲利。或者，當賣出成分股的股價高於買進基金的買價，套利者便會買進 ETF、換為成分股，並在公開市場裡賣股。

指數套利 (index arbitrage) 已經成為一門極精巧的技藝。股價指數期貨與 ETF 的價格，都只在由成分股組成之指數價值的上下區間狹幅變動。當股價指數期貨和 ETF 的買盤或賣盤將價格推出此一區間時，套利者就入市了，買單或賣單迅速湧入交易該指數成分股的交易所。這類同步下單稱為程式下單 (program trading)，包括程式買單 (buy program) 與程式賣單 (sell program)。當市場名嘴說「程式賣單攻擊市場」時，意指指數套利者賣出股票、並以折價買進期貨或是 ETF。

🌐 利用全球交易所預測紐約股市開盤行情

美國指數期貨交易於美東時間下午 4 點 15 分收盤，而在紐約證交所收盤 15 分鐘後、也就是 4 點 30 分時，一個名為全球交易所 (Globex) 的電子市場又會再度開盤。全球交易所沒有集中的交易大廳，交易員在電腦螢幕上掛單買賣，凡是有興趣的人都可以馬上進場。全球交易所通宵進行交易，直到隔天早上 9 點 15 分才收盤，之後 15 分鐘紐約股市就開盤了。

在紐約證交所與納斯達克收盤以後，股價指數期貨的交易仍然活絡。每一季季底時，許多公司都會發布財報，並指出未來的獲利與營收方向，在這之後的幾週，股價指數期貨交易尤其盛行。除非有重大消息，不然夜間的期貨交易總是很清淡，但是若東京或歐洲的交易所發生大震盪，交易量也會跟著提升。大約在 8 點 30 分，市場開始熱鬧了起來，因為此時政府機關會發布許多經濟數據，例如就業報告與消費者物價指數。

市場觀察者會以全球交易所的標準普爾、納斯達克、道瓊等期貨交易為指標，預測紐約股市的開盤狀況。根據期貨與目前股價之間的套利條件，可以算出這些指數期貨的**公平市場價值** (*fair market value*)。

決定期貨合約公平市場價值的基礎，是股市當天開盤與前一天收盤時的股價指數。由於消息會不斷出現，因此夜間的期貨價格通常會高於或低於根據收盤價算出來的公平市場價值。舉例來說，假設中國的數據優於預期或者歐洲股市上漲，那麼，美國股價期貨價格的交易價通常會高於根據前一天收盤價算出來的公平市場價格。期貨合約和公平市場價格之間的價差，是紐約股市中各股開盤價的最佳估計值。許多財經媒體都會報導前一天晚上標準普爾 500、道瓊以及納斯達克的期貨價格，讓大眾知道市場開盤時可能的狀況。

計算期貨合約公平市場價值的公式有兩個變數：股票股利與利率。如果投資人今天把一筆錢放在零風險的債券，將可以根據利率賺得利息。如果投資人把這筆錢用來買股票投資組合，同時賣出一年後到期並保證股價的期貨契約，投資人將可賺得股票的股利，再加上期貨價格與目前價格價差的保證報酬。

既然這兩種投資方法都可以創造無風險的保證報酬，兩者的報酬率必須相等。期貨交易價會高於或低於指數現價（或股票現貨價），取決於短期利率與股利殖利率的差額。在金融風暴之前，美國的利率幾乎一向高於股利殖利率，期貨價格也因此高於現貨價格。自金融風暴之後，短期利率一直處於接近零的水準，期貨價格則低於現貨價格。

🌐 雙巫日與三巫日

在期貨合約的到期日，指數期貨和股價之間會出現一些奇怪的關係。前面提過，指數套利是同時買賣股票並搭配期貨合約進行對沖的操作。套利者會在合約到期的同時，對沖手上的股票部位。

之前提過指數期貨合約到期日是每一季最後一個月（3 月、6 月、9 月、12月）的第三個星期五。指數選擇權以及個別股票的選擇權（本章稍後會說明）

則在每個月第三個星期五結算。因此，這三種合約在一年中會有四次於同一天
到期。過去，這幾個特殊的到期日總會在市場裡掀起動盪，因而被稱為三巫日
(*triple witching hour*)。至於其他幾個非期貨到期日的第三個星期五，則被稱為雙
巫日 (*double witching hour*)，波動幅度會比三巫日小一些。

市場在三巫日或雙巫日的波動會較平常劇烈，此情況並無神祕可言。在這
幾天，紐約證交所的專業經紀商與納斯達克的造市者一定要以收盤價買賣大量
股票，不論價格高低，因為機構投資人必須結清其套利部位。如果買單太多，
價格就會上漲，如果賣單是大宗，價格就會下跌。不過，這些漲跌都和套利者
無關，因為期貨部位的獲利將抵銷股票部位的損失，反之亦然。

1988 年，紐約證交所說服芝加哥商業交易所更改期貨交易程序，於星期四
收盤時結束交易，並且改以星期五開盤價交割，而非星期五收盤價。這項變革
使得專業經紀商有更多時間設法平衡買賣價，大幅減緩三巫日的股價震盪。

保證金與槓桿

期貨合約之所以大受歡迎，理由之一是從事交易所需的現金，相對於合約
價值是非常低的。和股票不同的是，買賣期貨合約時，買方與賣方之間並無金
錢交易。經紀商只向買賣雙方收取一筆展現誠意與信用的小額擔保，或稱為保
證金 (*margin*)，確保雙方在交割時均會履行合約。以標準普爾 500 指數來說，
目前的初始保證金是合約價值的 5%。保證金可用國庫券繳交，利息歸投資人所
有，因此期貨交易可以無須涉及現金往來，也沒有利息損失的問題。

而槓桿 (*leverage*) 倍數，或者說你可掌控的股票價值相對於你繳交的期貨
合約保證金金額，是非常驚人的。你為了標準普爾 500 指數期貨合約繳交的每
1 美元保證金（也可以用國庫券），都可以掌控價值 20 美元的股票。如果進行
每天收盤時都要結清部位的當沖 (*day trade*) 交易，需要的保證金更低。自 1974
年以來，保證金低至僅為個股價格或 ETF 價值 50% 的各類合約，非常普遍。

1 美元就可以掌控 20 美元甚至更高價值的股票，讓人想起 1920 年代訂下最低股票保證金以前的市場，當時投機氣氛濃厚。在 1920 年代，買股票通常只需要 10% 的保證金。利用融資的投機操作非常普遍，因為只要股市上漲，賠本的投資人很少，就不會有問題。如果市場大跌，以保證金交易的買方會發現不但買的股票賠了，他們還得欠經紀商一筆錢。在今天，如果用很低的保證金買進期貨合約，也會有同樣的結果。下一章將會談到低保證金往往會擴大市場波動。

ETF 與期貨的稅賦優勢

運用 ETF 或是指數期貨，可以大幅提高投資人在管理投資組合時的彈性。假設有一位投資人因買進股票而獲利，但是他越來越擔心市況，若賣掉持股又可能要繳交高額稅金。

在此情況下，若利用 ETF（或是期貨），便有兩全其美之道。投資人可以賣出對應的 ETF，只要足以涵蓋他想要為投資組合避險的金額就好，並繼續持有股票部位。如果股市跌了，這名投資人的 ETF 部位便會獲利，可以抵銷股票投資組合的損失。如果他失算，市場不跌反漲，那麼他持有的股票部位利得將可以抵銷 ETF 的損失。這樣的操作稱為**股市避險交易** (hedging stock market risk)。投資人從頭到尾都沒有出脫持股，因此不會有稅賦問題。

ETF 的另一項優勢，是即便投資人並未持有任何股票，也可以在股市下跌時獲利。賣出 ETF 便相當於**放空個股**；所謂放空，就是你預期股價將會下跌，因此預先賣出你並未持有的股票，之後你可以用較低的價格買回。利用 ETF 下注賭市場將走跌，比放空股票投資組合更方便，因為法規禁止投資人在股價下跌超過 10% 的時候放空，惟 ETF 無此限制。

該選哪一種指數型投資：ETF、期貨還是指數型共同基金？

隨著指數期貨與 ETF 的發展，投資人在複製股價指數績效時有三大選項：ETF、指數期貨以及指數型共同基金（第 23 章將會詳細討論最後這一種）。每一種投資工具的特色，如表 18-1 所示。

在交易彈性方面，ETF 與指數期貨遠遠超越指數型共同基金。ETF 與指數期貨在交易日的任何時間均可買賣，也在全球交易所與其他交易所交易。反之，指數型共同基金只能在股市收盤後交易，投資人通常必須在幾個小時前先下單。ETF 和指數期貨也可以放空，用來作為投資組合的避險工具或在股市下跌時進行投機交易，指數型共同基金則不可做空。ETF 和任何股票一樣，都可以從事保證金交易（目前聯準會的規定是 50%），指數期貨的槓桿倍數更高，投資人可以掌控的股票價值比保證金高了 20 倍，甚至更高。

ETF 或期貨的交易彈性對投資人來說有利有弊。好消息和壞消息不斷湧入，市場很可能反應過度，導致投資人在接近最低點時賣出，或在逼近最高點時買進。此外，可以放空股票（避險功能除外）或是可以槓桿操作，也會誘使投資人炒短線。這是很危險的賽局。對多數投資人來說，限制交易頻率與降低槓桿倍數，對其總報酬來說乃是有利的。

表 18-1　各種指數型投資工具之比較

	ETF	指數期貨	指數型共同基金
是否能持續交易	是	是	否
是否能放空	是	是	否
槓桿倍數	可借至 50%	可借至超過 90%	無
費用比率	極低	無	低
交易成本	股票佣金	期貨佣金	無
股利再投資	否	否	是
稅賦效率	極佳	不佳	佳

以費用來說，這三種投資工具的成本效益都很高。指數型共同基金一年的成本約為 15 個基點甚至更低，多數的 ETF 還比共同基金更便宜。不過 ETF 和期貨都必須透過在經紀商的證券帳戶購買，這就會牽涉到佣金和買賣價差；但是以交易熱絡的 ETF 來說，這些費用都很低。另一方面，多數指數型共同基金都是免佣基金 (no-load fund)，意思是買賣基金時無須支付佣金。而且，雖然指數期貨沒有年度手續費，但這些合約至少一年要更新一次，屆時就必須支付佣金。

以稅賦來說，ETF 仍勝出。由於 ETF 的結構特殊，此類基金就算有股票資本利得，金額也非常低。指數型共同基金的稅賦效率也很高，但是有股票資本利得；如果投資人贖回他們的基金單位或者指數剔除某些成分股，共同基金就必須賣掉一些個股，產生股票資本損益。雖然多數指數型基金的股票資本利得都很低，但仍高於 ETF。期貨的稅賦效率則不高，因為年底時不管是否賣出合約，都必須實現任何損益。

當然，如果投資人持有 ETF 與指數型共同基金的帳戶是避稅帳戶 (tax-sheltered account)，比方說個人退休金帳戶 (IRA) 或適用於自由業的凱歐退休方案 (Keogh)，則兩者的稅賦差異就不重要了（不可透過這類帳戶操作期貨）。然而，如果是以納稅帳戶持有這些基金，ETF 的稅後報酬率將明顯高於稅賦效率甚佳的指數型共同基金。

基本原則是，除非你喜歡拿自己的資金投資或進行槓桿操作，要不然你應該避開指數期貨。但是，如果你想賭一賭市場動向，我建議可以使用指數選擇權 (index option)；我們會在下一節討論這項工具，這可以控制住投資人的損失。

究竟要持有 ETF 還是低成本的指數型共同基金，是很難抉擇的。如果你喜歡頻繁進出市場，那就適合 ETF。如果你一個月才觀察一次市場動向，或者讓股利自動再投資，免佣型的指數型共同基金是比較好的工具。然而，股利自動再投資的風潮，現在也吹向股票與 ETF，可以要求經紀商進行此類操作。這項新發展讓 ETF 和指數型共同基金相比時更為有利。

🌐 指數選擇權

雖然 ETF 和指數期貨對專業投資人士與機構來說很重要，但許多投資人更青睞選擇權市場。這並不讓人意外，選擇權的美妙之處從其名稱當中顯露無遺：你擁有的是可以在特定時間以特定價格買賣股票的選擇權，而非義務。以選擇權買方來說，選擇權和期貨相反，會自動限制你最大的投資損失金額。

選擇權主要有兩種：買權和賣權。買權 (*call*) 賦予你在特定期間內以特定價格買股票的權利，賣權 (*put*) 則允許你有權賣出股票。以個股為標的的買權和賣權已經存在幾十年了，但是直到 1974 年芝加哥選擇權交易所 (Chicago Board Options Exchange, CBOE) 成立之後，才能透過井然有序的交易系統進行買賣。

投資人之所以被選擇權吸引，是因為損失有限。如果市場的走向與選擇權的買方相反，他們可以接受購買選擇權的價金被沒收，放棄買賣的權力。和指數期貨對比之下，此差異尤其明顯，如果買的是期貨合約，一旦市場的走向和買方的預期相反，損失可能很快就變成無底洞。在波動性高的市場裡，期貨的風險可能極高，投資人難以在損失一發不可收拾之前就退出市場。

1978 年，芝加哥選擇權交易所開始針對幾種相當普遍的股價指數推出選擇權交易，例如標準普爾 500 指數。芝加哥選擇權交易所的選擇權是指數每點乘以 100 美元，比廣受歡迎的標準普爾 500 指數期貨以每點乘上 250 美元便宜。

指數選擇權允許投資人在特定期間內以特定價格購買股價指數。假設標準普爾指數是 1,700 點，而你相信股市會漲，就以 30 點、也就是 3,000 美元買下三個月後履約價格為 1,750 點的買權。選擇權的買入價格稱為權利金 (*premium*)，選擇權到期時的價位（以本例而言為 1,750 點）稱為履約價格 (*strike price*)。這三個月內，你隨時隨地可以行使你的選擇權，只要標準普爾 500 指數高於 1,750 點，每一點你都可以賺到 100 美元。

你不一定要履行選擇權才能獲利。選擇權的市場極為活絡，你總是可以在到期前將選擇權再轉賣給其他投資人。以上例來說，如果你一直持有直到選擇權到期，標準普爾 500 指數必須漲到 1,780 點你才有獲利可言，因為你一開始

已經付了 3,000 美元的選擇權權利金。但選擇權的美妙之處在於，就算你猜錯了、市場跌了，你最嚴重的損失就是這 3,000 美元。

指數賣權的運作方式和買權一模一樣，差別是賣權的買方只在市場下跌時才有賺頭。假設你花了 3,000 美元的權利金買進履約價格為 1,650 點的標準普爾 500 指數賣權，低於 1,650 點時，每一點你就可以賺回 100 元的初始權利金。如果到期前指數已經跌到 1,620 點以下，你就損益兩平了。低於 1,620 點，每一點你都可以靠著選擇權獲利。

購買指數選擇權的權利金是由市場決定，取決於許多因素，包括利率和股利殖利率，惟最重要的因素仍是市場本身的預期波動。顯然，市場波動越大，買權或賣權的價格就越高。在波瀾不興的市場裡，選擇權買方因大漲（此時買權有利）或大跌（此時賣權有利）而大幅獲利的機會甚低。如果預期波動幅度甚小的情況會持續下去，選擇權的價格就很低。反之，在動盪的市場裡，隨著交易者認為選擇權在到期前很有機會獲利，買權和賣權的權利金便會節節高漲。

選擇權的價格，取決於交易者判斷市場未來是否可能大幅波動，讓以特定價格買賣股票的選擇權有利可圖。1970 年代兩位學院派的經濟學家費雪・布雷克 (Fischer Black) 和麥倫・休斯 (Myron Scholes)，合力發展出第一套以數學公式決定選擇權價格的模型，大力帶動了選擇權定價理論。這套布雷克—休斯公式 (*Black-Scholes formula*) 一提出就大為成功，給了交易者一個估值的基準指標，過去他們只能憑直覺行事。全世界選擇權交易者的手持計算機與個人電腦裡，都有這套公式。雖然布雷克—休斯公式在某些條件下必須做些修正，但實證研究證明其非常接近選擇權的實際交易價。麥倫・休斯也憑著這套理論在 1997 年贏得諾貝爾經濟學獎。

買進指數選擇權

事實上，選擇權是比期貨或 ETF 更基本的工具。你可以利用選擇權複製任何期貨或 ETF，但無法反向操作。比起期貨，選擇權能為投資人提供更多可用策略，從極度投機到非常保守不一而足。

假設你希望在股市走跌時獲得保障，可以購買指數賣權，股市的跌幅越大，你的賣權就越有價值。當然，你必須支付權利金購買選擇權，這就有點像是保費一樣。如果市場沒跌，你付的權利金就會被沒收。萬一市場真的跌了，賣權增值部分就算無法完全抵銷股票投資組合的損失，也會有緩衝的效果。

賣權的另一項好處，是可以只買進想要避險的部分。如果希望在大盤崩盤時得到保障，可購買價外 (*out-of-the-money*) 賣權，換言之，這種選擇賣權的履約價格，會遠低於指數目前的水準。只有當股市大跌時，這類選擇賣權才能獲利。此外，也可以買進履約價格高於目前指數水準的賣權，這麼一來，就算股市未跌，選擇權仍有一些價值。當然，這種價內 (*in-the-money*) 賣權的價格就比較高昂。

靠著買權和賣權大發利市的案例不勝枚舉，只是每當有一份選擇權獲利亮眼，就會有其他幾千份選擇權合約在到期時變成廢紙。一些市場專家預估，在參與選擇權市場的散戶投資人中，有 85% 賠錢。選擇權買方要賺錢不但必須正確判斷市場走向，時機也必須抓得很準，更得選對履約價格。

▧ 賣出指數選擇權

有人買進選擇權，當然就有人賣出 (sell/write)。選擇買權的賣方（在英文裡有 seller 和 writer 兩種說法）乃是相信市場的漲幅不足以讓選擇權的買方獲利。買權的賣方通常可以靠著賣出選擇權獲利，因為絕大多數的選擇權到期時都一文不值。不過，萬一市場動向和選擇權賣方的預期大相逕庭，他們的損失便難以數計。

因此，多數買權的賣方都是已經持有個股的投資人。這套為了個股而賣出選擇權的策略稱為**買股賣權** (*buy and write*)，倍受股民歡迎，因為它被視為一套雙贏的策略。如果股價跌了，他們可以向買權的買方收取權利金。如果股價不動，他們仍可以收取買方的權利金，維持獲利。如果股票上漲，買權的賣方可以藉由手中的持股賺取利得，大可抵銷他們賣出選擇權的損失，故仍有利可圖。如果股票大漲，他們將會損失一部分的漲幅，因為他們承諾以特定價格交

割股票。在最後這種情況，選擇買權的賣方如果當初沒有賣出選擇權，獲利會更高，惟其獲利還是比一開始就不持股來的高。

賣權的買方則是怕股價下跌，特別替手上的持股買保險。那麼，賣權的賣方又是哪些人呢？他們主要是想要等到股價下跌時進場買股的投資人。賣權的賣方收取權利金，但只有在股價大幅下跌到低於履約價格時，才會取得股票。賣權的賣方不如買權的賣方普遍，賣權的價外權利金通常很高。

🌐 指數型產品的重要性

1980 年代股價指數期貨與選擇權的發展，對投資人及基金經理人來說都很重要。股本龐大的大型企業，例如道瓊工業指數的成分股公司，由於流通在外之股票的流動性很強，總是能吸引大筆資金投入。有了指數期貨之後，投資人得以透過指數，直接投資整個大盤。

十年後，ETF 讓投資人能用另一種低成本的方法分散投資整個市場。這些ETF 具備股票的特性，但也像指數期貨一樣，流動性更高而且具備絕佳的稅賦優勢。如今，當投資人想要布局市場時，最簡單的方法就是利用股價指數期貨或者 ETF。指數選擇權讓投資人得以用極低價格保證投資組合的價值，節省交易成本與稅金。

儘管投資名人如華倫・巴菲特和彼得・林區大力反對這些工具，但是並沒有任何確切證據指出指數型產品加劇市場波動或傷害了投資人。事實上，我相信指數型產品提高了全球股市的流動性，讓投資人更能分散投資，而且股價也能進一步突破這些產品還沒問世之前的水準。

第 18 章　指數股票型基金、股價指數期貨和選擇權

第 **19** 章

市場震盪

在中文裡，危機一詞由兩個字組成，一個指危險，……另一個指機會。

過去會預示未來嗎？圖 19-1 的 A 和 B 分別顯示了道瓊工業指數從 1922 年到 1932 年、以及 1980 年到 1990 年的走勢。這兩次的多頭市場有一個不可思議的相似之處。1987 年 10 月，《華爾街日報》的編輯群檢視至當時為止的股市歷史走勢，其中的相似性彷彿預告了未來，於是他們在報紙上刊出一張類似的圖表，在 1987 年 10 月 19 日星期一震撼了整個金融界。他們完全沒想到，那天出現了美國股市有史以來最深的單日跌幅，遠遠超過 1929 年 10 月 29 日的股市大崩盤。像是印證預言一般，在當年剩下的時間裡，股市的交易模式還真是 1929 年的翻版。許多股市預測引用這兩段期間的相似性，斷言災難即將到來，奉勸客戶趕快出脫持股。

但是，1929 年與 1987 年的類似走勢到年底就結束了。美股從 1987 年 10 月的大崩盤反彈，到了 1989 年 8 月更創下歷史新高。反之，在 1929 年 10 月的股災結束後兩年，道瓊仍深陷美國有史以來最嚴重的空頭市場，市值下跌超過三分之二，而且之後再跌三分之二。

差別是什麼？為什麼這兩次事件在一開始詭異地相似，之後卻分道揚鑣？最簡單的答案是，聯準會在 1987 年已經能夠控制經濟體中的流動性終極源頭——貨幣供給。而且，與 1929 年相比，這次聯準會毫不遲疑地把工具拿出來用。記取 1930 年代初種種錯誤所帶來的痛苦教訓，聯準會暫時地挹注大量資金到美國經濟體系中，誓言守住所有銀行的存款，確保金融體系各方面均能正常運作。

民眾安心了。銀行沒有發生擠兌，貨幣供給並未緊縮，商品與資產價值也沒有出現通縮的情形。確實，即便股市崩盤，整體經濟仍持續擴張。1987 年 10 月的股市崩盤為投資人上了重要的一課：這個世界已經和 1929 年不同了，暴跌可以是獲利的契機，而不是恐慌的時刻。

💲 1987 年的美股崩盤

1987 年 10 月 19 日星期一的美股崩盤，是戰後非常嚴重的金融事件之一。

圖 19-1 1929 年與 1987 年美國股市崩盤走勢

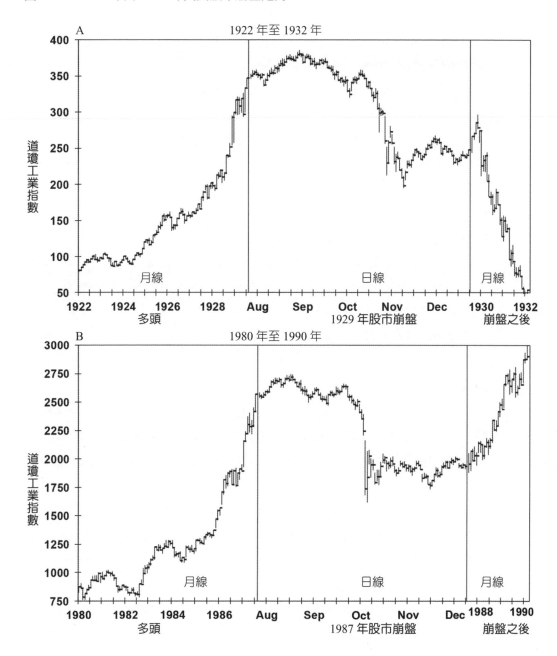

道瓊工業指數在一天之內跌了 508 點（跌幅為 22.6%），從 2,247 點來到 1,739 點，是至當時為止最多的單日跌點，也是有史以來最大的單日跌幅。紐約證交所的交易量暴增，星期一和星期二的成交量都超過 6 億股，在這個要命的一個星期，成交股數比 1966 年一整年還高。

華爾街崩盤影響了全世界。東京股市受傷最輕（兩年後日本股市才面臨最嚴重的空頭），但是單日跌幅也創下紀錄達 15.6%。紐西蘭股市重挫近 40%，而香港股市則關起大門，因為股價暴跌導致股價指數期貨市場出現大量違約。光是美國，在惡名昭彰的那一天，股票市值便蒸發了 5,000 億美元，而全球的股票市值則跌了 1 兆美元以上。如果跌幅相同，以目前的全球股市價值來看，損失將高達 10 兆美元，比美國之外任何國家的國內生產毛額都高（以 2012 年底全球股票市值達 55 兆美元為基礎來計算）。

10 月 19 日後來被稱為「黑色星期一」(Black Monday)，而早在一個星期前，美股已經開始走跌了。前一個星期三的早上 8 點 30 分，美國商務部公布美國商品貿易逆差達 157 億美元，是史上極高額的赤字之一，而且超乎市場預期。金融市場隨即反應，美國長期公債的殖利率自 1985 年 11 月以來第一次漲至 10% 以上，美元也跟著大貶。星期三，道瓊工業指數跌了 95 點 (4%)，當天的跌幅創下歷史紀錄。

星期四和星期五的情況繼續惡化，道瓊跌了 166 點 (7%)，來到 2,246 點。星期五下午，大約在收盤前 15 分鐘，沉重的賣壓席捲芝加哥的股價指數期貨市場。各種指數跌破關鍵的支撐，投資人不計價格想要出脫持股，導致芝加哥出現逃難性賣壓。

12 月的標準普爾 500 指數期貨合約挫跌，比現貨還低 3%，前所未見。全面性的大跌，代表基金經理人願意大幅降價以大量出貨，只求快速出手，而不願冒著風險、讓他們的個股賣單壓在紐約證交所，最後賣不出去。星期五收盤時，股市已經歷了近五十年來最難過的一個星期。

紐約股市在下個星期一開盤之前，全球股市的發展已經預告情況將不妙。前一晚，東京的日經指數跌了 2.5%，雪梨和香港則是重挫。在倫敦，股價跌了

10%，許多基金經理人都忙著賣出在倫敦掛牌的美股，因為他們預期之後紐約也會跟著跌。

紐約證交所在「黑色星期一」的市況堪稱一團混亂。9 點 30 分開盤鈴聲響起之後，沒有任何一檔道瓊成分股成交，9 點 45 分之前也只有 7 檔成分股成交。到了那天早上的 10 點 30 分，還有 11 檔道瓊成分股完全沒有動靜。本章稍後會談到的「投資組合保險策略者」(portfolio insurer) 大量出售股價指數期貨，努力替客戶的曝險部位建立防火牆，阻隔市場暴跌的效應。到了下午，標準普爾 500 指數期貨的成交價比現貨低了 25 點，折價幅度達 12%，以前市場根本無法想像會出現如此大幅的價差。傍晚時分，程式賣單透過電腦系統，大量湧入紐約證交所。道瓊工業指數在最後一小時跌了將近 300 點，一天下來總共跌掉 508 點，跌幅達 22.6%。

10 月 19 日被歷史認定為股市崩盤日，到了隔天、也就是後來所稱之「恐怖星期二」(Terrible Tuesday)，市場幾乎癱瘓。星期二開盤時比星期一的低點漲了 10%，之後又再度走跌，中午過後沒多久，已經跌破星期一的收盤水準了。標準普爾 500 指數期貨市場跌至 181 點，比現貨市場大幅低了 40 點 (22%)。如果當時還允許指數套利的話，這個水準的期貨價格對應的道瓊指數是 1,450 點。就此來算，身為全球最大股市的美股，與七個星期前的高點 2,722 點相比，跌了將近 50%。

股市幾近崩解，紐約證交所並未關閉，但幾乎有 200 檔個股的交易都停擺了，芝加哥的標準普爾 500 指數期貨亦首次停止交易。

在大大小小的期貨市場裡，唯有在芝加哥期貨交易所交易的主要市場指數 (Major Market Index) 期貨仍持續交易，該指數類似道瓊，以績優股為主。這幾檔績優股在紐約的成交價大跌，價廉物美讓某些投資人難以抗拒。由於這是唯一仍在交易的市場，勇敢的買盤便在此進場，短短幾分鐘內，期貨價格上漲至相當於道瓊漲 120 點的幅度（漲幅接近 10%）。當交易商與交易所的專業經紀商看到績優股的買氣回溫，紐約股市的價格也跟著反彈，終於熬過了最嚴重的市場恐慌。《華爾街日報》後續的研究報告指出，這個期貨市場是扭轉本次災難性市場崩盤的關鍵。

💲 1987 年美股崩盤的原因

引爆「黑色星期一」的原因，並非單一突發事件，比方說宣戰、恐怖行動、刺殺或破產。事實上，市場對於各種趨勢已經擔憂了好一陣子，威脅到正在上漲的股市：美元大貶導致長期利率大漲；另外，市場上也發展出一套稱為投資組合保險 (*portfolio insurance*) 的新策略，其目的是要保護投資組合，將大盤下跌造成的效應隔絕開來。後者起於股價指數期貨市場的爆炸性成長（請見前一章的說明），該市場在六年前根本並不存在。

〰 匯率政策

1987 年 10 月美股崩盤之前的利率飆漲，根源在於美國與其他六大工業國（日本、英國、西德、法國、義大利和加拿大）嘗試聯手防止美元在國際外匯市場大跌，最終卻無能為力。

日本與歐洲過去大量購買美元證券，再加上美國經濟強健，使得美元在 1980 年代中期漲至前所未見的高價。美元的高利率也吸引了海外的投資人，而美元利率之所以走高，一部分是因為美國預算赤字來到歷史高點，另一部分則是因為美國經濟強勁，且當時美國的雷根政府非常歡迎資本到來。到了 1985 年 2 月，美元匯價嚴重高估，美國喪失出口競爭力，導致美國貿易赤字嚴重惡化。之後，美元的走勢反轉，開始重挫。

各國央行最初樂見被高估的美元走跌，但是隨著美元持續下滑，加上美國貿易赤字不但沒有因此改善反而更加惡化時，它們開始擔心了。各國財政部長於 1987 年 2 月齊聚巴黎，目標是要撐住美元。他們擔心一旦美元跌幅太深，各國對美國的出口將會受到影響（當美元處在高點時，這些國家的對美出口量皆大幅成長）。

聯準會勉為其難地加入了穩定美元方案；這套方案能否成功，有賴美國貿易的改善，如果這方面成效不彰，聯準會就必須承諾提高利率以撐住美元。

不過，美國的貿易赤字並未改善，事實上，在推行匯率穩定政策之後還更糟糕。交易者很擔心美國貿易情勢不斷惡化，因此要求聯準會大幅升息，以支持美元資產。當有人問起芝加哥商業交易所主席李奧・梅拉梅德「黑色星期一」的成因時，他直言不諱：「引發股災的元凶是該死的全球外匯市場。」

股市原本不在乎利率起漲。當時美國股市和全球多數股市一樣，都在走多頭。道瓊工業指數於 1987 年開盤時是 1,933 點，至 8 月 22 日已漲到歷史新高 2,725 點，比起五年前、也就是 1982 年 8 月的低點高了 250%。同樣在這五年期間，全球股市也同聲起漲。英國股市漲了 164%，瑞士漲了 209%，西德 217%，日本 288%，義大利則漲了 421%。

債券利率上漲的同時，股價也節節升高，替股市帶來了麻煩。美國長期政府公債的利率在 1987 年初為 7%，9 月時漲到 9%，之後還繼續漲。股價漲，股利殖利率和盈餘收益率便下跌，債券實質殖利率和股票收益率（盈餘收益率加股利殖利率）的差異，來到二次大戰後的新高。至 10 月 19 日早晨，即便通膨控制得宜，長期公債殖利率仍高達 10.47%。股票殖利率與債券實質殖利率之間的大幅差距，正是股市崩盤的背景條件。

期貨市場

標準普爾 500 指數期貨市場顯然也是股市崩盤的推手。自股價指數期貨市場推出以來，投資組合管理當中也多了一種新的交易技巧，稱為投資組合保險。

投資組合保險和常用的**停損單** (*stop-loss order*)，在概念上並無二致。如果投資人買了某檔股票，希望避免自己蒙受嚴重損失（或者，如果股價上漲，也可以保護自己的獲利），就可以先下一張價格低於現價的賣單，如果股價觸及賣單的價格或更低，就會執行交易。

但是停損單並不保證你一定能夠從市場全身而退。如果股價跌到你設定的價格以下，你的停損單就變成**市價單** (*market order*)，要用**次佳** (*next best*) 價位成交。如果股價**跳空** (*gap*) 或者大幅下挫，停損單的成交價就會低於你的預期價

格。這表示，如果有很多投資人都在同樣的價格設下停損單，行情只要跌到該價位，就會觸動龐大賣壓湧入市場，可能會引發恐慌。

投資組合保險策略者會以手中大型的投資組合為標的，出售股價指數期貨，以避免自己因市場下跌而遭殃，他們也自認為對市場下跌有免疫力。標準普爾 500 指數期貨的價格似乎不太可能崩跌，跌到連全球最大資本市場的美國也吸引不了買家的地步。這也是美國股市即便面對長期利率迅速上揚，仍持續上漲的理由之一。

然而，1987 年 10 月 19 日美股確實跳空大跌。在 10 月 12 日那個星期，股市跌了 10%，大批賣單湧進市場，很多交易者與基金經理人用上投資組合保險策略，想要藉著出售股價指數期貨以保護客戶，導致期貨市場崩解。那裡沒有買盤，流動性完全不見了。

絕大多數股票交易者一度認為不可能發生的事居然成真了。由於股價指數期貨的價格遠低於紐約證交所的股價，因此投資人停止買進紐約市場的股票。這個全世界最大的資本市場吸引不了任何買盤。

投資組合保險策略在股災之後迅速式微。它根本不是保單，因為完全無法確保市場的延續性和流動性。但是，還有另外一種方法可以保障投資組合：指數選擇權。1980 年代推出指數選擇權市場之後，投資人可以買進指數賣權，等於是替市場下跌買了保險。選擇賣權的買方無須擔心市場跳空或能不能出脫持有部位，因為保險的價格在購買當時就已經講定了。

當然，除了投資組合保險策略之外，也有其他因素引爆了「黑色星期一」。投資組合保險策略及其前身停損單，絕對是觸發市場崩跌的要因。這些策略都是根據一條交易理念：要賺多賠少。不論有沒有停損單、指數期貨，或只是在心理自我提醒一旦股價跌到某程度就要出場，這套理念永遠都是引發市場大幅震盪的背景因素。

跌停限制

由於市場崩盤，交易標準普爾 500 指數期貨的芝加哥商業交易所與紐約證交所訂下規矩，一旦觸及某些價格限制時，就必須限制或停止交易。為了避免在道瓊工業指數變動 2% 以上時出現擾動性投機交易，紐約證交所的 80a 規則 (Rule 80a) 訂下了「交易限制」(trading curb)，限制期貨市場與紐約證交所之間的指數套利。

而更重要的措施是，當期貨市場或紐約證交所震盪幅度極高時，會隨即限制交易甚至停止交易。從 1988 年到 2013 年初，新規定要求道瓊工業指數若下跌達 10%、20% 和 30% 時，市場就必須分別暫停交易 1 小時、2 小時與一整天。2013 年 4 月，美國證交會改變跌幅限制，當標準普爾 500 指數下跌 7% 時，必須暫停交易 15 分鐘，如果跌了 13%，必須再暫停 15 分鐘。如果當天市場跌幅達 20%，就全天停止交易。當紐約證交所關閉時，期貨也不得交易。

限制跌幅的理由，是暫停交易能讓投資人有時間重新評估情況，並根據快速變動的價格重新建構策略。暫停交易可以把買盤帶回市場，幫助造市者維持流動性。

反對暫停交易的主張認為，暫停交易會加劇市場波動，因為這會阻礙短期交易者在股價大幅下跌時買進；他們會擔心萬一繼續暫停交易，他們就無法出脫持股。這會導致股價加速跌至跌停價格以下，因此會擴大短期波動幅度，1997 年 10 月 27 日便出現這種情況。

閃電崩盤：2010 年 5 月 6 日

1987 年 10 月 19 日星期一以及隔天的星期二，是美國股市有史以來波動最大的日子。但 2010 年 5 月 6 日的市場崩盤同樣也讓投資人非常氣餒，此事件後來稱之為「閃電崩盤」(flash crash)。在美東時間下午 2 點 30 分之後，道瓊工業指數在幾分鐘之內崩跌 600 多點，換算下來是 6%，但很快就反彈了。沒有任何

經濟或金融方面的消息導致此次下跌。此外，當時幾千檔交易股票的價格比幾分鐘之前的賣價低了超過 60%（有些則遠高於這個數字）；有些知名個股的股份交易價竟然低到只剩每股 1 美分。

　　歐債危機使美股股價一整天都受到壓抑。下午 2 點 42 分時，在沒有任何重大消息傳出之下，道瓊工業指數下跌超過 300 點，股市被捲入「氣旋」當中。這個基準指數在短短五分鐘內跌掉 600 點以上，2 點 49 分時探至低點，換算下來比前一天收盤值低了近 999 點 (10%)。在 5 分鐘內，美國股市蒸發了 8,000 億美元的價值。在接下來 30 分鐘，股市反彈 700 點，當天收盤之前已經回到 10,520 點，下跌 348 點。圖 19-2 是以分鐘為單位追溯當日的情形，價格波動的情況和圖 19-1A 呈現的 1987 年 10 月股市崩盤狀況極為類似，讓人震驚，惟此

圖 19-2　閃電崩盤，2010 年 5 月 6 日

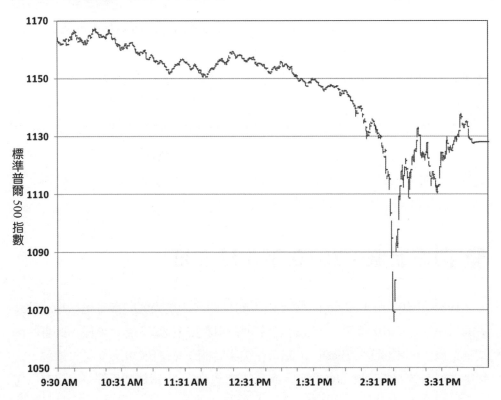

次事件發生的期間短了許多。

經過五個月的調查之後，美國證交會與商品期貨交易委員會 (Commodity Future Trading Commission) 發表一份聯合報告，歸咎於一檔大型共同基金在下午 2 點 41 分時出售一樁非比尋常的巨額交易，賣出標準普爾 500 指數期貨達 40 億美元，並持續了 3 分鐘，使得市場又迅速下跌 3%。被賣出的期貨一開始多由高頻率交易員 (*high-frequency traders, HFTs*) 承接；這類交易員接受電腦程式指示，快速買賣證券，以測量市場的深度並預測未來的價格。隨著市場繼續下跌，很多高頻率交易員開始在交易不暢旺且極不穩定的市場裡賣出，導致價格進一步下挫。到了下午 2 點 45 分 28 秒，芝加哥商業交易所的跌停限制被觸動，電子迷你指數期貨暫停交易五秒，在這短暫的暫停期間，買方出現了，價格很快被拉回。

大盤平均指數下跌已經夠讓人神經緊繃了，但是引發許多交易員關注的，是某些績優股的股價在標準普爾期貨探至低點之後，也跌到極低的水準。寶僑 (Procter & Gamble) 的交易價格寫下歷史新低，來到 39.37 美元，比開盤價 86 美元低了 50% 以上，而同樣也屬於標準普爾 500 成分股的會計顧問事務所埃哲森 (Accenture)，在 2 點 47 分的成交價為 38 美元，兩分鐘之後就掉到每股 1 美分！埃哲森並非單一個案。在標準普爾 1500 指數中還有其他 8 檔個股以每股 1 美分的價格成交。綜合來看，當天總共有 300 檔個股的 20,000 樁交易，成交價比幾分鐘之前低了 60% 甚至更大。收盤後，紐約證交所諮詢金融業監管局 (Financial Industry Regulatory Authority, FINRA) 進行討論，看是要「違約」(break) 還是取消所有高於或低於之前價格 60% 或以上的交易。

如果股市專業人士（指在電腦化交易出現之前負責維護指定個股市場秩序的交易代表）仍能控制買單和賣單的流量，很可能不會出現這麼極端的價格。這些專業人士會在個股以低到誇張的價格交易時介入買進。但多數電腦化交易系統設定的程式，不像專家人士會有不同的反應。當價格開始大幅滑落時，程式收到的指示是退出市場。因為個股的大幅波動幾乎總是和公司面的消息有關，而這些電腦化的交易員並無管道得知這些訊息。電腦被要求從交易活動的

常態漲跌中獲利，顯然當天並非常態。

當股價暴跌時，紐約證交所建構的暫停交易系統就會介入，這套機制稱為流動性補充點 (liquidity replenishment points)。但是暫停並未提供流動性，而是將某些賣出的單轉到其他經紀商仍採無交易意向報價 (stub quote) 的市場。無交易意向報價是「維持市場」，亦即報價遠遠偏離市場價格（通常買價為 1 美分，賣價為 10 萬美元），其用意並非要進行交易。如果帳面上沒有其他單，很多個股也可以用無交易意向報價執行交易。

在回應閃電崩盤時，證交會員工和各交易所與美國金融業監理局合作，針對可能會影響整體市場的個股交易，快速實施一套跌停機制試行方案。如果個股的價格相較於前 5 分鐘有超過 10% 的變動，新規則就會暫停該股的交易 5 分鐘。2010 年 6 月 10 日，證交會核准標準普爾 500 指數的成分股適用跌停機制，9 月 10 日，證交會核准該方案擴大適用到羅素 1000 指數的成分股以及某些指數股票型基金。2013 年 4 月，證交會更改 10% 變動幅度的觸動機制，針對個股的波動性訂出「上限與下限」的規定。以交易價超過每股 3 美元的個股（但槓桿式 ETF 除外）而言，限制仍為 10%，但交易時間的最早與最晚 15 分鐘，限制放寬到 20%。

閃電崩盤，就出現在七十五年來最嚴重的空頭市場過後一年內，讓公眾不相信股票市場是井然有序的。許多人引用證交會的說法，指出高頻率交易員的存在正好證明有人操弄市場，欺瞞了散戶投資人。但高頻率交易在閃電崩盤之後大幅減少，有些研究人員質疑，這類交易是否確實在當天的崩盤中扮演要角。證交會訂出的新規則，乃是在實質上避免閃電崩盤時會出現脫軌且極端的交易。

然而，從大格局的觀點來看，散戶投資人不應擔心短期的市場波動。難道你不想在一個常常喊著「接下來 30 分鐘所有產品打八到九折」的店裡購物嗎？短期波動永遠是股市的一部分，閃電崩盤毫不影響股市自 2007 年到 2009 年的空頭走勢中恢復氣力。

市場波動特性

多數投資人不樂見市場震盪，但是一定得接受波動，才能從股票當中獲得優越報酬。要創造高於平均的報酬，承受風險是必要的：投資人無法在無風險利率下賺得更多，除非承擔有可能讓自己賺得更少的風險。

股市波動讓很多投資人卻步，但也讓某些人為之著迷。能夠每一分鐘緊盯著部位，滿足很多人想立即驗證自己是否判斷正確的渴望。對很多人來說，股市乃是全世界最大的賭場。

然而，每一分鐘都能知道自己的身價值多少錢，也會引發焦慮。很多投資人不喜歡結果立見的金融市場，有些人會退守房地產一類的投資，這些標的不會每天報價。有人認為，不知道即時價格反而降低了投資人的風險。經濟學家凱因斯 (John Maynard Keynes) 在七十五年前曾就劍橋大學捐贈委員會的投資態度提出看法：

> 某些大學的財務委員會買進沒有報價、變現能力也低的房地產。如果每次查帳時這些財產都有即時報價，那他們一定會傷透腦筋。不知道現值的波動並非就如大眾所言，會讓投資變得安全。

股價波動的歷史趨勢

美股從 1834 年到 2012 年的年波動（以每月平均報酬率的標準差衡量）如圖 19-3 所示。讓人訝異的是，市場波動幾乎沒有趨勢可言。

波動程度最大的期間是大蕭條時期，波動最劇烈的一年則是 1932 年。1932 年的年波動幅度是 63.7%，比 1993 年高了快 20 倍；1993 年是歷史上波動幅度最小的一年，標準差僅有 3.36。1987 年是大蕭條後震盪最大的一年，比發生金融危機的 2008 年稍高一些。如果排除 1929 年到 1939 年這段期間，平均波動幅度為 12%，與過去 180 年介於 13% 到 14% 的平均水準相比，仍屬相當穩定。

圖 19-3　美股自 1834 年到 2012 年的年波動（以每月平均報酬率的標準差衡量）

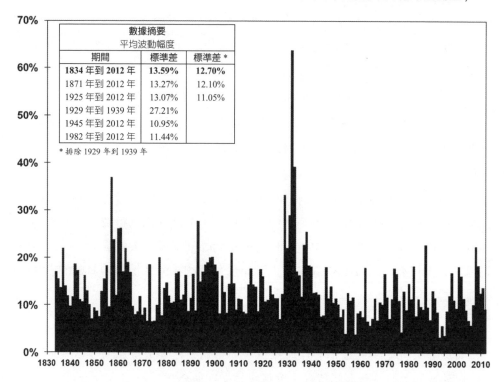

數據摘要 平均波動幅度		
期間	標準差	標準差 *
1834 年到 2012 年	**13.59%**	**12.70%**
1871 年到 2012 年	13.27%	12.10%
1925 年到 2012 年	13.07%	11.05%
1929 年到 1939 年	27.21%	
1945 年到 2012 年	10.95%	
1982 年到 2012 年	11.44%	

* 排除 1929 年到 1939 年

　　圖 19-4A 顯示 1896 年至 2012 年以來每年的道瓊工業指數平均每日變動幅度。過去 117 年的平均每日變動幅度為 0.74%。除了 1930 年代之外，1896 年到 1960 年之間變動幅度有縮小的趨勢，之後則又擴大了。變動幅度擴大有一部分是出於市場對經濟發展的反應時間加快，以往資訊需要幾小時、甚至幾天才會完全反應到市場上，如今僅需要幾分鐘、甚至幾秒鐘。二十世紀初道瓊波動幅度下跌，一部分理由是因為道瓊成分股從 12 檔變成 20 檔，1928 年時又增至 30 檔。爆發金融風暴的 2008 年，其日平均波動幅度為 1.63%，是大蕭條以來最大的。

　　圖 19-4B 則顯示道瓊工業指數平均每日變動幅度超過 1% 的交易日占比。這段期間內平均日變動幅度超過 1% 的交易日占了 24%，平均一星期一次；若

圖 19-4　道瓊工業指數平均每日變動幅度，1896 年到 2012 年

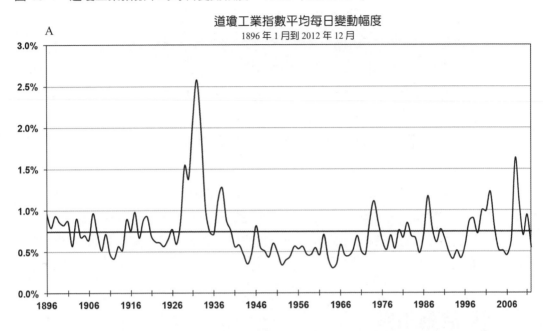

道瓊工業指數平均每日變動幅度
1896 年 1 月到 2012 年 12 月

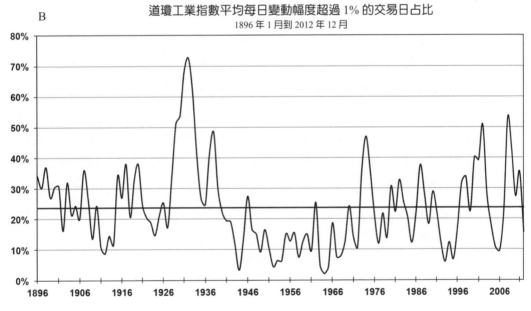

道瓊工業指數平均每日變動幅度超過 1% 的交易日占比
1896 年 1 月到 2012 年 12 月

就年分來看，則是低至 1964 年的 1.2%，高至 1932 年的 67.6%。1932 年，平均每三天的交易日中，就有兩天以上的道瓊工業指數平均日變動幅度超過 1%。在大蕭條之後，金融危機引發了最大的波動以及最深的衰退。

波動幅度大的期間多半落在空頭時期。與經濟擴張期相比，經濟衰退期的平均日報酬率標準差高了 25%。衰退期的波動幅度會擴大，理由有二。其一，衰退比較不常發生，但是衰退期的經濟不確定性會比擴張期更高。其二，如果企業獲利下滑，固定成本的負擔將導致企業利潤出現更大的波動，進而擴大股價的波動。

如果企業轉盈為虧，企業股票就會像價外買權，必須等到企業的利潤足以超過成本之後，才有價值可言，不然就會變成壁紙。大蕭條時期的股市波動最為劇烈並非難以理解，那時候企業的整體獲利為負，股市交易有如買賣價外選擇權。

🌐 波動指數

衡量歷史波動很簡單，惟重要的是衡量投資人預期中的市場波動。因為預期波動是代表市場焦慮程度的信號，而焦慮期通常是股市的轉折點。

透過檢驗主要市場指數的買權和賣權價格，我們就可以判定市場內的波動，稱之為隱含波動率 (*implied volatility*)。1993 年，芝加哥選擇權交易所引進芝加哥選擇權交易所波動指數 (*CBOE Volatility*)，又稱為波動指數（*VIX*，第 3 章曾提及）。其基礎為標準普爾 500 指數選擇權的實際價格，而計算出來的指數值可回溯到 1980 年代中期。自 1986 年至 2012 年的波動指數週線圖如 19-5 所示。

短期而言，波動指數和市場水準有強烈的負相關性。市場走跌時，投資人願意多花點錢買保險以免虧大錢，因此他們會買進賣權，導致波動指數上漲。股市上漲時，波動指數多半會下降，因為此刻投資人很有信心，不急著為投資組合進行避險。

圖 19-5　波動指數走勢圖，1986 年到 2012 年

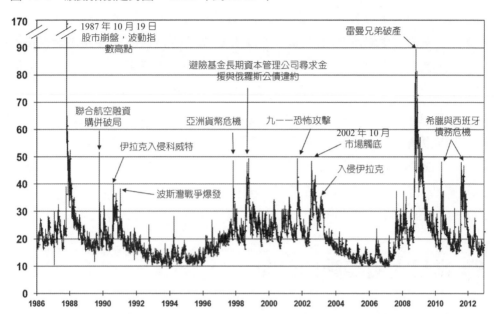

如此的相關性讓人不解，畢竟我們預期投資人會在市場高點尋求更多保障，而不是在低點。有一個理由可以解釋波動指數的走勢，那就是以歷史資料來看，空頭市場的波動性高於多頭市場，所以市場走跌時波動指數會上漲。不過比較具有說服力的說法，是投資人的信心若出現變化，會改變投資人透過買進賣權進行避險操作的意願。當賣權價格上漲時，賣出賣權的套利者將會賣股避險，把股價拉低。如果投資人對股票的報酬深具信心，就會出現相反的狀況。

我們可以輕易地從圖 19-5 看出波動指數的高點恰好對應不確定性極高的時期，以及股價的極低點。波動指數在 1987 年 10 月 19 日美股崩盤之後的隔天（星期二）來到 172，顯然高於其他時期。

自 1990 年代初期到中期，波動指數介於 10 到 20 之間。1997 年爆發亞洲金融危機時，波動指數漲至 20 到 30。其後波動指數有三次來到 40 至 50 之間的高水準：1997 年 10 月，道瓊指數在港幣遭狙擊時重挫 550 點；1998 年 8

月，避險基金長期資本管理公司 (Long-Term Capital Management) 遭清算；以及 2001 年 9 月 11 日美國遭受恐怖攻擊之後的一個星期。若從 1987 年美股崩盤後算起，波動指數的最高點為 90，發生在雷曼兄弟於 2008 年 9 月破產後沒多久。在希臘和西班牙爆發主權債務危機時，波動指數再度攀高。波動指數的歷史低點出現在 1993 年 12 月，當時指數一度跌至 8.89。

近年來，在波動指數高點時進場買進並在低點時賣出，已被證實是有利可圖的短期策略，一如在股票市場裡買低賣高。然而，真正的問題是多高才叫高點、多低才叫低點？舉例來說，投資人可能心癢難耐，想在 1987 年 10 月 16 日入市買進，因為當時的波動指數值為 40。但是若真的買了，將會變成一場災難，因為波動指數在下個星期一就衝上了歷史高點。

💲 當日大幅變動的分布

第 16 章提過，從 1885 年到 2012 年之間，道瓊工業指數變動幅度達 5% 或以上者總共有 145 天，其中 68 天為漲，77 天為跌。在這 145 天當中，有 79 天發生在 1929 年到 1932 年之間，占總數的三分之二。以當日變動幅度來說，到目前為止波動幅度最大的一年是 1932 年，這一年有 35 天道瓊指數的波動至少達 5%。兩個當日變動幅度至少 5% 的日子，其相隔期間最長為十七年，直到 1987 年 10 月 19 日，當天股市崩盤。

當日大幅變動的分布狀況如圖 19-6 所示。多數大幅變動都發生在星期一，到目前為止，星期二出現的次數最少（不包括星期六）。此外，星期一下跌的天數最多，而星期三的上漲天數最多。

10 月發生 36 次當日大幅變動，比其他月分出現大幅變動的次數高了 2 倍以上。稱 10 月分是最大波動幅度的月分，完全合情合理。10 月分出現當日大幅變動次數不僅占總數的四分之一，也包含兩次史上極為嚴重的股市崩盤，分別發生在 1929 年 10 月及 1987 年 10 月。有趣的是，幾乎有三分之二的當日大幅變動都發生在一年的最後四個月分。第 21 章會說明股市報酬的其他季節性

圖 19-6　道瓊指數變動超過 5% 的分布狀況，從 1885 年到 2012 年

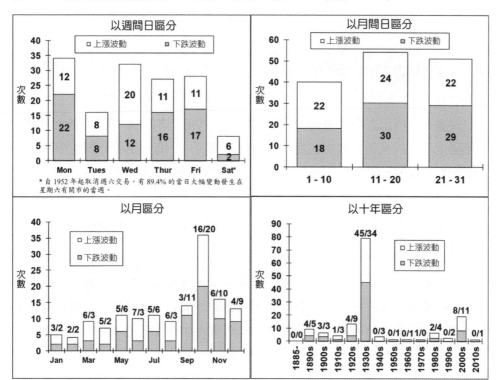

特質。

　　這些資訊當中最讓人意外的，是大幅市場變動和最嚴重之股市崩盤期間的關連。從 1929 年 9 月 3 日到 1932 年 7 月 8 日，道瓊工業指數下跌將近 89%。這段期間內，道瓊指數變動達 5% 或以上的次數多達 37 次。令人驚訝的是，其中 21 次都是上漲！這一類大幅反彈，很多都是短期回補的結果；當投機者認為市場單向發展時，他們會急著出售自己並未持有的股票，一旦市場反彈就強力回補或平倉，繼而造成這種現象。

　　市場出現漲或跌的走勢時，偶爾會出現反向急跌或急漲的情況。在多頭市場，「往上走樓梯，往下坐電梯」的說法，非常適合拿來描述市場行為。一般投

資人必須要很清楚：要在走勢浮現的市場裡獲利並不如想像中簡單；試著在這些市場中下注的投資人，當看到市場轉向時，必須要做好準備快速出場。

⑨ 市場波動的經濟原理

許多人之所以對市場波動大肆抱怨，是基於他們相信市場對消息面的變化反應過度了。然而消息面對市場的影響難以判定，少有人能量化特定事件對於股價的影響程度。因此，交易者通常會「從眾」，預測其他交易者在新消息出現時會如何反應。

五十多年前，凱因斯就說明以經濟基本面評估股價而不從眾的投資人，將面臨哪些問題：

> 純粹憑藉長期的預測來進行投資，直到今日仍相當困難，而難以實踐。試著這麼做的人，一定得多費心思且承擔更大風險，這將遠超過只想猜出群眾將會怎麼做的人；而且，倘若兩人聰明才智相當，前一種人可能會犯下更多致命的失誤。

1981 年，耶魯大學的羅伯特 · 許勒 (Robert Shiller) 設計出一套方法，藉此判斷股票投資人是否對股利和利率的變化反應過度；而股利和利率都是股票價值的基石。透過檢視歷史資料，許勒根據日後將實現的股利和利率條件，計算出標準普爾 500 指數應該落在哪個水準。我們會知道標準普爾 500 指數應有的水準，是因為瞭解股價為未來現金流的折現值，一如第 10 章所述。

他發現，如果股價變動太大，無法僅用日後的股利與利率來解釋。股價顯然過度反應股利的變化，並未考慮到配息變化大都只是暫時性的。比方說，在經濟衰退之際，投資人評估股價時會以股利將大幅減少為前提，並不符合歷史經驗。

景氣循環裡的「循環」一詞，暗示了經濟活動在熱絡之後會轉而走緩，反之亦然。企業獲利盈餘多半也跟著景氣循環走，依循周期性的模式，隨時間

推移而回歸平均水準。在如此條件下，股利（或者獲利）在衰退期間暫時下滑，對股價的影響應該微乎其微，因為股價會在無限期的未來慢慢折現股利。

股市崩盤時，投資人的腦海中會浮現最糟糕的情況。1932 年 5 月 6 日，美股從 1929 年的高點暴跌 85% 之後，添惠證券公司 (Dean Witter) 發出以下的備忘錄給客戶：

> 關於未來，只有兩項前提站得住腳。我們若非即將進入混亂，就是即將復甦。前一種說法愚蠢之至。如果亂世將至，萬事皆無價值；證券、股票、銀行存款或黃金都將一文不值。房地產也將成為不值錢的資產，因為無法確定所有權。如果出現這種不可能出現的情況，就無法擬訂任何政策。因此，我們必須以復甦為基準來預測政策。目前的衰退情況並非第一次出現，或許這一次是最糟糕的，但就像過去一樣會自行修正並逐步重新調整以恢復常態，我們很快就會看到它再度發生。唯一不確定的，是確切發生時點會在何時……我要斷然告訴大家，未來幾年大家會覺得目前的股價低到荒謬的地步，就像我們認為 1929 年的股價簡直是高不可攀一樣。

兩個月後，美股創下歷史新低，並強勁反彈。回顧過去，上述有關股價暫時脫序的評論，充滿了高遠的智慧與明智的判斷。惟發出備忘錄的當下，投資人對股市已經不抱希望，腦海中全是絕望與沮喪，完全將這些話置若罔聞。第 22 章會討論為何投資人經常對短期事件反應過度，無法用長線觀點來看待市場。

🌐 市場波動的重要性

1987 年 10 月上演美股崩盤的大戲，但是就金融市場甚至是全球經濟來看，其持續性的效應微乎其微。由於 1987 年的股災並未導致更嚴重的股市崩跌或經濟走緩，因此不若 1929 年大崩盤來得惡名昭彰。不過，它給我們的教訓或許更重要。像是經濟守護機制，聯準會迅速為經濟體注入流動資金並確保金融

市場維持正常運作，可以防範類似大蕭條時期損害美國經濟的類經濟性災難出現。

市場依然會有波動。因為未來永遠充滿不確定性，而且心理與情緒也常常支配著經濟基本面。就像凱因斯在七十多年前的著作《一般理論》(*The General Theory*) 中敏銳地點出：「顯而易見的事實是，我們用來預測收益的知識基礎極度不可靠。」不可靠的估計會隨突如其來的變化而改變，因此自由市場裡的價格就會有波動。但歷史證明，在眾人逃離時入市的投資人，通常可以因為市場波動而獲益。

第 **20** 章

技術分析與趨勢投資

很多懷疑論者都傾向將（線型分析）這整件事斥為占星學或妖術，我是說真的；但是，光看圖表在華爾街的重要性，就讓我們必須相當謹慎小心地檢視其中的說法。

——班哲明・葛拉罕 (Benjamin Graham) 與大衛・陶德 (David Dodd)，1934 年

🌐 技術分析的特性

　　旗形 (*flag*)、尖旗形 (*pennant*)、碟形 (*saucer*)、頭肩形 (*head-and-shoulder*)。隨機指標 (*stochastic*)、指數平滑異同移動平均線 (*moving-average convergence-divergence, MACD*) 等等指標，還有 K 線圖 (*candlestick*) 都是技術分析者常用的語言，一般人難以理解。所謂技術分析者，是指利用過去的價格趨勢預測未來報酬的投資人。投資分析中少有其他領域比技術分析引來更多批評，也沒有其他領域擁有如此大群專心投入的熱情支持者。技術分析常被學院派經濟學家斥為占星術之流，如今卻有了新風貌，而且近來的證據也非常支持這套分析法。

　　技術分析師，常有人稱為線型分析師，他們和基本面分析師恰恰相反；分析基本面的人，多半使用股利、獲利與面值來預估股票報酬。線型分析師不管基本面的變數，主張可以藉由分析過去的價格模式，爬梳出預測未來股價波動的重要資訊。其中有些模式是市場集體心理作用的結果，常常會再次出現，有些則是由特別瞭解某家公司情報的知情投資人 (*informed investor*) 所帶動。線型分析師主張，如果正確判讀模式，投資人便可利用這些圖表打敗大盤，並從那些瞭解個股內情的投資人手中分一杯羹。

🌐 技術分析始祖查爾斯．道

　　第一位名滿天下的技術分析師，便是道瓊工業指數的創辦人查爾斯．道 (Charles Dow)。惟查爾斯．道不只是分析圖表而已。1900 年代初期，他結合自己對市場走勢的關注，創辦了《華爾街日報》，並在社論版發表自己的策略。道氏的後繼者威廉．漢米爾頓 (William Hamilton) 把道氏的技術分析方法發揚光大，於 1922 年出版《股市氣壓計》(*Stock Market Barometer*)。十年後，查爾斯．利亞 (Charles Rhea) 將道氏的概念化為公式，集結成《道氏理論》(*Dow Theory*)。

　　道氏將股價的起起落落比喻為浪潮。他說，股市裡也有主波段 (*primary*

wave)，就像潮汐一樣，決定了整體趨勢。大趨勢中還會有層層疊疊的次波段和小漣漪。他宣稱，透過分析道瓊工業指數、市場成交量以及道瓊鐵路股價指數〔現已更名為道瓊運輸平均指數 (Dow Jones Transportation average)〕的線圖，就可以辨識市場趨勢。

信奉道氏理論的人，認定這套策略能讓投資人在 1929 年 10 月股災之前先脫身。著名的技術分析師馬丁・普林 (Martin J. Pring) 主張，1897 年開始，買進道瓊成分股並遵循每一個道氏理論之買賣信號的投資人，如果一開始投資 100 美元，到了 1990 年 1 月將可得到 116,508 美元；相較之下，「買進後持有」的策略僅有 5,682 美元（均不含股利再投資）。然而，要確認根據道氏理論操作所賺得的利潤並不容易，因為這些買賣信號都很主觀，而且無法用精準的數字規則判定。

股價的隨機性

道氏理論已不像過去那般風光，但是技術分析仍然存在，而且蓬勃發展。找出市場趨勢、搭上多頭順風車並避開空頭市場的概念，仍是技術分析師的基本目標。

不過，多數經濟學家仍然攻擊線型分析師的信條：股價走勢會遵循可預測的模式。對學術研究者來說，市場價格的變動比較接近一種名為隨機漫步 (random walk) 的模式，而不是任何可以預測未來報酬的特定型態。

第一位得出上述結論的，是二十世紀初的經濟學家弗瑞德瑞克・麥克考利 (Frederick MacCauley)。他於 1925 年在美國統計學會 (American Statistical Association) 的晚餐會上以「預測證券價格」為題發表評論，後來獲得學會官方期刊報導：

> 麥克考利觀察到股市的波動和丟骰子得出的機率曲線很相似。每一個人都會認同如此完全取決於機率的曲線並無法被預測。如果人們可以透過股市

的波動圖表做出預測，股市的波動必然不同於機率曲線。

三十多年後，芝加哥大學的教授哈利‧羅伯茲 (Harry Roberts)，利用純粹隨機事件（例如丟銅板）的結果來畫出股價變動，以模擬市場波動。這些模擬結果看起來很像實際的股價走勢圖，形成某些型態也遵循某些趨勢，而它們都是線型分析師認為很重要的股市未來報酬預測指標。惟藉由模擬而形成之架構，到了下一個階段的股價變動則完全是隨機事件，在邏輯上並不具有預測的意義。這項早期研究支持「昔日股價的顯著模式全然來自隨機波動」的看法。

但是，從經濟學來說，股價走勢呈現隨機性有其道理嗎？影響供需的因素不會隨機發生，通常可以根據過去來預測。這些可預測的因素不是應該使股價走勢呈現非隨機性的模式嗎？

1965 年，麻省理工學院的保羅‧薩謬爾森 (Paul Samuelson) 教授證明，證券價格中的隨機性並不牴觸供需法則。事實上，此種隨機性正是自由且有效率的市場造成之結果；在這樣的市場裡，投資人已經將所有已知會造成影響的因素都計入股價當中。這是效率市場假說 (*efficient market hypothesis*) 的重點。

如果市場有效率，唯有出現和股市相關的意外新資訊時，價格才會變動。而意外新資訊比預期好和比預期糟的機率各為一半，乃導致股價隨機變動。因此，股價走勢圖看起來像隨機漫步，不可預測。

模擬隨機性的股價

若股價走勢果真是隨機的，其波動應該類似電腦隨機創造出來的模擬動態。圖 20-1 將羅伯茲教授六十年前所做的實驗加以擴大。我不僅讓電腦創造收盤價，也模擬了盤中價，畫出常見的 K 線圖，由高點－低點－收盤組成。多數報章雜誌以及專門討論線型的書籍都是用這種圖。

圖 20-1 有八張圖。其中四張是透過電腦以亂數模擬而成，絕對無法利用這些模擬圖去預測未來，因為其設計原則是未來走勢和過去走勢彼此獨立。另外

圖 20-1 實際股價指數 vs. 模擬股價指數

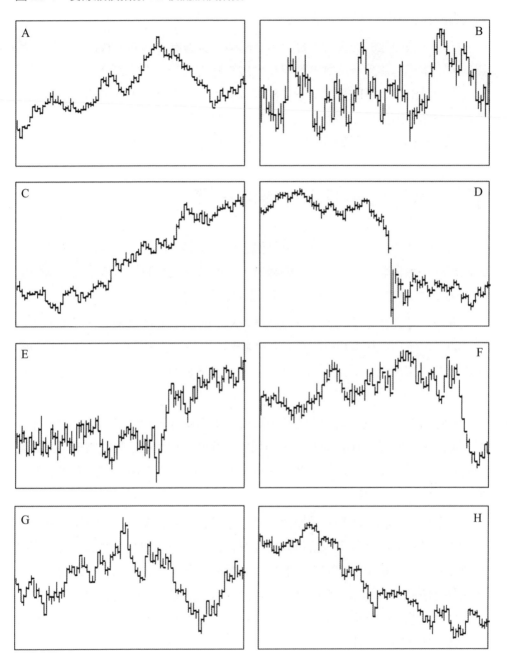

四張圖是道瓊工業指數的實際數據。在進一步判讀之前，請先試著判斷哪四張圖是真的歷史數據，哪些又是電腦產生的。

這是一項困難的任務。事實上，華爾街一流證券公司的多數頂尖經紀人都認為，根本不可能分辨出實際數據和模擬數據之間的差異。三分之二的股票經紀人未能看出圖 20-1D 畫的正是 1987 年 10 月 19 日股市崩盤期間的線圖。至於其他七張圖，這些經紀人完全沒有能力判別實際數據和電腦創作。圖中的 B、D、E 和 H 來自實際數據，而 A、C、F 和 G 則是電腦模擬圖。

🌐 找出市場與價格反轉的趨勢

即便有很多「趨勢」只是股價隨機波動的結果，很多交易者也絕對不會逆勢操作，一定會順應自己所認定的趨勢。掌握市場交易時機者最著名的兩句話是：「與市場趨勢為友」以及「相信市場動能」。

美國知名資產管理人馬丁・茲維格 (Martin Zweig) 即以善於掌握市場交易時機聞名，他利用基本面和技術面來預測市場趨勢，並大聲疾呼：「我非常強調順勢而為的重要性，要和市場同調，不要和主波動對作。和趨勢作對就會招致災難。」

當趨勢顯然形成之後，技術分析師就會畫出兩條平行線，一條上限一條下限，兩限之間的通道 (channel) 便是市場交易範圍。通道的下限經常稱為**支撐線** (support level)，上限則稱為**壓力線** (resistance level)。當市場突破上限或下限之後，往往會出現大變動。

許多投資人相信趨勢的重要性，信念會帶動相關行為，讓順勢操作更受歡迎。在趨勢不變的條件下，投資人要在價格達到通道上限端時賣出、觸及下限端時買進，利用通道當中明顯的股價變動來回操作。如果波動突破趨勢線，很多交易者將會改弦易轍，反轉持股部位的操作：若是市場行情穿越趨勢線的上方，他們會買進，如果跌破底線，那就賣出。此類行為常常會加速股價的波動，強化趨勢的重要性。

追隨趨勢者在進行選擇權交易時，也會強化掌握市場交易時機者的交易行為。當股市在通道區間內進行交易時，交易者會在履約價格觸及低點時賣出賣權、觸及高點時賣出買權。只要市場行情仍在通道之內，投機客就可以收取權利金，因為這些選擇權到期時將一文不值。

如果市場行情穿過趨勢線，選擇權的賣方就暴露在重大風險之中。之前提過，選擇權的賣方很可能會面臨巨額虧損（如果他們並未持股），很可能比他們出售選擇權所收取的權利金高好幾倍。倘若眼前即將出現損失無限大的風險，選擇權的賣方將會「尋找掩護」(run for cover)，或者買回他們的選擇權，繼而加速股價波動。

移動平均線

技術分析操作要成功，不僅要能識別趨勢，更重要的，還要知道趨勢何時將反轉。有一套很受歡迎的工具可以用來判別趨勢何時可能會改變，這套工具檢驗現價和過去股價變動之移動平均的關係，相關技術至少可回溯至 1930 年代。

移動平均線 (*moving average*) 是指特定日數的個股或指數收盤價之算術平均。每多一個交易日，就把最早的收盤價剔除，加入最新的收盤價，然後計算平均。

移動平均線的變動幅度低於每日的收盤價。當股價起漲，移動平均線會低於市價，形成股價的支撐線。當股價走跌，移動平均線會高於市價，形成股價的壓力線。技術分析師主張，利用移動平均線，投資人可以找到基本的市場趨勢，而不會因為市場的日常波動而分心。當價格穿透移動平均線，代表大盤背後有著強大的力量，趨勢即將反轉。

最常用的是過去 200 個交易日的移動平均線，稱為 200 天移動平均線 (*200-day moving average*)。報章雜誌與投資刊物常將此指標當作判斷投資趨勢的要素。早期大力支持這套策略的人包括威廉・戈登 (William Gordon)。他指出，

從 1897 年到 1967 年，當道瓊指數向上突破移動平均線時買進的報酬率，比當道瓊向下跌破時買進的報酬率高了 7 倍。羅伯 · 寇比 (Robert Colby) 和湯瑪斯 · 邁爾斯 (Thomas Meyers) 也指出，以美股來說，45 週移動平均線是最好用的，只比 200 天移動平均線稍微長一些。

測試道瓊移動平均線策略

為了測試 200 天移動平均線是否好用，我著手檢驗 1885 年至今的道瓊工業指數每日行情。與以往移動平均線策略研究不同的是，在計算持有期間的報酬時，如果是按照技術分析的信號進場買股，會計入再投資的股利，一旦信號警示退場，則改為投資計息債券並計入利息。我計算了整段期間的年化報酬率，也算出各個不同期間的報酬率。

我採用以下的標準進行買賣：當道瓊工業指數收盤價比 200 天移動平均線（不含當天）高了至少 1%，就以當天收盤價買進股票；只要道瓊工業指數收盤價比 200 天移動平均線低了 1% 以上，就以當天收盤價賣出股票。出售股票之後，所得金額轉而投資國庫券。

這套策略有兩項值得一提之處。以 200 天移動平均線的 1% 作為上下限，是為了減少投資人進出的次數。區間越狹窄，買賣次數越多。非常狹幅的區間會導致交易者面臨「盤整拉鋸」(whipsaw)，這個詞專門用來描述投資人為了打敗市場而殺進殺出。盤整拉鋸會大幅降低投資人的報酬率，因為交易成本大幅提高了。

策略的第二部分假設投資人以收盤價買賣，而不是以盤中價成交。由於近年才有確實的盤中均價資料可循，因此使用歷史資訊時，不可能判斷盤中價格何時會破 200 天移動平均線。我在這裡限定收盤價必須高於或低於 200 天移動平均線的買賣信號，就是可以在整段期間內執行的策略。

回溯測試 200 天移動平均線

圖 20-2 顯示道瓊工業指數在兩個選定期間的日均線和 200 天移動平均線：1924 年到 1936 年，2001 年到 2012 年。投資人出場（並買進國庫券）的時段以

圖 20-2　道瓊工業指數與 200 天移動平均線

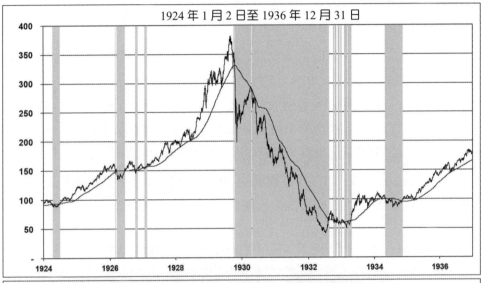

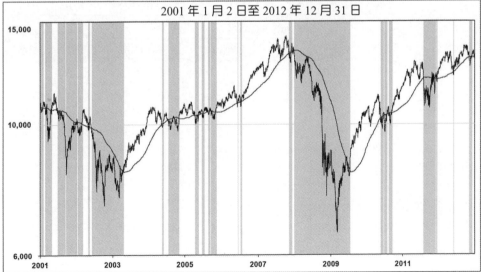

陰影部分代表投資人出場

陰影表示，其他時段的投資標的完全以股票為主。

　　整段期間內，分別採行 200 天移動平均線投資法以及買進後持有投資法的報酬，如表 20-1 所示。從 1886 年 1 月到 2012 年 12 月，根據技術分析掌握買賣時機的投資法，其年報酬率為 9.73%，打敗買進後持有投資法的 9.39%。之前提過，掌握市場時機的投資策略成功避開了 1929 年到 1932 年的股災。若排除這段期間，掌握時機投資法的報酬率則落後買進後持有策略達 68 個基點，但掌握時機投資法的風險較低。

　　此外，如果計算報酬時納入執行 200 天移動平均線投資法的交易成本，整段期間的超額報酬（包括 1929 年到 1932 年股災期間）幾乎就不見了。交易成本中包括經紀商的費用以及買賣價差，還有出售股票時發生的資本利得稅，暫且假設投資人每次進出市場的平均交易成本為 0.5%。這個數字或許低估了交易成本，尤其就早年的情況來看，而若以近年的發展來說，可能也高估了。

　　表象是會騙人的。如果我們檢驗圖 20-2 中 2001 年之後的報酬率，看起來200 天移動平均線投資法的報酬徹底輸給買進後持有投資法，然並非如此。從

表 20-1　200 天移動平均線投資法與買進後持有投資法的年化報酬率比較

期間	買進後持有投資法		200 天移動平均線投資法				入市期比重 %	轉換次數
			不計交易成本		扣除交易成本			
	報酬	風險	報酬	風險	報酬	風險		
1886 年到 2012 年	9.39%	21.4%	9.73%	16.5%	8.11%	17.2%	62.4%	376
次期間								
1886 年到 1925 年	9.08%	23.7%	9.77%	17.7%	8.10%	18.0%	56.6%	122
1926 年到 1945 年	6.25%	31.0%	11.13%	21.8%	9.47%	22.7%	62.2%	60
1946 年到 2012 年	10.53%	16.2%	9.28%	14.1%	7.71%	15.0%	66.5%	194
1990 年到 2012 年	9.57%	15.7%	4.92%	15.6%	2.66%	16.8%	70.1%	100
2001 年到 2012 年	4.07%	16.4%	1.33%	12.3%	−1.09%	13.2%	60.5%	58
不含 1929 年到 1932 年股災期間								
1886 年到 2012 年	10.60%	20.1%	9.92%	16.3%	8.38%	16.9%	63.6%	358
1926 年到 1945 年	13.94%	24.5%	12.38%	20.3%	11.21%	20.8%	70.8%	42

2001 年到 2012 年，買進後持有策略的報酬率平均每年多 2% 以上，就算不計交易成本也一樣。這是因為當市場的漲勢或跌勢不強、而且市場價格和 200 天移動平均線多次交叉（導致交易成本高漲）時，時機操作法的報酬率都會很難看。

雖然這段時間時機操作法的報酬落後於買進後持有投資法，但時機操作法最大的好處，就是讓奉行此法的投資人在每一次嚴重空頭來襲時可以先行出場，而不會讓投資部位隨大盤落底。由於掌握市場時機之操作者入市的時間不到三分之二，其報酬的標準差比買進後持有的投資人少了約四分之一。這表示，以年度風險調整後的基礎來看，200 天移動平均線投資法的報酬仍相當可觀，即便計入交易成本亦然。

避開大空頭

我注意到，在道瓊工業指數 126 年的歷史中，200 天移動平均線投資法在 1920 年代到 1930 年代這段盛極而衰的時期內，發揮得最為成功。應用上述標準，投資人會在 1924 年 6 月 27 日道瓊指數為 95.33 點時買進，然後僅須面對兩次小幅的拉回，乘著多頭市場的順風車在 1929 年 9 月 3 日來到高點 381.17 點。投資人會在 1929 年 10 月 19 日離場，當時道瓊工業指數為 323.87 點，十天之後，股災就發生了。除了 1930 年中一段短暫的時間，這套策略會教投資人遠離這次史上最嚴重的空頭市場。而投資人最後會在 1932 年 8 月 6 日重回市場，當時道瓊指數為 66.56 點，僅比絕對低點高了 25 點。

謹遵 200 天移動平均線投資法的投資人，也得以逃過 1987 年 10 月 19 日的崩盤；他們會在前一個星期五、也就是 10 月 16 日出脫持股。然而，和 1929 年股災不同的是，股市之後並未持續走跌。雖然市場在 10 月 19 日跌了 23%，但投資人得等到隔年 6 月才會重行入市，那時道瓊工業指數僅比 10 月 16 日出場時低了 5%。無論如何，遵循 200 天移動平均線投資法，仍可以避開 10 月 19 日和 20 日，對於當時仍有持股的許多投資人來說，這兩天是充滿創痛的日子。

還有，應用 200 天移動平均線投資法的投資人，亦可避開 2007 年到 2009 年中大部分的空頭時期。他們會在 2008 年 1 月 2 日出脫持股，當時道瓊指數為

13,044 點，僅比 2007 年 10 月的高點低了 8%；然後等到 2009 年 7 月 15 日再度進場，當時道瓊指數為 8,616 點，比出場時低了約 40%。但是在 2010 年、2011 年和 2012 年，大盤陷入盤整拉鋸，投資人將進出達二十次，其總報酬也必須再扣掉 20% 的交易成本。

損益分布

200 天移動平均線投資法確實避開了重大虧損，惟仍要面對幾次小波段走跌。圖 20-3 顯示以時機操作法和買進後持有法操作道瓊指數，從 1886 年到 2012 年的每年年度損益分布情形（扣除交易成本）。時機操作法參與了多數的多頭市場並避開大半的空頭市場；但是，當市場變動之趨勢不明時，造成的損失也很慘重。

圖 20-3　道瓊工業指數年度損益分布：時機操作法 vs. 買進後持有法

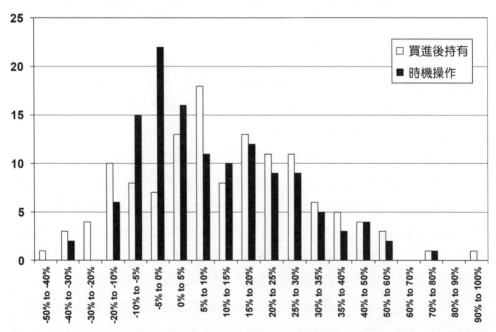

時機操作法的損益分布，和購買指數賣權以為市場衝擊緩衝的買進後持有投資人類似。我們在第 18 章提過，買進指數賣權相當於為大盤買保險。如果損失並未發生，買進賣權的權利金成本就會拉低報酬。同樣的，時機操作法也會因為進出市場而發生多次小額損失。正因如此，時機操作法最常出現的年報酬率落在零到 −5%，而買進後持有法最常出現的年報酬率則落在 5% 到 10%。時機操作法表現最差的一年發生在 2000 年，當年投資人必須進出市場十六次，年報酬率為 −33%，遠低於買進後持有投資者實現的 −5% 報酬率。

🌐 動能投資法

技術分析也可以用來操作個股。學院派的經濟學家將此法稱之為**動能投資法** (*momentum investing*)，有越來越多人關注這套方法。動能策略和基本面策略不同，純粹憑藉過去的報酬數據，完全不看獲利、股利或其他估值標準。動能型的投資人買進近日漲勢強近的個股、賣出近日跌深的個股，他們的預期股價在某一段時間將會和過去的變動方向相同。

這種作法看起來和「買低賣高」的老方法相衝突，但是有大量研究支持這套「買高賣低」的策略。1993 年，納拉希翰・傑卡迪 (Narasimhan Jegadeesh) 和雪瑞丹・提特曼 (Sheridan Titman) 發現，過去六個月報酬率最高 10% 的個股，未來六個月的平均月報酬率會比最低 10% 的個股高 1%。其他技術分析策略，例如買進價格接近 52 週高點的股票，也都很成功。

這裡要特別強調的是，這類動能策略僅在短期有效，不應是長線投資策略的一部分。在傑卡迪和提特曼的研究中，這些績優生在前十二個月創下的超額報酬，在接下來的兩年內會損失一半。如果期間拉得更長，購買「贏家」股票的策略就完全沒有優勢。事實上，更早期的偉納・迪邦特 (Werner De Bondt) 和理查・賽勒 (Richard Thaler) 之研究發現，過去三到五年期間表現不佳的個股，在未來三到五年會大幅超越過去表現良好的個股，隱含了長線股票報酬有均值回歸的現象。

效率市場架構無法解釋動能投資法成功的理由。動能投資法有效，顯然是投資者一開始對資訊的反應力道不足，使得股價必須長期調整以便將新消息納入其中，而不是立刻反應完畢。遺憾的是，動能投資法不能保證一定行得通：近期的證據指出，雖然專業投資人可利用動能投資法創造出超額報酬，但是散戶的績效多半輸給大盤。這或許是因為散戶投資人通常著眼於表現最好的個股，而這些股票通常很快就超漲，導致報酬不佳；然而，專業投資人是買表現不俗但無法擠進前幾名的個股，這類個股多半能利用動能投資法創造最佳報酬。

結論

技術分析的支持者宣稱，這套方法可以找出市場的大行情，並判定趨勢何時會反轉。不過這些趨勢是否真的存在，或者只是股價隨機波動形成的一連串漲跌，至今仍爭論不休。

伯頓 · 墨基爾 (Burton Malkiel) 就曾明白駁斥技術分析。他在自己的暢銷書《漫步華爾街》(*A Random Walk Down Wall Street*) 裡這麼說：

> 很多人利用兩大交易所的股價數據詳細檢驗技術分析規則，最早可回溯到二十世紀初。結果明白顯示過去的股價波動不可用於預測未來行情。股市沒有記憶。圖表分析的中心要旨是錯的，遵循技術分析守則的投資人除了繳交大量的費用給經紀商之外，將一無所獲。

這項曾經普遍受到學界支持的論點，現在已受到挑戰。最近的計量經濟學研究證明，如 200 天移動平均線或短期價格動能這類簡單的交易規則，將可提升報酬。

即使學界持續交鋒，技術分析在華爾街以及各種專業投資人之間仍擁有一大群信徒。本章以謹慎的態度認同這些策略，前提是交易成本不可過高。但是，就像我在本書中常常提到的，投資人利用過去所決策的行動，很可能改變未來的報酬。葛拉罕在七十多年前說得很好：

稍微思考一下就會發現，根本不可能用科學的方法預測由人類主導的經濟事件。預測的「可靠性」會讓人們據此行動，導致預測無效。所以說，謹慎的線型分析師也承認，這套方法若想持續成功，必須只能有少數人知道這套成功的祕訣。

最後：投資人若採用技術分析法，必須時時關注市場。在股災發生之前，即 1987 年 10 月 16 日星期五將收盤時，道瓊指數跌破 200 天移動平均線。如果那天下午沒有出脫持股，就會在大跌 22% 的「黑色星期一」掉入萬丈深淵。

第 **21** 章

股市的日曆異常現象

10 月。對股市投機而言它是最危險的月分之一。其他幾個危險的月分還包括 7
月、1 月、9 月、4 月、11 月、5 月、3 月、6 月、12 月、8 月和 2 月。

——馬克・吐溫 (Mark Twin)

翻開辭典，異常 (anomaly) 指的是特別的事物，不同於一般人自然而然的預期。如果有人只根據當天是星期幾、哪一週或哪一個月就想預測股價、打敗大盤，還有什麼比這件事更不自然呢？不過，你還真的可以這麼做。研究顯示，股市裡有一些可預測的時機點，整個大盤與某些族群的股票，在這些時候會表現得特別好。

1994 年出版的《散戶投資正典》第一版，其論點是根據過去直到 1990 年代初期的長期數據序列分析而來。第一版中提到的日曆異常現象，引來許多讀者針對這些非比尋常的時機點訂下策略，取得優於大盤的績效。然而，隨著越來越多投資人瞭解這些異常事件並見機行事，股價可能也隨之調整，這類異常的效應就算沒有完全消失，也多半不見了。這正符合效率市場假說的預期。

在《長線獲利之道：散戶投資正典》中，我也檢視自 1994 年以來的證據，以判斷異常性是否仍存在。而結果乃是出人意表，某些異常性的效果已趨微弱、甚至完全反轉，有些則和過去一樣強效。以下概略介紹。

季節異象

從歷史資料來看，最重要的日曆異象是小型股在 1 月的績效會遠遠超過大型股。此效應如此強大，導致小型股若未計入 1 月報酬，其自 1925 年以來的報酬都將低於大型股。

小型股 1 月的傑出表現，被稱為元月效應 (January effect)。由唐諾・肯姆 (Donald Keim) 在 1980 年代從自己的研究中所發現，當時他還是芝加哥大學的研究生。這是第一個正面挑戰效率市場假說的重要發現；效率市場假說主張，股價走勢沒有任何可預測的模式。

元月效應可說是所有日曆異常現象的始祖，但不是唯一。股市在前半個月的表現通常優於後半個月、放假之前的績效亦佳，惟時常在 9 月重挫。此外，從聖誕節到元旦期間，股市的表現也是可圈可點；直到最近之前，股市在 12 月的最後一個交易日都會上漲，基本上，就是這一天啟動了元月效應。

元月效應

　　在所有日曆異常現象中，元月效應最為大眾所知。從 1925 年到 2012 年，標準普爾 500 指數 1 月分的算術平均數報酬率為 1.00%，小型股則為 5.36%。小型股在 1 月分創下的 4.36% 超額報酬率，遠高於大型股與小型股的年報酬率差額。換言之，從 2 月到 12 月，小型股的平均報酬率遠遠落後大型股。以歷史數據來看，持有小型股的有利月分僅有 1 月。

　　要瞭解元月效應有多重要，我們可以檢視圖 21-1。該圖顯示大型股與小型股的總報酬，以及將 1 月分績效改由標準普爾 500 指數取代的小型股報酬。在 1926 年投資 1 美元購買小型股，到了 2012 年底會變成 11,480 美元，若拿同樣金額的錢投資大型股，僅有 3,063 美元。但如果不計 1 月分，投資小型股將只能拿回 469 美元，還不到大型股的六分之一。

圖 21-1　小型股與大型股，包含 1 月分與不包含 1 月分的總報酬，1926 年到 2012 年

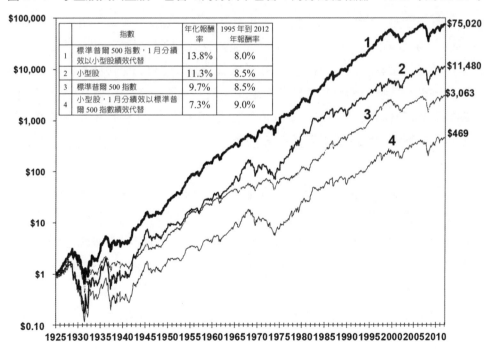

圖 21-1 顯示，如果小型股 1 月分的高額報酬能持續下去，可以帶來亮麗的投資成果。若在 1925 年拿出 1 美元投資，在 12 月底買進小型股、然後在 1 月底換成標準普爾 500 指數，此操作法在 2012 年底可以創造出 75,020 美元，平均年報酬率高達驚人的 13.8%。

　　自 1925 年以來，大型股的績效在 1 月分時優於小型股的情形，只發生過二十次。而且，就算小型股的績效較差，也差不到哪裡去：最大的差額是 1929 年 1 月，當時差了 5.1%。反之，自 1925 年以來，小型股的報酬率有二十八年都比大型股高 5% 以上，另有十三年高 10% 以上，還有兩年高 20% 以上。

　　元月效應在史上幾次最慘烈的空頭時期仍然顯而易見。從 1929 年 8 月到 1932 年夏天，美股的市值蒸發近九成，小型股在 1930 年、1931 年和 1932 年的 1 月分仍表現亮眼，報酬率分別為 13%、21% 和 10%。在這場美國史上最嚴重的股災期間，投資人如果連續三年都在 12 月底買進小型股並於隔年 1 月出脫，然後在其他時候持有現金，就能讓資本增值 50%，這證明了元月效應的威力！

　　元月效應有一個迷人的特性，那就是你買進小型股之後，不用等一整個月就可以賺到高額報酬。多數買進小型股的時機都在 12 月最後一個交易日（通常都是傍晚時），因為有些人會在除夕夜前出脫持股，此時正是撿便宜的時候。小型股的亮麗表現會持續到 1 月的第一個交易日，但是下跌力量會在一年第一個星期的交易裡發揮出來。以一項 1989 年發表的研究來看，光是 1 月分的第一個交易日，小型股的報酬就比大型股高了近 4%。到了 1 月中，元月效應已大致消失。

　　每當我們發現任何像元月效應這種日曆異常時，檢驗國際上是否也有類似情形是很重要的。當研究人員放眼海外股市時，他們發現元月效應並非美國獨享。身為全球第二大資本市場的日本，小型股在 1 月分的超額報酬達到每年平均 7.2%，比美國更明顯。我們在本章後半段會提到，在全世界許多國家，不管大、小型股，1 月分都是表現最好的月分。

　　為何投資人、投資組合經理和財務經濟學家長期以來都未發現上述的異常

現象？因為美國專業人士們所分析的各股價指數成分股，是以大型股為大宗，而1月分大型股的報酬率並無特別之處。但是這不代表大型股在1月的表現不好；大型股於1月分的報酬亮眼，美國之外的海外市場尤其如此。惟在美國，1月分並不是大型股最輝煌的月分。

📈 元月效應的成因

為何美股投資人在1月時獨厚小型股？沒有人能確實說明，但是有幾個假說可以解釋。散戶與機構投資人不同，前者持有的小型股比例極高，而且他們對於交易引發的稅賦效應很敏感。小型股，尤其是前十一個月都在下跌的小型股，到了12月會有基於稅賦誘因所引發的賣壓。這股賣壓壓低了個股股價。到了1月分，賣壓結束，股價就反彈了。

有些證據支持這種說法。一整年都在下跌的個股，到了12月會跌得更深，之後在1月出現戲劇性漲勢。此外，有證據指出，1913年美國制定所得稅制之前，並沒有元月效應。在澳洲，課稅的期間是每年的7月1日到隔年的6月30日，小型股的異常高額報酬乃出現在7月。

然而，除了稅賦的理由之外，仍有其他因素，因為並未課徵資本利得稅的國家也有元月效應。日本在1989年前不對散戶投資人課徵資本利得稅，但是元月效應在那之前就存在了。再者，加拿大在1972年之前亦不課徵資本利得稅，但該國也有元月效應。最後要提的是，一整年都在漲、照理說不受稅賦損失賣壓影響的個股，到了1月依舊上漲，惟漲幅比不上前一年持續下跌的個股。

元月效應有其他可能的解釋。員工常會在年底拿到額外的收入，比方說分紅或其他獎金。這些人通常會在1月的第一個星期將其投入股市。數據顯示，大眾的買單和賣單之比在年度之交時會大幅提高。一般散戶的持股比例中，小型股占大部分，這一點或許是理解元月效應的重要線索。

儘管這些理由看似合情合理，卻全都不符「效率資本市場」假說。如果基金經理人知道小型股在1月會大漲，他們應該會在元旦前就買進，以賺取亮眼報酬。如此行為模式會導致小型股股價在12月上漲，導致其他經理人提早在

11 月買進，依此類推。當此過程對元月效應發揮作用時，會攤平整年的股價，元月效應也就消失無蹤。

近年元月效應減弱

　　或許是因為元月效應名聲響亮，引得投資人與交易者善用這種日曆異常現象，使得該效應在 1994 年以後大致消失。從 1995 到 2012 年 1 月，小型股的羅素 2000 指數在 1 月分的報酬率為 1.36%，僅稍高於標準普爾 500 指數的 0.70%。此外，12 月最後一個交易日與 1 月第一個交易日在過去都是報酬很高的日子，但是羅素 2000 指數在這兩個交易日的報酬率已經不比標準普爾 500 指數高了，而且兩者都接近於零。最後，小型股在 1 月分前七個交易日的超額報酬在 1995 年以前非常可觀，現在也已經消失。

大型股的每月報酬率

　　除了元月效應之外，還有其他和股票有關的季節性模式。道瓊工業指數與標準普爾 500 指數的每月報酬率，如圖 21-2 所示。11 月和 12 月都是表現出色的月分，而且根據近期的數據來看，這種情況仍舊持續中。至於過去也出現高報酬的 1 月分，近年來已經走弱。4 月分也是績效出色的月分，而從夏天一直到初秋，除了 7 月之外，股票報酬一直低於平均水準。「5 月賣股走人」(Sell in May and go away) 顯然在實證上站得住腳。自二次大戰以來，沒有證據顯示經紀商和投資客在 1950、1960 年代大力吹捧的「夏季反彈行情」曾出現過。

　　放眼世界，到處都有不同月分出現不同投資報酬率的型態。從歷史數據來看，在美元以外的海外市場，1 月分是績效絕佳的月分。在摩根士丹利資本市場指數 (Morgan Stanley Capital Market Index) 涵蓋的 20 國 1 月分報酬如圖 21-3 所示，各國的報酬都高於平均。

圖 21-2　道瓊工業指數和標準普爾 500 指數的每月報酬率

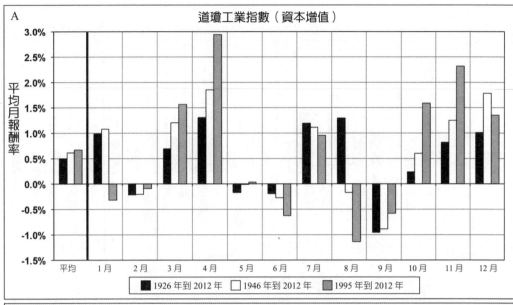

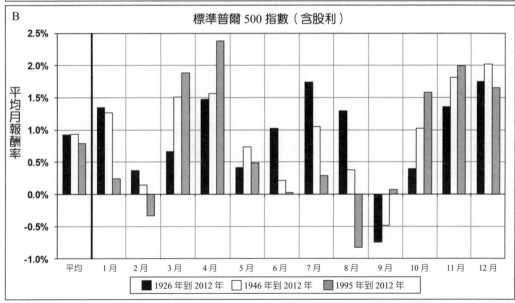

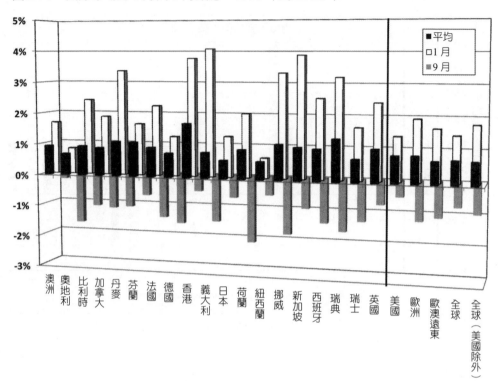

圖 21-3　國際市場的 1 月與 9 月效應，1970 年到 2012 年

在每一個國家，1 月的報酬率皆高於平均值，而 1 月分的報酬率平均比其他 11 個月分高了 2 倍。不過這些國家的 1 月魔力也逐漸失效，和美國的情況如出一轍。自 1994 年起，有 14 個國家（包括美國）的 1 月分報酬率已經為負，而且低於年平均報酬率。

🌐 9 月效應

7 月的報酬很不錯，但夏天剩下的時光可要小心了，尤其是 9 月。9 月到目前為止是一年裡表現最差的月分，以美國來說，即便計入再投資股利，9 月仍是唯一報酬值為負的月分。9 月之後緊接著 10 月，就像我們在第 19 章提過

的，發生在 10 月分的股災多到不成比例。

圖 21-4 追蹤 1885 年到 2012 年以來道瓊工業指數的走勢，分別包括與排除 9 月。1885 年投資 1 美元買道瓊工業指數，到了 2012 年底就會增至 511 美元（不含股利）。反之，如果只在 9 月投資，則只會剩下 23 美分！如果你跳過 9 月、在其他任何月分投資，這筆錢到了 2012 年底就會變成 2,201 美元。

全球各地的 9 月分股市報酬亦普遍不佳。讓人訝異的是，9 月分是一年中市值加權指數出現負報酬值的月分。這表示投資人在 9 月時持有不計息的現金，也好過把錢丟進股市裡。在摩根士丹利已開發市場指數 (Morgan Stanley developed market index)、摩根士丹利歐澳遠東指數 (Morgan Stanley EAFE Index) 和摩根士丹利世界指數 (Morgan Stanley all-world index) 等主要全球指數涵蓋的 20 個國家裡，9 月的報酬率全部為負。

近年來的數據顯示元月效應大致消退，而 9 月效應則相反，有越演越烈的

圖 21-4　9 月效應：道瓊工業指數，1885 年到 2012 年

趨勢，惟自《散戶投資正典》第一版出版之後，最近美股下跌的時間點又往前拉到 8 月。事實上，自 1995 年以來，以標準普爾 500 指數衡量的美股 9 月報酬率已經稍高於零，但其他 19 個已開發國家的 9 月股市報酬率仍為負值。

我們僅能臆測為何 9 月的報酬率如此難看。績效不彰或許和冬天逼近、日間時光快速縮短帶來的抑鬱效應有關。心理學家強調，日光是維繫人類福祉的必要元素；近期研究確認，紐約證交所在陰天時的績效大幅低於晴天時。但是此解釋在「南半球」行不通，因為紐澳兩地市場在 9 月時的績效也很糟糕，而當時兩個國家已迎來初春，白天時間正要變長。

9 月的報酬不佳或許是因為投資人須要變現（或者不進場買股），以支付夏天度假的相關費用。稍後會談到，直到近期之前，美股在星期一的績效向來是一週裡面最差的。對很多人來說，9 月分等同於月分版的星期一，那時候人們放完大假，剛剛回到工作崗位。即使強烈如 9 月效應，未來也很可能屈服於效率市場之下。就像之前提過的，美國投資人開始提前在 8 月賣股，使得 8 月自 1995 年之後就被冠上績效最差月分之名。

其他季節性報酬變化

雖然心理學家指出很多人在聖誕節與新年假期期間，默默承受著沮喪難過的心情，但是股市投資人相信，聖誕與新年假期是個歡欣鼓舞的時刻。表 21-1 顯示以不同時期、日子區分的道瓊工業指數平均每日報酬率。過去 127 年以來，聖誕與新年假期前的平均每日報酬率比平均報酬率高了將近 10 倍。

更讓人意外的，是前半個月和後半個月的報酬率差異。在這 127 年的研究期間內，道瓊工業指數在前半個月（自前一個月最後一個交易日到當月第十四天）的報酬率，幾乎比後半個月高了 7 倍。道瓊工業指數在一個月內每一天的平均每日報酬率如圖 21-5 所示。

而在這段期間內，每個月最後一個交易日（如果 30 日不是最後一個交易日，也一併計入）和前六個交易日的平均報酬率，居然高於整個月的平均報酬

表 21-1 道瓊工業指數平均每日報酬率，1885 年到 2012 年

	1885 年到 2012 年	1885 年到 1925 年	1926 年到 1945 年	1946 年到 1989 年	1946 年到 2012 年	1995 年到 2012 年
整體平均						
整個月	0.0233%	0.0192%	0.0147%	0.0273%	0.0293%	0.0342%
前半個月	0.0402%	0.0203%	0.0621%	0.0500%	0.0465%	0.0365%
後半個月	0.0062%	0.0182%	−0.0316%	0.0040%	0.0112%	0.0316%
每月最後一天	0.0926%	0.0875%	0.1633%	0.1460%	0.0746%	−0.0923%
星期一至星期六						
星期一	−0.0902%	−0.0874%	−0.2106%	−0.1313%	−0.0558%	0.0741%
星期二	0.0415%	0.0375%	0.0473%	0.0307%	0.0422%	0.0870%
星期三	0.0566%	0.0280%	0.0814%	0.0909%	0.0665%	0.0092%
星期四	0.0246%	0.0012%	0.0627%	0.0398%	0.0274%	0.0091%
星期五	0.0630%	0.0994%	0.0064%	0.0942%	0.0577%	−0.0063%
星期六開盤	0.0539%	0.0858%	−0.0169%	0.0747%	不適用	不適用
星期六不開盤	0.0714%	0.3827%	0.3485%	0.0961%	0.0566%	−0.0063%
星期六	0.0578%	0.0348%	0.0964%	0.0962%	不適用	不適用
假期報酬率						
假期前一天						
7 月 4 日	0.2989%	0.2118%	0.8168%	0.2746%	0.1976%	0.1598%
聖誕節	0.3544%	0.4523%	0.3634%	0.3110%	0.2918%	0.2582%
新年	0.2964%	0.5964%	0.3931%	0.2446%	0.0840%	−0.2394%
假期平均	0.3165%	0.4201%	0.5244%	0.2767%	0.1911%	0.0595%
聖誕節當週	0.2247%	0.3242%	0.2875%	0.1661%	0.1331%	0.0425%

率！這表示道瓊工業指數在其他幾天的平均報酬率為負值。

近年來這個模式已出現變化。雖然每個月前六天的報酬率更高了，但是每個月最後一天的平均報酬率卻急轉直下變成負值，而每個月第一天的正報酬率則有拉高的趨勢。

月初的強勁漲勢可能和一般受薪階級的定期定額投資有關，他們設定每個月第一天自動扣款，使資金流入市場。有人注意到每個月第十六天的報酬率也高；在那一天，一個月領兩次薪水的員工會把錢投入股市。然而從 1995 年起，前半個月的報酬率僅比後半個月稍高一些。

圖 21-5 道瓊工業指數平均每日報酬率，1885 年到 2012 年

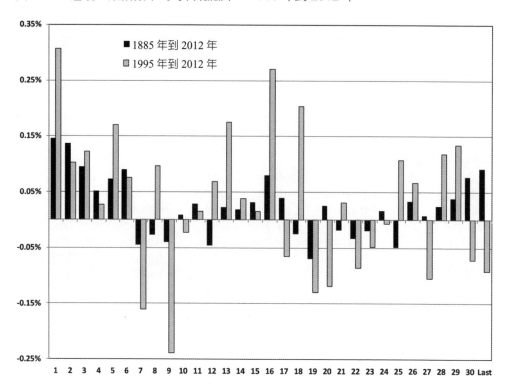

星期一到星期六的效應

很多人痛恨星期一。放了兩天假、做些自己想做的事之後，星期一就得回來面對工作，這真是教人覺得很累。股市投資人顯然也有同感，到目前為止，星期一是股市在一個星期內表現最差的一天。在過去 127 年來，星期一的平均報酬率就是負值。如果星期一的報酬率能像星期二到星期五，道瓊工業指數的歷史平均實質報酬率將超過每年 13%，幾乎是實際數據的 2 倍！

投資人討厭星期一，卻很喜歡星期五。星期五是一個星期裡平均報酬最高的一天，股價報酬率約為日平均報酬的 3 倍。就連美股星期六仍開盤時（1946

年之前的每個月,以及 1953 年以前的非夏季月分),星期五還是第一名。

不過,近年來每日平均報酬率的型態已有大幅改變。自 1995 年以來,星期一已經不再墊底,並躍升至第二名,只落後星期二。而星期五不但從第一名變成最後一名,平均報酬率甚至落入負值。解釋這番改變的說法之一,是很多股市交易者喜歡在週末為股票部位進行避險,在星期五收盤或之前出脫做多部位。導致星期五出現負報酬率的元凶,也可能是知道星期一的報酬率將會很難看,而在星期五先賣股的操作者。這些交易者會在星期一重新建立股票部位,使之後幾天的報酬率走升。無論說法為何,凡此改變都證明投資人常常會利用眾所皆知的股市異常現象來套利,最後使該現象消失在市場上。

另一種日曆異常現象,是大節日之前的股市表現都很好,如表 21-1 所示。7 月 4 日美國國慶日、聖誕節以及新年之前,股價報酬率比平均報酬率高了近14 倍。而其中某些異常現象,就像星期一到星期六的異常現象,在近年出現變化。雖然股市於美國國慶日與聖誕節前夕的表現仍然搶眼,但是自 1994 年以來,每年最後一個交易日的報酬率從原本的 0.30% 大幅滑落至 −0.24%。導致近年最後一個交易日出現負報酬率的原因,很可能是程式自動執行大量「收盤賣出」(sell-on-close) 單所致,這些賣單是為了要抵銷股價指數期貨、指數股票型基金以及其他客製化避險工具的部位。股價的跌勢通常會出現在交易的最後30 分鐘。當然,一旦這些模式廣為人知,異常現象或許很快就會消失。

最後,一天之中的股票報酬似乎也有模式可循。證據顯示,早盤通常會走入下跌波段,星期一尤其如此。午餐期間市場會走穩,在午後出現停滯或跌勢,接著在交易的最後半小時強勢上漲。這通常會導致市場收在一天的高點。

投資人如何因應?

這些異常模式是非常具誘惑力的方針,驅使投資人據以建構投資策略。但是,日曆異常現象不一定會發生;而且,隨著越來越多投資人知道這類異常現象,有些效應將不再顯著,甚至完全消失。著名的元月效應在近二十年來幾乎

已經絕跡。還有一些效應完全反轉，比方說一年最後一個交易日以及星期一和星期五的平均報酬率。也有一些效應仍然持續著，比方說前半個月的報酬依舊亮眼，而 9 月分的績效仍低迷不振。

欲善用這些日曆異常現象，必須要頻繁進出股市，這會帶來交易成本，也可能會衍生資本利得稅（除非使用免稅帳戶內的資金交易）。然而，已經決定要買或要賣、且還有餘裕選擇何時要進行交易的投資人，或許可以在交易之前好好研究一下這些日曆異常現象。

第 21 章　股市的日曆異常現象

第 **22** 章

行為財務學與投資心理學

理性的人和尼斯湖水怪一樣，常有人看到，卻從沒人拍到。

——大衛・卓曼 (David Dreman)，1998 年

市場看起來非常好的時候最危險，看起來非常糟糕的時候最適合進場。

——法蘭克・威廉斯 (Frank J. Williams)，1930 年

本書充滿了數據、價格和圖表，向股市投資人大力推薦全球分散的長期投資策略。各種建議說起來容易，做起來難。財務金融業已經越來越清楚，心理因素可以超越理性分析，阻礙投資人創造最高報酬。這類心理因素的相關研究快速興起，形成行為財務學 (behavioral finance) 領域。

本章以對話的手法寫成，希望能讓讀者更容易理解行為財務學的基本研究和問題。對話中的人物戴夫是一名投資人，他因為墜入心理陷阱中，而無法有效地操作。你或許會注意到他的行事作風和你有相似之處。若是如此，本章提供的相關建議應能協助你成為更成功的投資人。戴夫先和他的妻子珍妮佛對談，接下來則去徵詢一位瞭解行為財務學的投資顧問。對話始於 1999 年秋天，在世紀之交主導市場的科技與網路泡沫破滅前幾個月。

科技泡沫，1999 年到 2001 年

時間：1999 年 10 月

戴夫：珍，我做了一些重大投資決策，我們的投資組合裡盡是一些「老掉牙」的產業，比方說菲利普莫里斯 (Philip Morris)、寶僑和埃克森。這些股票現在的績效都不好。我工作上的朋友鮑伯和保羅靠著網路股賺了一大筆。我和股票經紀人艾倫談過這些股票的前景，他說專家認為網際網路是未來潮流。我要把那些不動如山的牛皮股賣掉，然後買進美國線上 (America Online, AOL)、雅虎 (Yahoo!) 和印通米 (Inktomi) 等網路股。

珍妮佛：我聽說這類網路股很投機。你確定你知道自己在幹嘛嗎？

戴夫：艾倫說我們正要跨入通訊革命激發出來的「新經濟」，這將完全改變全世界的業務模式。我們持有的股票都是舊經濟類股，過去是很輝煌沒錯，但我們應該投資未來。我知道這些網路股波動大，我會仔細監看，這樣我們就不會有損失了。相信我，我想我們終於找對路了。

時間：2000 年 3 月

戴夫：珍，妳看過我們最近的投資對帳單了嗎？從去年 10 月算起，已經漲了 60%。納斯達克目前即將漲破 5,000 點大關，而且大家都說這波漲勢還沒完呢。大家對市場越來越有信心，現在股市已經是辦公室裡的話題了。

珍妮佛：看起來，你比以前更頻繁地進出市場。我都看不懂我們到底持有哪些股票了！

戴夫：市場消息出現的速度越來越快，我必須不斷調整投資組合。現在的佣金很便宜，根據消息面來投資很值得。相信我，妳看，我們現在的績效多好。

時間：2000 年 7 月

珍妮佛：我看過證券公司寄來的對帳單了。我們手上現在沒有網路股了。我們目前的持股有（她讀著對帳單）思科 (Cisco)、易安信 (EMC)、甲骨文 (Oracle)、昇陽電腦 (Sun Microsystems)、北電網路 (Nortel Networks)、傑迪斯單階光纖 (JDS Uniphase)。這些公司我一家也不認得。你都有聽過嗎？

戴夫：4 月分網路股崩盤，我在獲利完全回吐之前就把網路股出清了。可惜我們的網路股最後沒賺到那麼多，但也沒損失。

我相信我們現在的方向是對的。之前那些網路公司根本沒賺錢。我們新持有的公司是網際網路的骨幹，每一家都有獲利。艾倫和我分享一條重要原則，他說：你知道 1850 年代加州淘金熱是誰賺到錢嗎？不是淘金人。先去挖礦的人有些挖到了金礦，但多半一無所獲。淘金熱裡真正的贏家，是出售相關用品給淘金人的商家，比方說尖鋤、長靴、選礦鍋和健行裝備。這裡面的含意很清楚，多數網路公司將以失敗收場，但撐起網際網路骨幹的企業、也就是那些提供路由器、軟體和光纖的企業，將會是最大贏家。

珍妮佛：但我聽某些經濟學家說這類企業股價已經被高估了，本益比好幾百倍。

戴夫：對，但看看它們過去五年的成長性，沒有人見過這種事。整個經濟體都在變化，很多傳統的股票估值標準根本不適用。妳要相信我，我會看緊這些股票。我就及時出脫網路股了，不是嗎？

時間：2000 年 11 月

戴夫：（自言自語）我該怎麼辦？最後這幾個月糟透了。我的股票已經跌了兩成。兩個多月前，北電網路還在 80 美元以上，現在大概只剩 40 美元。昇陽電腦之前的股價是 65 美元，現在大概是 40 美元。股價太低了。我想我應該拿一點現金逢低買進。那麼，我不用花太多錢就可以攤平了。

時間：2001 年 8 月

珍妮佛：戴夫，我剛剛看過證券公司寄來的對帳單，我們的情況糟透了！幾乎四分之三的退休金都不見了。我還以為你會小心監看我們的投資。我們的投資組合根本就損失慘重。

戴夫：我知道，我也很煩。所有專家都說這些股票應該會反彈，但是它們還是繼續走跌。

珍妮佛：這種事不是第一次。我不懂你怎麼會搞成這樣。多年來你一直密切注意股市，研究所有財務報表，看起來也很清楚相關資訊。但你還是做錯決定。你買在接近高點，賣在接近低點。你賣掉績優股，然後持有績效不佳的個股。你……

戴夫：我知道，我知道。我的股票投資績效一向很糟。我想我應該放棄股票、長抱債券。

珍妮佛：戴夫，你聽好了，我要和幾個人談談你惹出來的投資麻煩，我也希望你去找一位投資顧問。投資顧問會應用行為心理學，幫助投資人瞭解他們的績效為什麼這麼糟。投資顧問會幫助你矯正。戴夫，我已經替你約好了，去看看吧。

🌐 行為財務學

時間：隔週

戴夫對此感到懷疑。他認為，要瞭解股市須依靠經濟學、會計學和數學的相關知識。戴夫從來沒聽過以上任何主題曾使用**心理學**一詞。他知道自己需要幫忙，反正問問看也沒損失。

顧問：我已經看過你的檔案，也和你太太深談過。你是會來我們這裡接受諮商的典型投資人。我所運用的是經濟學中一門稱為**行為財務學**的新分支。許多專業的想法都是以心理學概念為基礎，心理學概念過去很少用在股市和投資組合管理上。

且讓我來介紹一些背景資訊。以往主導財務學的理論，假設投資人會追求最大預期效用或福祉，而且一定會理性行事。這是將確定條件下的消費者理性選擇理論 (rational theory of consumer choice) 加以擴充，應用到不確定的結果上。

1970 年代，丹尼爾・康納曼 (Daniel Kahneman) 和阿默斯・特佛斯基 (Amos Tversky) 兩位心理學家注意到，很多人的行為模式並不符合這套理論的預期。康納曼和特佛斯基發展出一套新模式，稱之為前景理論 (prospect theory)，用來描述個人在面對不確定性時會有的實際行為與決策。這套模型使他們成為行為財務學的先驅，其研究也在金融業中大放異彩。

📈 流行、社會動態與股市泡沫

顧問：我們先來討論你布局網路股的決定。請你回想一下 1999 年 10 月。你還記得你為什麼會買進這些股票嗎？

戴夫：記得。當時我持有的股票動都不動，我工作上的朋友投資網路股賺了很多錢。這類股票使眾人熱血沸騰，每個人都說網際網路是永遠改變

商業模式的通訊革命。

顧問：當每個人都對市場感到興奮不已時，你應該特別謹慎。股價不是僅以經濟價值為根據，還要考慮會影響市場的心理因素。耶魯的經濟學家羅伯特・許勒是行為財務學運動的領導者之一，他強調流行與社會動態在決定資產價格上扮演了重要角色。許勒證明股價波動性太大，無法僅以股利或營利等經濟因素的變動來解釋。他提出假說，認為其他的波動性可以用影響投資決策甚巨的流行和潮流來解釋。

戴夫：當時我對網路股確實心存懷疑，但其他人看來都很確定這些類股一定會勝出。

顧問：請注意，別人會影響你，讓你無法做出比較好的判斷。心理學家早就明白，要維持眾人皆醉我獨醒是非常困難的。一位名為所羅門・艾胥(Solomon Asch) 的社會心理學家就證明了這一點。他進行一場著名的實驗，讓受試者看四條線，要他們挑出其中長度相同的兩條。正確答案很明顯，但是當艾胥教授事先布好的打手們全提出相反意見時，受試者常常會因此答錯。

從眾實驗確認一件事，即導致受試者違反自身最佳判斷的並非社會壓力，而是他們不認為一大群人會一起看錯。

戴夫：沒錯。所以說，當有這麼多人都在吹捧網路股時，我覺得那一定是好機會。如果沒有買進，一定會錯失良機。

顧問：我懂。網路科技泡沫是社會壓力影響股價的絕佳範例。辦公室裡的對話、新聞報導上的標題以及分析師的預測，在在都助長投資相關類股的狂潮。心理學家將這種強烈的從眾傾向稱為**一窩蜂本能** (*herding instinct*)，意指一般人放棄自己的想法、接受普遍意見的傾向。

網路泡沫之前也有許多例子。1852 年，蘇格蘭記者查爾斯・麥凱(Charles Mackay) 寫下堪稱經典的《異常流行幻象與群眾瘋狂：困惑之惑》(*Extraordinary Popular Delusions and the Madness of Crowds*)，將投機客瘋狂炒作、帶動價格狂飆的金融泡沫事件一一按時間列出：1720

年左右的英國南海泡沫、法國密西西比泡沫，以及 1637 年的荷蘭鬱金香狂熱。且讓我讀幾段這本書裡我最愛的內容，看你能不能有所領會：

> 我們發現，所有群眾會突然把心思放在一件事上並瘋狂追求；千百萬人同時被一個假象給迷住了，爭相追逐……原本謹守本分的國民轉眼變成殺紅眼的賭徒，押上全部身家只為看到翻盤後的結果……唉！以前的人說得好，人都是一窩蜂思考……人會成群結隊地發瘋，卻只會慢慢地、一個一個地逐漸清醒。

戴夫：（大搖其頭）這種事在歷史上一再重演。就算去年有人指出網路股的股價過高了，我也會相信「這次不一樣」。

顧問：很多人都會這樣。投資人的從眾傾向，是金融史上一直存在的現象。很多時候「群眾」都是對的，但追隨群眾通常會讓你誤入歧途。

戴夫，你有沒有這種經驗：你來到一個新地方，你要在兩家餐廳中選一家。如果兩家距離都很近，一套理性的決策原則是看看哪一家餐廳人比較多。因為有很高的機率是有些人兩家餐廳都吃過、之後再選擇比較好吃的那一家。但是，如果你在人比較多的餐廳用餐，等下一次要選擇餐廳時，你用同樣理由做選擇的機率將大增，結果還是會在同一家餐廳用餐，以後依此類推。最後，就算另一家餐廳可能更好，但每個人都會在同一家餐廳用餐。

經濟學家將這套決策過程稱之為資訊階流 (*information cascade*)，他們相信金融市場經常出現這種情形。比方說，當一家公司出價收購另一家時，通常會有其他競標者插上一腳。當企業首次公開募股引來眾人搶購，就會有更多人擠進來搶。人們會覺得「總有人知道一些內情」，所以不應該放過大家都搶著要的好機會。有時候這是對的，但通常都是錯的。

📈 過度交易、過度自信與代表性偏誤

顧問：戴夫，現在容我換個話題。我檢視過你的交易紀錄，發現你是非常活躍的交易者。

戴夫：我是不得已的。市場不斷遭受消息面轟炸，我認為必須不斷重新調整投資組合，才能反映新的訊息。

顧問：我想跟你說一件事，那就是頻繁交易除了讓你更焦慮並拉低你的報酬率之外，別無其他。有一群經濟學家在 2000 年發表〈交易有害你的財富〉("Trading Is Hazardous to Your Wealth") 一文（還有，我或許應該加上「也有害你的健康」）。檢視過幾萬名交易者的交易紀錄之後，他們證明交易次數最頻繁之投資人的報酬率比沒那麼頻繁的人少了7.1%。

戴夫：你是對的。我認為頻繁交易有損報酬。我自以為比別人快了一步，但我猜實際上並不是這樣。

顧問：要成為成功的交易者極為困難。即便是把全副精力放在股票交易上的聰明人，也很難創造出亮麗的報酬。問題就在於多數人都對自己的能力*太有信心*了。換句話說，不論你是學生、交易者、司機或其他任何人，一般人都自認優於平均水準，當然，此論點在統計學上是不成立的。

戴夫：什麼原因導致人們過度自信？

顧問：過度自信的原因很多。首先是我們說的*自我歸因偏誤 (self-attribution bias)*，這會讓人把創造出亮麗報酬的理由歸功於自己，雖然這並非真正的理由。

戴夫：真是說得太對了！我還記得 2000 年 3 月我自吹自擂對妻子說我有多聰明，因為我進場買了網路股。我真是大錯特錯！

顧問：先前的成功使你過度自信。你和你的朋友們把投資利得歸功於自己巧妙的投資操作，但這些結果通常都是機率造成的。

造成過度自信的另一個理由，是人們通常會從看起來相同的事件中找出許多相似性。這稱為**代表性偏誤** (*representative bias*)。出現代表性偏誤的原因，在於人有學習過程。當我看到相似的事物時，就會形成代表性的經驗法則，幫助我們學習。只是我們看到的相似性通常都不成立，更因此被誤導。

戴夫： 我收到的投資通訊刊物會說，過去每當出現這種事或那種事，市場就會出現某種走勢，彷彿歷史一定會重演。而當我試著應用上面的建議時，卻沒有一次管用。

顧問： 傳統財務經濟學家多年來不斷提出警告，他們指出人們宣稱在數據裡找到的模式，事實上根本不存在。從過去的數據尋找模式稱之為「資料探勘」(data mining)，如今電腦的計算能力強大，價格又便宜，從事資料探勘比過去更為容易。你只要輸入一大堆變數來解釋股價變動，一定能找到某些模式。比方說過去 100 天，股價在每個月的第三個星期四都會上漲，但前提是那天有滿月。

當股市發展看起來跟過去十分相似、但後來的動向卻大相逕庭，代表性偏誤要負最大責任。1914 年 7 月爆發第一次世界大戰時，紐約證交所認為這將會是一場大災難，必須關閉交易所五個月。錯了！美國成為歐洲的軍火商，企業反而大發利市，1915 年更是美股史上表現最好的其中一年。

德國於 1939 年 9 月入侵波蘭，投資人回頭去看一次大戰時美國市場的反應。他們注意到戰時的報酬率極高，所以瘋狂買進，導致隔天股價上漲 7% 以上！但這次又錯了。羅斯福 (Franklin Delano Roosevelt) 總統決定不要像一次大戰那樣，讓企業大發戰爭財。漲了幾天之後，美股便重挫步入大空頭，將近六年之後才回到 1939 年 9 月的水準。顯然，代表性偏誤是這場錯誤的元凶，而且這兩場戰事也不如人們預料中相似。

從心理學上來說，人的天性本來就不容易接受隨機性。發現市場上多

數的波動都是隨機的，沒有任何可辨識的理由或原因，會讓人坐立難安。每一個人在心理上都有深切的需求，想要知道為什麼會發生特定事件。這也正是記者與「專家」的切入點。他們很樂意填補人們知識上的漏洞，只是他們提出的解釋常常會出錯。

戴夫： 我自己也有這方面的經驗。還記得我在 2000 年 7 月買進科技股之前，我的經紀商把這些網路公司比喻成 1850 年代為淘金人提供裝備的公司。看起來是非常犀利的比較，但事實情況卻完全不同。有趣的是，本來應該是專家的經紀商，竟然也和我一樣有過度自信的問題。

顧問： 事實上，專家比非專家更容易過度自信。所謂的專家，都接受過相關的訓練，以特定方式來分析這個世界，他們會找出支持其論點的證據來推銷自己的看法。

請回想一下，媒體在 2000 年已經暗示分析師們對整體產業的看法嚴重錯誤，不過他們並未改變對科技類股的樂觀獲利預測。這些分析師多年來看慣了企業界一片大好的前景，他們不知道如何解讀負面消息，只好裝作沒看見。

網路類股分析師對壞消息視若無睹的傾向更是明顯。很多人都相信這些類股是未來潮流，無視壞消息如潮水般湧來。直到股票跌了八、九成之後，他們才調降評等！

面對和個人世界觀不一致的消息時，會引發認知失調 (cognitive dissonance)。當有證據與我們自身的認知相矛盾，或暗示我們的能力、行動不如自認那麼出色時，會感到不自在，那就是認知失調。每個人的天性都會盡量化解這股不自在，這讓我們很難承認自己確實自信過了頭。

〽 前景理論、規避損失與決定抱緊虧損

戴夫： 我懂了。我們能談一談個股嗎？為什麼我的投資組合到最後有這麼多績效不佳的個股？

顧問：還記得我之前提過康納曼和特佛斯基兩人以前景理論開啟了行為財務學嗎？兩人理論中的重要概念，是人們會訂下一個參考點 (reference point)，作為評判自身績效的基準。康納曼和特佛斯基發現，以參考點當基準，假設金額相同，人們在面對損失時的沮喪程度會高於獲利時的愉悅。研究人員將這種行為稱作 **規避損失** (*loss aversion*)，他們認為，一個人會決定緊抱虧損還是出售投資，會因為其股票是漲是跌而大受影響。換言之，就是你到底是損失還是得利。

戴夫：一步一步來。你說的「參考點」是什麼意思？

顧問：我先問你一個問題。當你買進一檔個股時，你如何追蹤績效？

戴夫：我會計算買進之後股價漲多少或跌多少。

顧問：沒錯。通常參考點便是投資人的買入價。投資人會固守這個參考點，不考慮其他資訊。芝加哥大學的理查・賽勒在投資人行為領域做了很多重要研究，他把這種行為稱之為 **心理會計** (*mental accounting*) 或狹 **隘框架** (*narrow framing*)。

當你買進一檔個股時，你會開設一個心理帳戶，買價是你的參考點。同樣的，當你買進一堆股票時，你可能會分開去想每一檔個股，也可能把所有的心理帳戶加總起來。你的股票是損失還是利得，會影響你要持有還是出售該檔個股。此外，如果多個心理帳戶都出現損失，你會把這些都加起來，因為把它們想成一筆大損失，對你來說會較許多筆小損失容易接受。避免實現損失，是很多投資人的主要目標。

戴夫：你說的對。想到要實現科技類股的損失，就把我嚇壞了。

顧問：這是非常自然的反應。你的自尊心是導致你避免出售損失個股的主要原因之一。人們會在每一次投資放入情緒面以及財務面的承諾，因此很難客觀評估。小幅獲利時出售科技類股會讓你感覺很好，但你之後買進的網路類股從來沒賺過。就算前景黯淡，你還不只是緊抱而已，甚至加碼買進，希望有一天會反彈。

前景理論預測許多投資人都會做和你一樣的事：加碼持股部位（繼而

提高你的風險），試著攤平。有趣的是，研究人員發現，當投資人發現共同基金虧損時，他們會賣出，然後投入有獲利的基金。但行為財務學對此也能提出一番解釋。若持有的是基金，投資人總是可以責怪基金經理人選錯股，如果是自己決定要買哪一檔，就沒辦法怪別人了。

戴夫： 我從沒買過共同基金，所以虧損只好算在自己頭上。股價下跌時我加碼買進，希望股價反彈時有較多機會彌補我的損失。

顧問： 你跟其他千百萬的投資人都一樣。1982 年，美國知名股票經紀人李洛伊 • 葛洛斯 (Leroy Gross) 為證券從業人員撰寫一份工作手冊，他把這種現象稱為「攤平症候群」(getevenitis disease)。他宣稱，攤平症候群對投資組合造成的傷害，可能遠大於其他錯誤。

人很難承認自己做了糟糕的投資，更難的是對別人承認自己犯了錯。然而，若想成為成功的投資人，你別無選擇。在做投資組合決策時，必須根據前瞻性基礎 (forward-looking basis)。逝者已矣，就像經濟學家說的，那叫「沉沒成本」(sunk cost)。前景不佳時，無論損利，就把股票賣了吧。

戴夫： 我以為我買進時的股價已經很低了。多檔個股比起高點時跌了五成，甚至更多。

顧問： 比什麼低？比起過去的股價還是未來的前景？你以為原本 80 美元的股票跌到 40 美元已經很便宜了，但是絕對不會想到 40 美元有可能還是太高。這印證了康納曼和特佛斯基兩人在行為財務學上的另一項發現：*定錨效應 (anchoring)*，也可以說是人們在面對複雜決策時傾向用一個「錨」或特定價格來做判斷。找出「正確的」股價是非常複雜的任務，人們自然而然會用最近記得的價格來定錨，據此判斷目前的價格是否合理。

戴夫： 如果我遵循你的建議，只要前景不佳就出售股票，我的交易損失將會擴大。

顧問：說得很好！很多投資人的行動正和我的建議相反，這對他們並不利。研究人員證明，投資人賣出的獲利股票比損失股票多了五成，這表示，高於買價的股票被出售之機率，比低於買價的股票高五成。即便從交易觀點及稅賦觀點來看，這都不是一個好策略，投資人還是這麼做。

且讓我來談一位曾與我諮商的短線交易員。他給我看他的交易，其中有八成都獲利，但整體而言他還是虧損。因為虧損部位太大，把所有獲利的個股也拉下水。

在諮商之後，他成為一位成功的交易者。現在他說僅有三分之一的交易有賺錢，但整體來說仍是獲利。當走勢不如預期時，他會快速停損，同時一直持有賺錢的個股。華爾街有一句老話總結了成功的交易：「砍掉虧損的投資，讓賺錢的投資好好發揮。」

📉 避開行為陷阱的教戰守則

戴夫：我覺得很不安，短期內不敢再做短線交易了。我只想學習正確的長線策略。我要如何避開行為陷阱，成為成功的長線投資人呢？

顧問：戴夫，我很高興聽到你說不要再做短線交易，因為與我諮商的客戶當中，只有極少數人適合做短線。

要成為成功的長線投資人，你必須訂下規則，讓自己將投資維持在正確的軌道上，這稱為**事先承諾**(precommitment)。意即訂出資產配置規則，並嚴守紀律。如果你具備足夠的知識，你可以自己來，不然的話，你可以和投資顧問一起規劃。不要事後再去想這些規則適不適合。要記住，創造報酬之基本因素的改變幅度並不大，不會像我們每天盯著市場上上下下來得驚心動魄。紀律嚴明的投資策略，大致上都是贏家策略。

你也不必完全排除短線操作，如果想試試看，在做短線買進時，務必訂出一個絕對的賣點，把損失降到最低。若不想放任損失變成無底

洞，不要找理由認為股價一定會反彈。還有，不要跟朋友談起你的交易。背負他們的期待之後，你會更不願意承擔損失、承認自己做錯了。

戴夫： 我必須承認，我通常很愛做短線。

顧問： 如果你真的喜歡短線操作，那就另行開立一個小型的交易帳戶，完全和其他投資組合分開。所有必須支付的券商費用和稅金都得從這個帳戶支出。你要瞭解放入此帳戶的資金可能血本無歸，因為發生這種事的機率很高。放入這個帳戶的資金絕對不可以超過你訂定的上限。

如果這樣沒用，或是你對市場感到惶恐，甚至覺得有一股想要做短線的衝動，打電話給我，我可以幫上忙。還有，根據新聞報導，有些投資人一起組成投資人匿名協會 (Traders' Anonymous, TA)，並設計活動來幫助無法抗拒誘惑、頻繁進出股市的人。你也許可以看看這些活動。

📉 短視近利的規避損失、監看投資組合與股票風險溢價

戴夫： 由於我的股市投資績效非常糟糕，我甚至考慮放棄股票改抱債券，但我也知道長期來說這不是一個好主意。你能建議我監看投資組合的頻率嗎？

顧問： 這是一個很重要的問題。如果你買股票，短期之內，股價很可能掉到你的買價以下。我們已經談過規避風險的心態會讓投資人因損失而感到心煩。然而，由於股市的長線趨勢會上漲，如果你過一陣子再檢視投資組合，發生虧損的機率就比較小了。

舒洛莫・伯納奇 (Shlomo Bernartzi) 與理查・賽勒這兩位經濟學家，想驗證「監看期間長短」是否會影響股票 vs. 債券的選擇。兩人執行了一套「學習實驗」，容許受試者看到兩種不明資產類別的報酬。第一群人看到股票和債券的年報酬率，第二群人也可以看到報酬率，但不是每年的平均報酬率，而是五年、十年與二十年的總報酬率。這兩群人的任務，是要在股票與債券之間進行資產配置。

相較於看到長期總報酬率的人，只看到年報酬率的人會配置較低比率

的資金到股票。這是因為，雖然從長線報酬可明顯看出股票是較佳選擇，但是股票的短期波動嚇跑了一些人，讓他們不願選擇這類資產。

這種以短期市場波動作為決策基礎的傾向，稱為**短視近利的規避損失**(*myopic loss aversion*)。期間拉長，股票出現損失的機率就降低，而受到規避損失態度影響的投資人，如果沒有頻繁監看投資組合，反而更可能長期持有。

戴夫：沒有錯。當我動不動就去看股票績效時，這些股票看起來風險極高，讓我不禁懷疑為何有人可以長期持有。不過長期來說，股票的優異表現十分驚人，不想持有的人才奇怪吧！

顧問：是的。伯納奇和賽勒主張，短視近利的規避損失便是解決**股票溢價之謎**的關鍵。多年來，經濟學家不斷嘗試找出股票的報酬率為何比固定收益高這麼多的原因。研究證明，持有分散得宜的股票投資組合達二十年或以上，經通膨調整後的報酬不僅比公債高出許多，而且還比公債安全。然而，投資人因為聚焦於極短的投資期，使得股票風險變得很高，他們便需要更高的風險溢價以持有股票。如果投資人降低評估投資組合的頻率，股票溢價將會大幅下滑。

伯納奇和賽勒證明，股票風險溢價高和短視近利的規避損失以及每年都監看投資報酬率有高度相關。而他們也證明，如果每十年才看一次投資組合配置，只需要 2% 的股票風險溢價就足以吸引投資人持有股票。若評估期延長為二十年，溢價下滑至 1.4%，如果再延長為三十年，溢價水準將會接近 1%。股價必須大漲，才能把溢價壓到這麼低的水準。

戴夫：你的意思是說我不應該太常去看我的股票？

顧問：你可以想看就看，但不要改變你的長線策略。記得，要訂出規則，並使自己堅守長線資產配置。除非有明顯證據證明某些類股股價相對於基本面已經被高估太多，就像科技類股在泡沫頂點時那樣，否則不應該更動。

反向操作與投資人情緒：強化投資組合報酬的策略

戴夫： 投資人有沒有辦法利用其他人在行為上的弱點，並從中賺取報酬呢？

顧問： 遠離群眾或許可以賺得豐厚報酬。採取不同觀點的投資人是一般人口中的**反向操作者** (contrarian)，他們不認同一般人的想法。最早提出反向操作策略的是杭弗瑞・尼爾 (Humphrey B. Neill)，他寫了一本〈反向操作賺大錢〉("It Pays to Be Contrary") 的小冊子，1951 年首度發行，後來重編成《反向思考的藝術》(*The Art of Contrary Thinking*)。尼爾在本書中宣稱：「當每個人的想法都一樣時，可能每個人都錯了。」

有些反向操作法以心理導向指標為基礎，例如投資人的「情緒」。其基本概念是，多數投資人在股價高點時都過度樂觀，股價低點時則過度悲觀。

這並不是新的概念。偉大的投資人班哲明・葛拉罕在八十幾年前就說過：「投機客的心理對於他們的成功與否有反向的影響。以因果關係來說，股價高時，他們最樂觀，股價低時，他們最沮喪。」

戴夫： 但我怎麼知道市場何時太樂觀，何時又太悲觀？這不是很主觀嗎？

顧問： 不盡然。一家位在紐約州新羅歇爾 (New Rochelle, New York) 的投資人情報公司 (Investors Intelligence)，發布一項長期的投資情緒指標。過去五十年來，這家公司替市場通訊刊物打分數，判定每一份刊物對於未來股市的看法是多頭、空頭還是中立。

利用投資人情報公司的數據，我找出看多的通訊刊物與看多且看空的通訊刊物（排除中立）之比，計算出一個投資人情緒指標。接著我衡量這些情緒指標出爐之後的股市報酬。

自 1986 年 1 月以來的投資人智慧情緒指標如圖 22-1 所示。1987 年的股市大崩盤，伴隨著投資人的悲觀心理。之後幾年，只要市場走跌，比方說 1988 年 5 月和 12 月以及 1990 年 2 月，投資人就會害怕舊事重演，使情緒指標大幅滑落。情緒指標在伊拉克入侵科威特、1994 年債

圖 22-1　投資人智慧情緒指標，1986 年到 2012 年

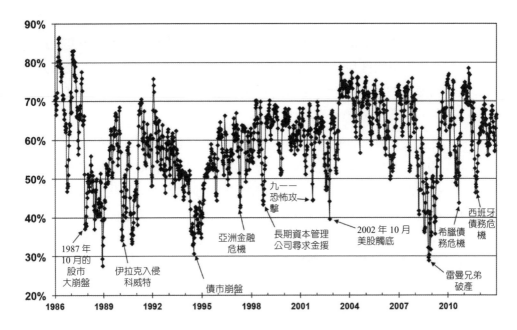

市崩盤、1997 年 10 月亞洲金融危機、1998 年夏末長期資本管理公司
尋求金援、2001 年 9 月恐怖攻擊事件以及 2002 年 10 月美股觸底時，
皆落到 50% 以下。在 2008 年金融危機之後的大空頭期間，情緒指標
跌到谷底，希臘和西班牙發生主權債務危機時，該指標也同樣下滑。
這些都是絕佳的進場時間。

值得注意的是，由選擇權價格算出、衡量市場隱含波動率的波動指
數，在投資人情緒指標下滑的同時也大幅上漲。市場的焦慮可以用賣
權的權利金來衡量，與投資人情緒指標之間有強烈的負相關性。

人氣衰退股和道瓊 10 股策略

戴夫：能不能使用反向操作策略來挑選個股呢？

顧問：可以。反向操作者相信，樂觀與悲觀氣氛的轉變會影響個股，也會影

響大盤。因此,買進人氣衰退股可以是致勝策略。

　　偉納‧迪邦特和理查‧賽勒檢視昔日虧損股和獲利股的投資組合,探討投資人是否因為近期的報酬變化而對未來過度樂觀或過度悲觀。他們分析的獲利股和虧損股投資組合,以五年為一個區間。過去五年來獲利的投資組合,之後的報酬會落後大盤 10%,而虧損的投資組合,之後的報酬會超越大盤 30%。

　　買進人氣衰退股的操作策略之所以有效,其中一個理由和我們之前談過的代表性經驗法則有關。人們過度以近期的報酬推算未來。雖然有些證據顯示短期動能對股票報酬而言是正向的;但是長期來說,許多過去績效不佳的股票未來可能表現亮眼,之前報酬很高的股票,其績效可能變得很糟糕。另一項以人氣衰退股為基礎的策略,是所謂的**道瓊狗股**或**道瓊 10 股**策略。

戴夫：我從今天的諮商中學到好多。看起來,我曾掉入許多行為陷阱。好消息是,不是只有我這樣,而且你提供的諮商也可以幫助其他人。

顧問：他們不僅受惠,還可以獲利。對很多人來說,投資要能成功,必須更深入瞭解自我,比起他們想在工作上或個人關係上有所成就,乃是有過之而無不及。華爾街有一句話說得很對:「股票市場是一個讓你認清自我的地方,只是學費極為昂貴。」

第五部

透過股票累積財富

第 **23** 章

基金績效、追蹤指數與打敗大盤

我不太相信分析師所選股票之績效會優於大盤平均值，更遑論沒有受過訓練的投資人。因此，我認為最標準的投資組合或多或少應該複製道瓊工業指數。

——班哲明・葛拉罕 (Benjamin Graham)，1934 年

當機構投資人身在大盤當中，又怎能期望打敗大盤？

——查爾斯・艾利斯 (Charles D. Ellis)，1975 年

華爾街流傳一則老故事。兩位負責大型股票基金的經理人一起去國家公園露營，搭好帳篷之後，第一位經理人向另一位提到他偷聽到管理員發出警示，說營區附近有人看到黑熊。第二位經理人微笑著說：「我不擔心，我跑得很快。」第一位經理人搖搖頭說：「你跑不過黑熊，大家都知道牠們為了狩獵，一小時可以跑 25 英里！」第二位經理人回答：「我當然知道我跑不過黑熊。重點是，我只要跑贏你就好。」

在競爭激烈的資產管理界，衡量績效的指標不是絕對報酬值，而是相對於某些基準指標的報酬值。以股票來說，基準指標包括標準普爾 500 指數、威爾希爾 5000 指數 (Wilshire 5000)、全球各個股價指數，或華爾街流行的最新「風格」指數。相較於其他競爭性的活動相較，投資有一個極大不同點：在其他競爭活動中，多數人不可能和那些每天鍛鍊幾個小時以精進技巧的人一樣好；但是，在股市裡，就算完全不練習，每個人都可以和一般的投資人一樣好。

上述讓人意外的說法，背後的理由乃是源自一項事實：所有投資人持有部位的總數必定等於大盤，而根據定義，大盤的績效必定是每一位投資人的金額加權平均報酬。因此，每有一位投資人的績效超越大盤，就有另一位投資人的績效輸給大盤。只要績效和大盤一樣，就保證你不會落入平均值之下。

那麼，你要如何才能跟上大盤的績效呢？在 1975 年之前，除了少數最富有的投資人之外，基本上任何人都不可能達成這個目標。畢竟，誰能持有每一檔在紐約各交易所上市的股票？那可是有幾千檔。

然而，自 1970 年代中期之後，指數型共同基金以及之後的 ETF，已能夠跟上廣泛的股票指數績效。過去幾十年來，一般投資人可以用極低的成本以及穩健的投資方法來跟上各種大盤指數。近幾年更發展出許多指數（請見第 12 章討論過的相關研究），讓投資人有機會打敗大盤。

🌐 股票型共同基金的績效

許多人主張，努力達成市場的平均報酬率並非最佳策略。如果資訊不足、

持續落後大盤的投資人很多，消息靈通的投資人或股市的專業人士就有可能打敗大盤。

可惜的是，以往大多數主動式管理基金的績效並不支持上述論點。長線基金的報酬率有兩種衡量方法，第一是挑出這段期間存續下來的所有基金並計算報酬率。惟長線基金的報酬率會有存續偏差 (surviorship bias) 效應，高估了投資人可以拿到的報酬率。會出現存續偏差，是因為績效不彰的基金通常會被終止，僅有表現出色、得以存續的基金才會納入數據當中。第二種方法比較適當，是一年一年分開計算投資人當年可投資的所有股票型共同基金績效。

兩種方法計算出來的數值如表 23-1 所示。從 1971 年 1 月到 2012 年 12 月，美國股票型共同基金的平均年報酬率為 9.23%，比威爾希爾 5000 指數低了 1%，比標準普爾 500 指數低了 0.88%。

確實，存續下來的基金報酬率每年平均比威爾希爾 5000 指數高 0.25%，但是每千檔基金中只有 86 檔能夠存活。而且，這裡計算的基金報酬率如果再扣除銷售與贖回費用，投資人能到手的報酬淨值會更低。

共同基金績效並非年年輸給大盤。平均來說，從 1975 年到 1983 年，主動式管理的股票型基金績效優於威爾希爾 5000 指數和標準普爾 500 指數，在這段期間內，小型股的年平均報酬率達驚人的 35.32%。當小型股表現優於大型股

表 23-1　股票型共同基金與基準指標報酬率，1971 年到 2012 年

	全部基金	存續基金	威爾希爾 5000 指數	標準普爾 500 指數	小型股	所有基金與威爾希爾 5000 指數報酬率差	存續基金與威爾希爾 5000 指數報酬率差
1971 年到 2012 年	9.23% (17.67%)	10.48% (17.27%)	10.23% (18.18%)	10.11% (17.74%)	11.85% (21.93%)	−0.99%	0.25%
1975 年到 1983 年	18.83% (12.92%)	20.28% (13.06%)	17.94% (14.98%)	15.84% (15.59%)	35.32% (14.35%)	0.89%	2.34%
1984 年到 2012 年	8.92% (17.05%)	9.72% (16.56%)	10.19% (17.63%)	10.44% (17.44%)	8.54% (18.93%)	−1.27%	−0.47%

括弧中數值為標準差

時，股票型共同基金的績效通常也很好，因為很多基金經理人會透過買進較小型的股票來提升報酬率。1983 年後小型股的漲勢告終，共同基金的平均績效就低於整段期間的平均值。在最後三十年，存續基金的績效便低於威爾希爾 5000 指數。

自 1972 年到 2012 年以來，每年績效勝過威爾希爾 5000 指數與標準普爾 500 指數的一般股票型基金比例，如圖 23-1 所示。

在這四十年中，只有十二年是過半的共同基金績效優於威爾希爾 5000 指數。而這十二年裡，只有兩年沒有落在小型股績效贏過大型股的期間內。在圖中最後二十五年裡，僅有六年是一半以上的股票型共同基金贏過威爾希爾 5000 指數。

圖 23-1　績效勝過威爾希爾 5000 指數與標準普爾 500 指數的共同基金占比，1972 年到 2012 年

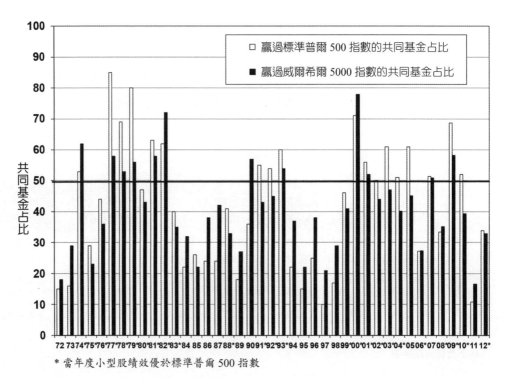

* 當年度小型股績效優於標準普爾 500 指數

共同基金不是從 1970 年代才開始輸給大盤。1970 年，貝克證券公司 (Becker Securities Corporation) 整理出企業退休基金經理人的操盤紀錄，讓華爾街十分吃驚。貝克證券證明，這些經理人績效的中位數，落後標準普爾 500 指數 1%，而且僅有四分之一的人能打敗大盤。在這項研究問世之前有幾篇相關的學術論文也確認共同基金輸給大盤，尤其是威廉・夏普 (William Sharpe) 與麥可・簡森 (Michael Jensen) 兩人的論文。

圖 23-2 顯示自 1972 年以來持續存續的 86 檔共同基金績效與威爾希爾 5000 指數的報酬率差分布情形。

在這 86 檔存續三十五年的基金中，僅有 38 檔的績效能超越威爾希爾 5000 指數，比例不到一半。僅有 22 檔基金的年平均報酬率能超越大盤達 1% 以上，能勝過大盤至少 2% 的只有 7 檔。另一方面，一半以上存續基金的績效輸給大盤，其中近半基金的年平均報酬率差額達 1% 以上。就像之前針對表 23-1 所做的說明，如果扣除銷售與贖回費用，很多基金的實際報酬率會比這裡列出的更低。

圖 23-2　存續共同基金與威爾希爾 5000 指數績效比較，1972 年到 2012 年

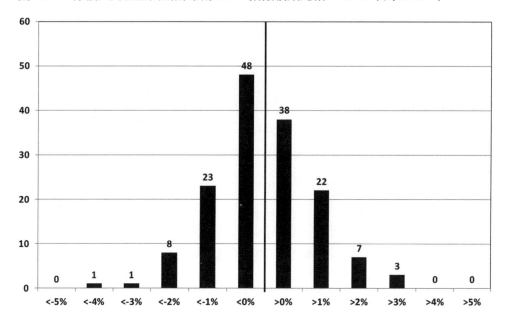

表 23-2　績效最佳的共同基金，1972 年到 2012 年

共同基金	年平均報酬率
紅杉基金 (Sequoia Fund)	14.2%
Z 股基金 (Mutual Shares Z)	13.7%
富達麥哲倫基金 (Fidelity Magellan Fund)	13.6%
哥倫比亞橡果基金 (Columbia Acorn Fund)	12.9%
普信小型股基金 (T Rowe Price Small Cap)	12.9%
富達反向基金 (Fidelity Contrafund)	12.4%
戴維斯紐約創投 A 股基金 (Davis NY Venture A)	12.4%
景順普通 A 股基金 (Invesco Comstock A)	12.3%
富達多元化 O 股基金 (Fidelity Adv Diversified O)	12.2%
駿利 D 股基金 (Janus Fund D)	12.1%
威爾希爾 5000 指數	**10.2%**
標準普爾 500 指數	**10.1%**

　　雖然共同基金的績效普遍不佳，但是表 23-2 也顯示出其中依然有優等生。在整段期間內表現最好的共同基金，是由魯康葛投資公司 (Ruane, Cunniff, & Goldfarb) 操作的紅杉基金。該基金自 1972 年到 2012 年，為投資人創下 14.2% 的年平均報酬率，每年平均勝過威爾希爾 5000 指數 4%。紅杉基金嚴守股神華倫‧巴菲特 (Warren Buffett) 的投資心法，也大量持有波克夏‧海瑟威 (Berkshire Hathaway) 的股份。第二名是富蘭克林坦伯頓公司 (Franklin Templeton) 操作的 Z 股基金，平均年報酬率為 13.7%。富達公司 (Fidelity) 的富達麥哲倫基金排第三，從 1972 年到 2012 年 12 月的績效為 13.6%，接著就是前身為自由橡果基金 (Liberty Acorn Fund) 的哥倫比亞橡果基金，由查爾斯‧麥奎德 (Charles McQuaid) 和羅伯特‧莫恩 (Robert Mohn) 管理，平均報酬率為 12.9%。

　　上述基金的報酬相當亮眼，不過它們的優異表現也許多半和運氣有關。以這段期間來說，一檔基金的平均報酬率要勝過威爾希爾 5000 指數 4% 或以上的機率為十二分之一。這表示，在我們檢驗的 86 檔基金中，應該要有 7 檔能達到目標，但實際上僅有 1 檔。

然而，運氣無法解釋麥哲倫基金在 1977 年到 1990 年之間的表現。這段期間內，這檔基金由傳奇選股聖手彼得 · 林區 (Peter Lynch) 操盤，平均每年勝過大盤 13%，讓人難以置信。麥哲倫基金乃是冒了大風險才能有這樣的成績，如果只靠運氣就要在十四年間勝出這麼多，其機率只有五十萬分之一！

若把期間拉長，則第一名的寶座非波克夏 · 海瑟威的傳奇投資人巴菲特莫屬；他在 1965 年買下這家小型的紡織公司。波克夏 · 海瑟威並不在上述檢驗的基金範疇內，因為它是一檔「封閉型」基金，包含了已交易與未交易資產。巴菲特自 1972 年到 2012 年的年報酬率為 20.1%，平均每年勝過標準普爾 500 指數超過 10%。想靠運氣創下如此佳績，機率不到十億分之一。

1984 年，為慶祝葛拉罕與陶德 (David Dodd) 的《證券分析》(*Security Analysis*) 出版五十周年，巴菲特在哥倫比亞大學發表〈葛拉罕與陶德學派的超級投資人〉("The Superinvestors of Graham-and-Doddsville") 演說，細數投資績效大幅超越大盤的九位基金經理人，他們全都善用葛拉罕與陶德大力主張的價值投資法。本書第 12 章的數據證明了價值導向策略的優異之處，並支持巴菲特的看法。

尋找高明的基金經理人

我們可以輕易地判斷出華倫 · 巴菲特和彼得 · 林區的傲人績效，是來自其高超的選股技巧。但是面對一般的經理人，我們很難確認其卓越績效是出於技巧還是運氣。表 23-3 計算一位選股技巧優於平均水準的基金經理人打敗大盤的機率。

結果讓人意外。即便基金經理人所選股票的每年預期報酬率會比大盤高 1%，十年後打敗大盤的機率僅有 62.7%，三十年後勝過市場平均報酬值的機率也僅有 71.2%。如果經理人挑選每年可勝過市場 2% 的股票，十年後優於大盤平均值的機率也僅有 74.0%。換言之，落後大盤的機率仍有四分之一。優秀經理人在有限的操盤生涯中，恐怕仍無法證明其有打敗大盤的能力。

表 23-3　根據 1972 年到 2012 年的風險與報酬歷史數據計算打敗大盤的機率

預期超額報酬	持有期間（年）						
	1	2	3	5	10	20	30
1%	54.1%	55.7%	57.0%	59.0%	62.7%	67.6%	71.2%
2%	58.1%	61.3%	63.8%	67.5%	74.0%	81.9%	86.7%
3%	61.9%	66.6%	70.1%	75.2%	83.2%	91.3%	95.2%
4%	65.7%	71.6%	75.8%	81.7%	89.9%	96.4%	98.6%
5%	69.2%	76.1%	80.8%	86.9%	94.4%	98.8%	99.7%

　　要找出績效不彰的經理人也同樣困難。事實上，一位經理人的績效必須落後大盤 4% 將近十五年，才能在統計上確定（「確定」意指誤差率小於二十分之一）其績效確實很糟，而不能怪罪於運氣不好。屆時他所操作的資產會比一開始追蹤大盤指數時還少一半。

　　即便是極端的例子，也很難識別。你一定以為，選中每年預期報酬將勝過大盤平均值達 5% 以上股票的經理人（自 1970 年以來沒有任何一檔存續基金有這番好成績），一定很快就會勝出，實際上卻不然。一年以後，這位經理人打敗大盤的機率剩七成，兩年後高於市場平均值的機率也只有 76.1%。

　　假設有一位尚未被發掘的年輕人很可能是未來的彼得・林區，每年平均可以勝過大盤 5%，而你對他下了最後通牒：如果兩年後他不能至少追平大盤，就要捲鋪蓋走路。表 23-3 顯示，兩年後他打贏大盤的機率僅有 76.1%。這表示他輸給大盤的機率也有四分之一，你因為未來的林區無法挑出好股票而炒了他的機率也是這麼高！

📉 持久的優異報酬

　　有沒有某些經理人「手感火熱」，不僅過去的績效優於大盤，未來也能繼續保持？諸多研究得出的結論是「有待商榷」。部分證據顯示，一年期績效優於大盤的基金，次年很可能也有高於均值的績效。短期持續的優異表現可能是因為

經理人採取某種特殊的投資「風格」剛好適用於這幾年。

　　如果將時間拉長，少有證據支持基金經理人有能力持續打敗大盤。愛德華 · 艾爾頓 (Edward Elton)、馬丁 · 葛魯伯 (Martin Gruber) 與克里斯多福 · 布雷克 (Christopher Blake) 等三位研究人員宣稱，出色的績效可以持續三年；但是伯頓 · 墨基爾 (Burton Malkiel)、傑克 · 伯格 (Jack Bogle) 等人不同意。不管同意與否，績效都可能在毫無預警的情況下突然出現變化。在彼得 · 林區離開麥哲倫基金後，該檔基金的績效輸給大盤，某些投資人並不會對此感到意外。以火熱手感操作雷格梅森價值信託基金 (Legg Mason Value Trust) 的比爾 · 米勒 (Bill Miller)，曾創下連續十五年打敗標準普爾 500 指數的佳績，也在 2006 年與 2007 年間意外地冷卻下來。

基金輸給大盤的理由

　　基金績效通常不如大盤，並非因為經理人選股不當。基金的表現之所以落後基準指標，是因為它要收取相關費用與交易成本，通常一年高達 2% 甚至更高。首先，為了設法創造優越報酬，經理人要買賣股票，這就必須支付佣金給券商，而買賣股票也有價差。其次，投資人要支付管理費（可能還要付出申購與贖回費用）給出售基金的公司和個人。最後，基金經理人通常要和技巧相當或更優秀的同行互相競爭。之前提過，就數學層面而言，不可能每個人都高於平均值——只要有人比平均報酬多賺一塊錢，就會有人比平均報酬少賺一塊錢。

一知半解最危險

　　稍微瞭解股票估值原則的投資人，其績效通常遜於完全不具備相關知識而讓投資組合追蹤指數的投資人，這一點很有意思。以投資新手為例，假設有一個人剛剛學過股票估值，他通常是「如何打敗大盤」這一類財經書籍的銷售對象。這位新手可能注意到某間公司公布的獲利很不錯，但是他並不認為價格漲

幅已充分反應利多，故而買進該公司的股票。

不過，消息靈通的投資人知道有些特殊因素導致獲利增加，而這些因素未來不會再出現。他們會樂於把手上的股票倒給新手，並且知道股價的漲勢根本不合理。老練的投資人利用自己特殊的情報賺到報酬，其所憑藉的是新手相信自己撿到便宜。沒有消息來源、選擇追蹤指數的投資人，可能根本不知道這些公司的獲利變化，但是他們的績效通常比剛剛開始在股市裡繳學費的人更好。

「一知半解最危險」這句話最適合用在金融市場。很多股票（在這方面，套在多數金融資產上也說得通）價格的異常變化，是某些擁有一般人無法輕易取得之特殊情報的投資人進行交易所導致的結果。當股價太低或太親民時，最簡單的理由——如情緒化或無知的投資人錯估股價等，通常是錯的。此時多半有一個很好的理由解釋為何股價在這個水準。有鑑於此，根據自身研究購買個股的股市新手，下場通常都很慘。

做好功課才會賺錢

隨著新手越來越有概念，他們必然會找到一些真的被高估或低估的股票。買賣這些股票可以打平他們的交易成本，以及之前因為資訊不充分而造成的損失。到某個時候，交易者可能會變得非常老練，不但可以賺回交易成本，還能夠賺取和大盤相當的報酬，甚至超越。這裡的關鍵詞是可能，因為真正能持續打敗大盤的投資人少之又少。至於並未投注大量時間分析股市的投資人，持續打敗大盤的可能性更是微乎其微。

挑出贏家、避開輸家的原則非常單純，吸引很多投資人積極從事交易。我們在第 22 章談過，人們天生會認為自己的表現優於平均水準。投資賽局引來全世界的高手參與其中，許多人錯信自己比其他身在賽局中的人更聰明。而且，光是比別人聰明還不夠。如果你找到獲利股票的能力只和一般人相當，你將會輸給大盤，因為交易成本會侵蝕獲利。

1975 年，身為格林伍德投資公司 (Greenwood Associates) 董事合夥人的投資大師查爾斯・艾利斯，寫了一篇頗具影響力的論文〈輸家賽局〉("The Loser's Game")。他在文中證明，如果考慮交易成本，一般經理人的績效必須大幅超越大盤；但是，由於他們為市場裡的多數，所以這根本是不可能的任務。他總結道：「投資經理人的目標通常是打敗大盤；然而，他們無法打敗市場，是市場打敗他們。」

成本對報酬造成的影響

一年達 2% 或 3% 的交易成本與管理成本，和每年市場的波動幅度相比之下或許很小，對於年報酬率目標瞄準 20% 或 30% 的投資人來說可能也不大。不過，這些成本將對長期的財富累積造成嚴重傷害。假設投資 1,000 元，年複利報酬率為 11%（相當於二次大戰後股市的平均名目報酬率），三十年下來可以累積到 23,000 元。每年 1% 的手續費，會使最後累積下來的財富減少近三分之一。年度手續費若為 3%，累積下來的財富只有 10,000 元多一點，不到市場報酬率的一半。年度成本每多 1%，現年 25 歲的投資人能夠退休的時間就會比沒有這些成本時晚兩年。

被動式投資熱潮

許多投資人明白，相較於基準指標，主動式管理基金的績效不彰，縱使它們表現很好，也只能追平大盤指數的市場報酬而已。因此，1990 年代出現被動式投資 (passive investing) 熱潮，此種投資法的資金配置只有一個目的，就是追平指數的績效。

最古老且最受歡迎的指數型基金，是先鋒 500 指數型基金 (Vanguard 500 Index Fund)。這檔基金的創立者是充滿遠見的約翰・伯格 (John Bogle)，其在 1976 年首次推出時僅募得 1,140 萬美元，沒什麼人覺得這個概念會成功。這檔

基金透過緩步穩定追蹤指數而累積出動能，其資產規模至 1995 年底已達到 170 億美元。

在 1990 年代多頭市場的後期階段，追蹤指數的投資法大受歡迎。2000 年 3 月，標準普爾 500 指數來到歷史高點，該檔基金也成為全球規模最大的股票型基金，資產超過千億美元。追蹤指數投資法蔚為風氣，在 1999 年的前六個月，市場上有將近七成的資金投資於指數型基金。到了 2013 年，所有先鋒 500 指數系列基金的資產總規模達 2,750 億美元，而包含較小型股票的先鋒總股票市場基金 (Vanguard Total Stock Market Funds)，資產規模則為 2,500 億美元。

指數型基金吸引人的優點之一，是成本極低。先鋒 500 指數型基金的年度成本僅為市值的 0.15%（大型機構投資人更低至 2 個基點）。由於開發出專屬的交易技巧，再加上融券的利息收入，過去十年來，先鋒標準普爾 500 指數基金 (Vanguard S&P 500 Index funds) 的散戶投資人能拿到的報酬率，僅比指數低 9 個基點，而機構投資人的報酬率更是打敗大盤。

追蹤市值加權指數的陷阱

指數型基金的發展很成功，由於它廣受歡迎（尤其是和標準普爾 500 指數連動的基金），未來可能會對指數型基金投資人造成問題。理由很簡單，如果某家公司成為標準普爾 500 指數的成分股，群眾預期指數型基金將會買進，勢必促使股價大漲，指數型基金就會持有許多價格被高估的股票，侵蝕未來獲利。

當知名網路公司雅虎 (Yahoo!) 於 1999 年 12 月被納入標準普爾 500 指數時，就發生股價被極端高估的情況。標準普爾 500 公司在 11 月 30 日收盤後宣布，會在 12 月 8 日把雅虎納入標準普爾 500 指數中。隔天早上，雅虎開在 115 美元，比前一天的收盤價高了將近 9 美元，之後漲勢繼續，至 12 月 7 日時已站上 174 美元，而指數型基金亦必須在當日買進雅虎的股票，才能複製指數。從宣布雅虎被納入指數到它正式成為成分股的短短五天內，股價飆漲 64%。五天的平均交易量為 3,700 萬股，比過去三十天的均量高 3 倍以上。等到 12 月

7 日，指數型基金必須買進雅虎的股票，其成交量更衝到 1.32 億股，成交值達 220 億美元。

任何一檔股票被納入指數時，類似的情節多半會重演，差別僅在於平均漲幅不像雅虎這麼高。標準普爾公司在 2000 年 9 月發表一份研究，判定標準普爾 500 指數納入新成分股時，會對股價造成哪些影響。這份研究指出，從宣布納入日到真正生效日，股價的平均漲幅為 8.49%。在納入指數後十天，股價的平均跌幅是 3.23%，大約回吐納入前的三分之一漲幅。而在宣布納入的一年後，納入後之跌幅不但已經漲回來，該成分股的平均漲幅更高達 8.98%。上述的比例都已經根據整體市場波動加以修正。後來有一項研究證明，雖然近年來股票被納入標準普爾 500 指數前的漲幅已縮小，但新成分股的股價在反應被納入指數的消息時，仍會上漲超過 4%。

基本面加權指數 vs. 市值加權指數

標準普爾 500 指數之新成分股的價格往往被高估，不過幾乎所有受投資大眾重視的指數都是市值加權 (capitalization-weighted) 指數，例如標準普爾公司、羅素投資集團或是威爾希爾公司創設的各種指數。這表示，指數裡每一家公司的權重本於其市值 (market value)，即股價乘以流通在外的股數。最近有許多數指數調整相乘的股數，從流通在外的股數中扣除內部人士的持股 (insider holdings)，包括企業內部人士以及政府部門的大量持股。在新興經濟體，政府持股數量尤其龐大。經過上述調整後的股數稱為浮動調整股數 (float-adjusted shares)，浮動 (float) 是指可供買進的股數並不一定。

可以確定的是，市值加權指數具備某些良好特性。首先，本章先前提過，這些指數代表所有投資人的平均 (average) 金額加權績效；因此，每有一位投資人的績效高於指數，必有另一位投資人的績效落後指數。此外，根據效率市場假說，這些投資組合能為投資者創造出「最佳」的風險與報酬平衡。這表示，以特定的風險水準來說，這些市值加權的投資組合能創造出最高的報酬率；或

者，以特定的報酬率來說，這些投資組合的風險將會最低。此種特質稱為平均數—變異數效率性 (mean-variance efficiency)。

而上述特質要能成立，亦有嚴格的假設條件。唯有當市場具有效率 (efficient)，亦即每一檔股票的股價隨時都不偏不倚地反映出企業真正的基本價值時，市值加權投資組合才會達到最佳化。這並不是說股價永遠都是合理的，而是指任何唾手可得的資訊都無法幫助投資人更準確地估計出企業的真實價值。在效率市場裡，如果一檔股票的價格從 20 美元漲到 25 美元，最合理的估計是該企業的基本價值也增加了 25%；而且，任何與基本面價值無關的因素都無法改變股價。

然而我們在第 12 章學到，有很多理由導致股價變動未能完全反應企業基本價值的變動。為了取得流動資金、履行信託責任或稅賦等理由而進行的交易，都可能影響股價，投機客依照毫無事實根據或是誇大的資訊所做的交易也會造成價格變動。和企業基本面變化無關的因素引發股價波動時，股價就有了「雜訊」(noisy)，而不再是企業真實價值的公正估計值。就像本書先前提過的，我把這種市場觀點稱為雜訊市場假說 (noisy market hypothesis)；而且我發現，這種替代效率市場假說的觀點很有吸引力，在過去四十年來主導了金融界。

如果雜訊市場假說更能表達市場的運作方式，那麼市值加權指數對投資人來說便不再是最佳的投資組合。比較好的指數是基本面加權指數 (fundamentally-weighted index)，在此種指數中，每一檔個股的權重由企業基本面的財務數據決定，例如股利、獲利、現金流和帳面價值，而不是股票的市值。

基本面加權指數的作法如下：假設選定獲利作為衡量企業價值的指標，如果 E 代表指數各成分股的總獲利金額，Ej 就代表 j 公司的獲利，這家 j 公司在基本面加權指數裡的權重便是 Ej/E。此處是採用公司的獲利占比，而非市值加權指數裡的市值占比。

在市值加權指數中，不管個股的價格多高都不會被賣出。這是因為，如果市場有效率，股價便會反映企業的基本面價值，因此股價的高低並非買賣的理由。

　　但是，在基本面加權指數中，如果某檔個股股價上漲但基本面因素（比方說獲利）並未增加，它就會被賣出，直到指數裡的股票價值回到原始水準為止。當股價因為與基本面無關的理由而下跌時，情況就會相反，此時指數會以低價買進股票，讓股票的價值回到原始水準。如此買進、賣出稱為重新調整 (rebalance) 基本面加權投資組合，通常是一年一次。

　　基本面加權投資組合的優點之一，是可以避免製造「泡沫」。泡沫意指股價起漲，但企業價值指標如股利、獲利或其他客觀指標並未隨之成長，漲勢有如曇花一現。一如 1999 年、2000 年初，投資人對科技網路股懷抱著本夢比，希望有一天這些公司的獲利能撐住高股價，導致該類股價格飆上天價。當這類股票起漲時，基本面加權投資組合會將其賣出，市值加權指數則會繼續持有，因為效率市場假說假設股價上漲都是合理的。

　　請注意，基本面加權指數並不去判斷哪一檔股票價格過高或過低。這是一種「被動」指數，買賣個股都是根據事先決定的公式行事。一定會有些價格過高的股票被買進來、價格過低的股票被賣出去。我們也可以看出，如果雜訊市場假說決定股價，那麼平均而言，基本面加權投資組合會買進股價低於基本面價值的股票，並賣出股價高於基本面價值的股票，不僅其報酬會高於市值加權指數，也有助於降低風險。

基本面加權指數的歷史

　　基本面加權指數的想法，來自於國際市場。1980 年代，日本股市出現泡沫，很多持有全球分散投資組合的投資人想辦法不斷降低日股的權重。當時，摩根士丹利國際資本公司 (Morgan Stanley Capital International) 創設一個國際性指數，其權重以各國的國內生產毛額為基礎，捨棄股市市值，乃順利地降低了日股的配置比重。

　　1987 年，高盛證券量化資產管理集團的羅伯特・瓊斯 (Robert Jones) 發展並負責管理一個美國股價指數，以各家企業的獲利為權重基礎。瓊斯將他的策

略稱為經濟型投資 (economic investing)，因為指數內每一家公司的占比都和其經濟上的重要性有關，而不是市值。之後，全球財富配置公司 (Global Wealth Allocation) 的創辦人兼執行長大衛・莫瑞斯 (David Morris) 設計出一套策略，將幾種基本面因素綜合成一個「財富」變數。

2003 年，保羅・伍德 (Paul Wood) 和理查・艾文斯 (Richard Evans) 發表一項以基本面為導向的研究，評估一個由 100 家最大型企業組成的獲利加權指數。2005 年初，銳聯資產管理公司 (Research Affiliates) 的羅伯特・阿爾諾特 (Robert D. Arnott)，連同許仲翔 (Jason Hsu) 和菲力普・摩爾 (Philip Moore) 共同在《金融分析師期刊》(*Financial Analysts Journal*) 中發表〈基本面指數化〉("Fundamental Indexation") 一文，探討市值加權指數的缺失，並提出基本面導向投資策略的例證。2005 年 12 月，動力股公司 (Powershares) 推出第一檔基本面加權的 ETF (FTSE RAFI US1000)，追蹤由銳聯資產管理公司根據營收、現金流、帳面價值與股利建構出來的指數。六個月後，智慧樹投資公司 (WisdomTree Investments) 以股利為加權基準推出 20 檔 ETF，接著在 2007 年又推出 6 檔以獲利為權重基礎的 ETF。

歷史證據亦大力支持著基本面加權指數。從 1964 年到 2012 年，包含所有美國股票的股利加權指數之年複利報酬率為 10.84%，比由相同成分股組成的市值加權指數高了 117 個基點；而且股利加權投資組合的波動性和貝他係數值也低於市值加權指數。在不同的類股以及全球各市場中，股利加權指數也都出現報酬率更高、波動性更低的情形。尤其是 1996 年到 2012 年間，採用股利加權的摩根士丹利歐澳遠東指數 (EAFE Index) 之每年平均績效也超越採用市值加權的歐澳遠東指數將近 3.5%。

基本面加權指數的長期績效亮眼，原則上仰賴其所強調的價值導向策略。股利殖利率高於平均或本益比低於平均的個股，在基本面加權指數裡的權重會比在市值加權指數裡高。基本面加權指數的分散性優於僅由價值型類股組成的投資組合，從歷史數據來看，風險報酬組合也更為適切。簡言之，基本面加權指數具備非常吸引人的特質，足以挑戰市值加權指數在長線投資人心目中的地位。

🌐 結論

　　以往主動式管理的股票型基金績效並不理想。多數基金收取的相關費用，使得投資人無法得到優越的報酬，甚至會嚴重影響財富的累積。再者，出色的基金經理人難尋，而且投資的成功與否，運氣也扮演了重要角色。

　　如果考量成本，許多主動式管理的股票型基金績效都會落後基準指數；若是投資市值加權或基本面加權指數基金，多數投資人都能獲得更高的報酬。

第 24 章

建構長期成長的投資組合

「長期」會使我們誤解現況。長期來看，人難免一死。如果在暴風雨季時，經濟
學家只能告訴我們靜待暴風過去，大海將會風平浪靜，那他們給自己的任務也
未免太過簡單，且毫無益處。

——約翰 • 梅納德 • 凱因斯 (John Maynard Keynes)，1924 年

我所鍾愛的持股期間是一輩子。

——華倫 • 巴菲特，1994 年

沒人能反駁凱因斯所說：「長期來看，人難免一死。」但是我們必須將長期的願景當作今日的行動指南。在艱困時期專心一致並能看透未來的人，更有可能脫穎而出，成為成功的投資人。明白暴風雨過後海洋將恢復平靜，並不如凱因斯說的那般毫無益處，而是能讓人倍感欣慰。

投資的實務面

要成為出色的長線投資人，原則上很簡單，做起來卻不容易。原則上簡單，是因為買進並持有分散得宜的股票投資策略並不需要任何預測能力，所有投資人都做得到，無須考慮個別的才智、判斷力或是財務狀況。做起來不容易，是因為我們易受到情緒影響而搖擺不定。市場裡一夕致富的故事，誘惑著我們投入一場不同於先前規劃的賽局。

選擇性的記憶也會把我們推往錯誤的方向。緊盯著市場行情的人常會說：「我就知道那檔股票（或是股市）會漲！如果我那時按照自己的判斷行動，現在就賺大錢了！」但是後見之明會愚弄我們的心智。我們忘記當自己決定不買時的疑慮。後見之明將扭曲我們過去的經驗並影響我們的判斷，慫恿我們相信直覺並想辦法打敗其他玩著同樣遊戲的投資人。

對多數投資人來說，走上這條路將會招致災難。我們會承受過高的風險，付出過多的交易成本，並發現自己陷入當下的情緒當中——股市跌時悲觀不已，股市漲時又信心十足。這將令人感到挫折，因為被誤導的行動會拉低報酬率，不如秉持買進後持有的策略。

成功投資指南

要在股票投資中創造亮麗報酬，一定要長期關注以及堅守嚴謹的投資策略。以下列出的原則摘自本書所述之研究，有助於投資人達成投資目標，無論是新人還是老手都可獲益。

1. **期望要符合歷史數據。從過去數據來看，200 年來股市的報酬率在扣除通膨之後約為 6% 到 7%，賣出時的本益比約為 15 倍。**

若實質年報酬率為 6.5%（含再投資股利），就能讓你的投資組合購買力在十年之後翻倍。如果通膨維持在 2% 到 3% 的範圍內，名目報酬率將為 9%，每八年就能讓股票投資組合的金額倍增。

股票的長線績效亮麗，和股票的估值有關。6% 到 7% 的報酬率，符合市場中 15 倍本益比的成交價。

不過股價的本益比沒有理由一定是 15 倍。第 12 章提過，很多原因會導致股市未來的本益比提高，例如交易成本降低與債券報酬下滑。

2. **就股市報酬而言，長期會比短期更穩定。長期來說，股票和債券不同，當投資人面對的通膨率提高時，股票會予以補償。因此，如果你的投資期間拉長，請把更高比例的資產配置到股票上。**

你在投資組合中應持有的股票部位占比，取決於個人所面對的條件。以歷史數據來看，長線投資人的金融資產中，股票應占絕大部分。第 6 章證明持有期若為二十年或更長時，扣除通膨後的股票報酬率會高於債券，而股票的風險也更低。

長期唯一無風險的資產是抗通膨債券。近年來，這類債券的實質殖利率約為 −1% 到 1%，大幅低於股票的歷史報酬率。股票與債券的報酬差額稱為股票溢價，就所能找到的歷史資料來看，每一個國家的股票溢價均為正值。

3. **將股票投資組合中的最大部位配置在低成本的股價指數基金上。**

第 23 章證明，像威爾希爾 5000 指數以及標準普爾 500 指數這類大盤指數，自 1971 年以來，績效勝過將近三分之二的共同基金。年復一年追蹤大盤指數，到了計算長線報酬時，投資人的報酬將相當可觀。

有很多 ETF 和指數型共通基金都密切追蹤主要的股市指數。投資市值加權指數型基金的投資人，應確保年度總費用比率低於 0.15%。

4. 股票投資組合中至少要有三分之一是投資全球性的股票（目前的定義是指總部設於美國以外地區之企業的股票）。高成長國家的股票價格通常過高，能為投資人創造的報酬相對較低。

　　如今美股僅占全球股票資本的二分之一左右，而且比例正在快速下降。身在全球經濟體中，務必持有海外股票。未來，企業總部所在地將不再是重要的投資考量。一家公司賣什麼、賣到哪裡以及賣給誰，將會成為新分類系統中主要的劃分依據。

　　短期報酬與國家別之間的相關性越來越高，惟布局全球仍有其令人信服之處。在所有國家別的研究中，股票報酬在過去一個世紀以來輕輕鬆鬆贏過債券和其他固定收益資產。不要加碼本益比超過 20 倍的高成長國家；第 13 章的資料顯示，投資人通常為此付出極高的代價。

5. 從歷史數據來看，比起成長型股票，價值型股票（本益比低、股利殖利率高）的報酬率更高、風險更低。買進被動追蹤指數的價值型股票投資組合，或者基本面加權指數基金，可以使你的投資組合偏向於價值型。

　　第 12 章證明，本益比低、股利殖利率高的股票，在過去五十年來的表現都超越大盤，與此同時，其風險還低於整體市場。優異表現背後的理由之一，是與股票真實價值無關的因素通常會影響股價。例如基於流動性或稅賦誘因而做的交易、起於流言的投機，以及動能型交易者的殺進殺出。在這些情況下，價格相對於基本面偏低的股票通常能給投資人帶來更好的風險報酬組合。

　　投資人應買進低成本的被動管理價值型股票投資組合，或是基本面加權指數（每一檔個股的權重為其股利或獲利的占比，而非市值）。從歷史數據來看，比起市值加權指數，基本面加權指數的報酬更高、風險更低。

6. 最後，要制定嚴謹的規則以確保投資組合走在正軌上，尤其是你發現自己屈服於當下情緒時。如果你很容易對市場感到焦慮，坐下來，重讀本書的第 1 章。

　　投資人的情緒波動，常會導致股價高於或低於基本面價值。每個人看多時

買進、每個人看空時賣出，這樣的誘惑難以抗拒。一個人很難脫離市場氛圍，因此多數頻繁交易的投資人，其報酬通常很難看。第 22 章說明行為財務學可以幫助投資人，讓他們瞭解、進而避開導致投資績效不彰的心理陷阱。第 1 章與第 5 章能幫助投資人聚焦在風險與報酬的大方向上。

執行投資計畫，借重投資顧問

我撰寫《長線獲利之道：散戶投資正典》，主要是為了釐清股票和債券的預期報酬值，並分析影響報酬的主要因素。許多投資人將本書當成「自助投資指南」，用來選股及建構投資組合。不過，正確的投資和執行正確的投資策略是兩回事。彼得・伯恩斯坦 (Peter Bernstein) 說得好，通往成功的投資路上陷阱重重，一再阻止投資人達成預期目標。

第一個陷阱是頻繁交易，想藉此「打敗大盤」。當有些投資人發現總是有幾檔股票在未來十二個月裡會翻倍，甚至翻 3 倍，他們就無法滿足於 9% 的年報酬率。挖到寶會讓人很興奮，許多人夢想著能在下一個巨型企業的初創期搶先買進。但是大量證據證明，尋找這類贏家股票的投資人，其報酬都很低，因為交易成本以及未能掌握時機，都會拉低報酬。

對於選股感到焦躁不安的投資人，為了尋找高報酬，通常會轉向共同基金，只是挑選共同基金同樣困難。在新的策略中，投資人以尋找「熱門經理人」代替尋找「熱門股」，以期打敗大盤。因此，許多投資人投入的賽局還是跟自行選股時一樣，而且同樣只得到低於平均的報酬。

那些最後放棄挑選最出色基金的投資人，會想嘗試更困難的策略。他們企圖掌握市場循環的周期來打敗大盤。出人意表的是，會陷入這個陷阱的，通常是消息靈通的投資人。大量的財經報導、資訊和評論唾手可得，要冷靜面對市場想法，乃是極端困難。所以投資人自然而然會在市場下跌時屈服於恐懼，市場上漲時向貪婪投降。

很多人嘗試抗拒這股衝動。理智要你「堅持到底」，但是當你聽到這麼多人（包括備受尊敬的「專家們」）奉勸投資人趕快撤退時，便很難堅持下去。跟著大夥行動，要比獨立行事簡單得多。就像約翰・梅納德・凱因斯在《一般理論》(The General Theory) 中說的：「世俗的智慧教我們一件事，依循傳統卻招致失敗，比突破傳統而取得成功還有面子。」相信「專家們」的建議而失敗了，和反對一般的投資共識、堅持走自己的路卻失敗了，一般人比較能接受前者。

這對於本書的讀者來說有何意義呢？好的投資策略，既是智慧的挑戰，也是心理的挑戰。一如人生中的其他挑戰，其最好的因應之道通常是尋求專業協助，建構出分散得宜的投資組合並妥善維護。如果你決定尋求協助，務必選擇認同我在本書中倡議之分散與長線投資原則的顧問。唯有全盤掌握，才能避開投資陷阱，賺取股票市場所提供的豐厚報酬。

結論

股市很刺激，其每日的波動主導了財經媒體，也標誌著數以十億美元計的資本動向。股市並非僅是資本主義的典型象徵。現在全球絕大多數國家都有股市，它們是全球資本配置背後的驅動力量，也是經濟成長的引擎。本書的主要論點是，投資股票是長期累積財富的最佳策略，1994 年我出版第一版《散戶投資正典》時如此，到今天依然如此。

國家圖書館出版品預行編目 (CIP) 資料

長線獲利之道：散戶投資正典 / 傑諾米‧席格爾 (Jeremy J. Siegel) 原著；
　吳書榆譯 . -- 三版 . -- 臺北市：麥格羅希爾 , 2015.10
　　面 ；　公分 . -- (投資理財 ; IF071)
譯自 : Stocks for the long run : the definitive guide to financial market returns
　　& long-term investment strategies, 5th ed
ISBN 978-986-341-197-0(平裝)

1. 股票　2. 股票投資　3. 利潤

　563.53　　　　　　　　　　　　　　　　　　　　104017841

投資理財　IF071

長線獲利之道：散戶投資正典

作　　　　者	傑諾米‧席格爾 (Jeremy J. Siegel)	
譯　　　　者	吳書榆	
企 劃 編 輯	陳俊傑	
行 銷 業 務	曾時杏　郭湘吟	
業 務 副 理	李永傑	
出 版 者	美商麥格羅希爾國際股份有限公司台灣分公司	
地　　　　址	台北市 10044 中正區博愛路 53 號 7 樓	
讀 者 服 務	Email: tw_edu_service@mheducation.com	
	Tel: (02) 2383-6000 Fax: (02) 2388-8822	
法 律 顧 問	惇安法律事務所盧偉銘律師、蔡嘉政律師	
亞 洲 總 公 司	McGraw-Hill Education (Asia)	
	1 International Business Park #01-15A, The Synergy Singapore 609917	
	Tel: (65) 6868-8185 Fax: (65) 6861-4875	
	Email: mghasia_sg@mheducation.com	
製 版 印 刷	信可印刷有限公司　　(02) 2221-5259	
電 腦 排 版	葉承泰	
出 版 日 期	2015 年 10 月（三版一刷）	
定　　　　價	450 元	
原 著 書 名	Stocks for the Long Run, 5e	

ISBN：978-986-341-197-0

廣告回函
北區郵政管理局登記證
北台字第 7305 號
郵資已付

10044

台北市中正區博愛路 53 號 7 樓

美商麥格羅希爾國際出版公司
McGraw-Hill Education(Taiwan)

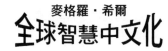

麥格羅・希爾
全球智慧中文化

感謝您對麥格羅·希爾的支持
您的寶貴意見是我們成長進步的最佳動力

姓　名：＿＿＿＿＿＿＿＿＿＿＿　先生　小姐　出生年月日：＿＿＿＿＿＿＿

電　話：＿＿＿＿＿＿＿＿＿＿＿　E-mail：＿＿＿＿＿＿＿＿＿＿＿

住　址：＿＿＿＿＿＿＿＿＿＿＿＿＿＿＿＿＿＿＿＿＿＿＿＿＿＿

購買書名：＿＿＿＿＿＿＿　購買書店：＿＿＿＿＿　購買日期：＿＿＿＿＿＿

學　　歷：　□高中以下（含高中）□專科　□大學　□碩士　□博士

職　　業：　□管理　□行銷　□財務　□資訊　□工程　□文化　□傳播

　　　　　　□創意　□行政　□教師　□學生　□軍警　□其他＿＿＿＿＿＿＿

職　　稱：　□一般職員　□專業人員　□中階主管　□高階主管

您對本書的建議：

　內容主題　□滿意　□尚佳　□不滿意　因為＿＿＿＿＿＿＿＿＿＿＿＿＿

　譯／文筆　□滿意　□尚佳　□不滿意　因為＿＿＿＿＿＿＿＿＿＿＿＿＿

　版面編排　□滿意　□尚佳　□不滿意　因為＿＿＿＿＿＿＿＿＿＿＿＿＿

　封面設計　□滿意　□尚佳　□不滿意　因為＿＿＿＿＿＿＿＿＿＿＿＿＿

　其他＿＿＿＿＿＿＿＿＿＿＿＿＿＿＿＿＿＿＿＿＿＿＿＿＿＿＿＿＿＿

您的閱讀興趣：□經營管理　□六標準差系列　□麥格羅·希爾 EMBA 系列　□物流管理

　　　　　　　□銷售管理　□行銷規劃　□財務管理　□投資理財　□溝通勵志　□趨勢資訊

　　　　　　　□商業英語學習　□職場成功指南　□身心保健　□人文美學　□其他＿＿＿＿

您從何處得知　□逛書店　□報紙　□雜誌　□廣播　□電視　□網路　□廣告信函

本書的消息？　□親友推薦　□新書電子報　促銷電子報　□其他＿＿＿＿＿＿＿＿＿

您通常以何種　□書店　□郵購　□電話訂購　□傳真訂購　□團體訂購　□網路訂購

方式購書？　　□目錄訂購　□其他＿＿＿＿＿＿＿＿＿＿＿＿＿＿＿＿＿＿＿

您購買過本公司出版的其他書籍嗎？　書名＿＿＿＿＿＿＿＿＿＿＿＿＿＿＿＿＿＿

您對我們的建議：

＿＿＿＿＿＿＿＿＿＿＿＿＿＿＿＿＿＿＿＿＿＿＿＿＿＿＿＿＿＿＿＿＿＿

＿＿＿＿＿＿＿＿＿＿＿＿＿＿＿＿＿＿＿＿＿＿＿＿＿＿＿＿＿＿＿＿＿＿

＿＿＿＿＿＿＿＿＿＿＿＿＿＿＿＿＿＿＿＿＿＿＿＿＿＿＿＿＿＿＿＿＿＿

＿＿＿＿＿＿＿＿＿＿＿＿＿＿＿＿＿＿＿＿＿＿＿＿＿＿＿＿＿＿＿＿＿＿

（請沿線剪下寄回）

信用卡訂購單 （請影印使用）

我的信用卡是 □VISA　□MASTER CARD（請勾選）

| 持卡人姓名： | 信用卡號碼（包括背面末三碼）： |
| 身分證字號： | 信用卡有效期限：　　年　　月止 |

聯絡電話：（日）　　　　　（夜）　　　　　手機：

e-mail：

收貨人姓名：　　　　　公司名稱：

送書地址：□□□

統一編號：　　　　　發票抬頭：

訂購書名：

訂購本數：　　　　　訂購日期：　　年　　月　　日

訂購金額：新台幣 _____ 元　　持卡人簽名： _____

書籍訂購辦法

信用卡
請填寫訂購單資料郵寄或傳真至本公司

銀行匯款
戶名：美商麥格羅希爾國際股份有限公司台灣分公司
銀行名稱：匯豐（台灣）商業銀行（銀行代碼081）
分行別：台北分行（分行代碼0016）
帳號：001-103456-031
請將匯款收據與您的聯絡資料傳真至本公司

即期支票
請將支票與您的聯絡資料以掛號方式郵寄至本公司
地址：台北市10044中正區博愛路53號7樓

備註
我們提供您快速便捷的送書服務，以及團體購書的優惠折扣
如單次訂購末達NT$1,500，須酌收書籍貨運費用NT$90（台東及離島等偏遠地區運費另計）
聯絡電話：(02)2383-6000　傳真：(02)2388-8822
E-mail: tw_edu_service@mheducation.com